深入理解Go并发编程

从原理到实践，看这本就够了

晁岳攀（@鸟窝） 著

電子工業出版社
Publishing House of Electronics Industry
北京•BEIJING

内容简介

本书分为四大部分。第1部分包括第1~13章，主要介绍Go标准库的同步原语，包括互斥锁Mutex、读写锁RWMutex、WaitGroup、条件变量Cond、Once、Map、Pool、Context、channel等，以及最新的原子操作知识，其中重点介绍了channel，最后还介绍了Go的内存模型。第2部分包括第14~18章，主要介绍Go官方的扩展库和第三方的同步原语，包括信号量、SingleFlight、CyclicBarrier、分组操作库、限流库等。第3部分包括第19章，主要介绍基于etcd的分布式同步（并发）原语。第4部分包括第20章和第21章，主要归纳总结Go的并发模式，并尝试使用本书介绍的同步原语解决经典的并发问题。

本书主要面向的是已经具有Go软件编程开发经验的工程师、基础架构软件开发工程师和架构师，需要初步和深入了解Go并发编程的相关知识，设计和实现高并发的基础软件与分布式系统的专业人员，以及对Go并发感兴趣的读者。

图书在版编目（CIP）数据

深入理解Go并发编程：从原理到实践，看这本就够了 / 晁岳攀(@鸟窝)著. —北京：电子工业出版社，2023.11

ISBN 978-7-121-46646-5

Ⅰ. ①深… Ⅱ. ①晁… Ⅲ. ①程序语言—程序设计 Ⅳ. ①TP312

中国国家版本馆CIP数据核字（2023）第217232号

责任编辑：张月萍
印　　刷：北京瑞禾彩色印刷有限公司
装　　订：北京瑞禾彩色印刷有限公司
出版发行：电子工业出版社
　　　　　北京市海淀区万寿路173信箱　　邮编：100036
开　　本：720×1000　1/16　印张：26　字数：589千字
版　　次：2023年11月第1版
印　　次：2023年11月第1次印刷
定　　价：158.00元

凡所购买电子工业出版社图书有缺损问题，请向购买书店调换。若书店售缺，请与本社发行部联系，联系及邮购电话：（010）88254888，88258888。

质量投诉请发邮件至zlts@phei.com.cn，盗版侵权举报请发邮件至dbqq@phei.com.cn。

本书咨询联系方式：faq@phei.com.cn。

前言

历时五年，本书终于和读者见面了。

五年，不长也不短。五年，可以让我有充足的时间来沉淀、挖掘和整理 Go 并发相关知识，为读者呈现一本全面且深入的 Go 并发知识的书。五年来，相关的 Go 并发知识也在不断地更新，比如 Go 内存模型的重新定义、atomic 包更新，以及互斥锁和读写锁终于加上了 TryLock 方法等，对这些同步原语内部的实现也有优化，相关的最新变动也都体现在本书中。

从 2018 年开始，我就有意地梳理 Go 并发编程的知识。2019 年，在 GopherChina 大会上做了第一次分享，后来又在滴滴出行做过专门的研讨课，再后来，我在“极客时间”上做了一个《Go 并发编程实战课》专栏，大家反映也比较好。

其实，我很早就想把“极客时间”上的专栏内容整理出来，再加上这几年我对 Go 并发编程的新的理解和总结，把它打造成一本全面且深入的 Go 并发编程的书。Go 非常适合并发编程，学习 Go 语言的人感受最深，但是熟练掌握并发编程并不是一件简单的事情，比如知名的 Go 生态圈的项目，包括 Go 语言本身，也都出现过很多并发编程的错误。有些书也介绍了 Go 标准库的几个同步原语，并简单介绍了其使用方法，但是读者觉得不过瘾。所以，我很想尽快将这些内容整理成书，但是一拖就是三四年，“忙”是我用来解释这本书现在才出版的一个借口，“迟疑”才是我一拖再拖的原因。

我有两个迟疑的点：一是我一直在思考，当前我整理出来的 Go 并发知识是否已经足够全面？我不想出一本关于 Go 并发编程的书，只是介绍 Go 并发编程的部分知识，我想系统地覆盖 Go 并发编程的各个方面，让想学习 Go 并发编程的读者看这一本书就足够了。所以，这几年我也一直在整理、分析和补充 Go 并发编程的资料，现在终于到了它“出山”的时候。

二是我有点儿个人化。我期望这本书读者阅读起来非常舒服、有条理。多年前我也出过书，这么多年我也阅读过很多计算机方面的书。我个人觉得书籍的排版、样式、插图、颜色非常影响读者的读书兴趣，我期望这本书能够有良好的排版、舒服的字体和间距、漂亮的插图，并且彩色印刷。我夫人经常嘲笑我这是买椟还珠，但是我还是期待能够遇到与我的这种执念一致的“有缘人”，直到看到《深入理解 Linux 网络》这本书，通过作者彦飞认识了知名的出版策划人姚新军老师，一拍即合，本书才得以出版。我个人虽然没有美术细胞，但是我从读者的角度希望本书能够以 Gopher 卡通的形象，最好以中国传统古典风格设计插图。我看了相关的插图和排版，我个人非常喜欢，相信读者阅读起来也会觉得妙趣横生。

当然，为避免“金玉其外，败絮其中”的结局，本书还是致力于干货的介绍，也不枉读者送我“鸟窝出品，必是干货”的称号。本书内容经过仔细的设计，有清晰的脉络可以遵循，内容由浅入深，适合各层次的 Go 语言爱好者学习，甚至买回来当一本工具书备查也是不错的。

本书特色

- 全面。本书详细介绍了 Go 标准库中的每一个同步原语，并且补充介绍了 Go 官方扩展库的同步原语，以及很多第三方的并发库。本书还全面介绍了基于 etcd 的分布式同步原语，读者在开发分布式程序的时候它很有参考价值。本书还梳理了 Go 并发模式，读者可以系统性地了解采用并发模式要解决的问题。
- 由浅入深。每个同步原语一开始都会介绍其使用场景和基本的使用方法，很多同步原语都会介绍其实现，读者可以深入了解同步原语背后的原理。书中有作者多年开发经验的总结和梳理，让读者少走弯路。
- 实战。书中包含大量的示例，独创性地梳理了同步原语使用陷阱，还专门列出了知名项目如 Kubernetes、Docker、gRPC 等项目中出现的并发错误，让读者切身感受到知名项目的有经验的 Go 程序员也会犯的错。
- 独立。各章之间没有依赖性，每一章都是独立的，读者可以从任意一章开始进行学习。正如“极客时间”的一位读者所说，课程需要反复学几遍才能理解透，所以希望读者也能勤翻一翻本书，多学习几遍，把相关知识掌握透彻。

读者对象

这是一本专门讲解 Go 并发编程的书。虽然本书面对的是 Go 初级、中级、高级的程序员，但还是希望读者有基本的 Go 语言知识，至少要花半天时间先学习一下 Go 语言的基本编程知识，因为我在一些场合听到其他语言的程序员说半天就可以掌握 Go 语言了（当然也可以看看其他编程语言的程序，和其他语言的并发编程做一个对比，很多知识都是相通的，可以借鉴）。

任何想使用 Go 语言进行编程的朋友，无论是在校的学生，还是企业中有志于使用 Go 语言编程的程序员，建议都看一看本书。

勘误与支持

由于作者水平有限，书中难免会出现一些错误或不准确的地方，恳请广大读者朋友批评指正。

大家可以在 https://cpgo.colobu.com 网站上讨论、留言，查看勘误，获取书中的链接。

致谢

感谢《Go 并发编程实战课》的读者以及参加过技术分享的朋友，你们的支持、鼓励和意见使得这本书越来越充实、准确和权威。

感谢积梦智能 CEO Asta 谢孟军，GopherChina 成为每年 Gopher 分享和交流的盛会，这有赖于 Asta 的组织和坚持，而我有幸在 2019 年的 GopherChina 大会上首次分享了我整理出来的 Go 并发编程的内容，并且在 Asta 的支持下专门开办了一期研讨课。

感谢极客邦科技原合伙人兼总编辑郭蕾（Gary），在他的盛情邀请下，我辞职后专门抽出时间把自己对 Go 并发编程的理解再一次进行整理和沉淀，专门开设了《Go 并发编程实战课》专栏。当然，还要感谢各位编辑，有了你们，专栏才得以顺利地和读者见面。

感谢成都道然科技有限责任公司的姚新军（@ 长颈鹿 27）老师，对于本书的出版，姚老师给我提供了很多建议和帮助，尤其对于我期望的书中插图的风格，姚老师都安排插画老师统一绘制出来了。

感谢我的家人，允许我将周末和假日的时间用于本书的编写，并给我的生活带来了很多快乐。

最后，我想感谢你们，本书的读者，是你们对 Go 语言的热爱和应用，才使得 Go 语言在国内热度高涨，越来越多的企业尤其是互联网企业采用和推广 Go 语言。同时，也希望读者到 https://cpgo.colobu.com 多多提出宝贵的意见和建议。

鸟窝　二零二三年于北京上地听雨阁

目录

第1章　Go并发编程和调度器

本章内容包括：

- 为什么要采用并发编程
- 并发和并行
- 并发编程对提升程序运行性能的极限
- 并发执行的速度不一定比串行快
- Go 运行时调度简介

首先问大家一个直击灵魂的问题：为什么我们要采用并发编程？这个问题很重要，也是我们在动手写代码之前必须要考虑的一个问题，它决定了程序的设计方式。

事实上，在某些场景下，比如编写一个“hello world”程序，解决一道力扣上的难题，编写一个简单的运维工具，我们都不需要考虑并发编程的问题，简单地编写一个顺序执行（也叫串行执行）的程序就可以了。但是在大部分场景下，尤其是要执行一些复杂的业务逻辑时，我们想并发地执行一些业务逻辑，比如同时执行对 N 个网站的请求，或者并发地处理客户端的请求，然后交给一个 worker 池去处理，在这些场景下，我们就需要考虑并发的问题了。

并发编程，目的就是提高程序的吞吐能力和性能，能够同时处理很多业务，而不管这些业务是相同的还是不同的。为什么并发编程能提升程序的吞吐能力和性能呢？原因如下：

- 合理地拆解程序的逻辑，使不同的业务模块可以并发执行，同时可以处理多个业务模块，从而在相同的时间内有更多的业务单元可以被处理。在串行编程的模式下，必须一个模块执行完，才能执行下一个模块，其中一个模块在执行的时候，其他模块就一直在等待，同一个时间点只能有一个模块执行（见图 1-1）。

图 1.1　串行程序（上）和并行程序（下）对比

- 当然，对程序的拆解并不是一件容易的事情。因为业务逻辑中有些部分必须等待其他并发部分全部或者部分完成后才能执行，比如统计访问几大搜索网站的平均延迟，统计模块需要等待访问百度、bing、谷歌等并发模块都返回结果后才能进行统计。在本书中，我们把这种需要多个并发模块协调的逻辑处理叫作编排。对任务的编排并不是一件很容易的事情，在本书的后续章节中会介绍各种各样的同步原语（同步原语指帮助你开发并发编程的一些库和数据结构，专门用来做并发同步的数据结构。我们后面称之为同步原语，在本书后续介绍中并没有对它们进行严格区分）。有的时候，并发使用某个资源还会涉及竞争的问题，如果没有同步原语的支持，相关的共享数据可能就会出现意想不到的结果。这也是并发编程常见的问题，本书也会介绍常见的对共享数据进行保护的同步原语及常见的陷阱，比如死锁等问题。

- 对于 I/O 敏感型的程序，并发编程对其性能的提升巨大。I/O 敏感型的程序会将大量的时间耗费在等待 I/O 完成上，比如从网络中读取数据，往磁盘中写入批量的持久化数据，或者访问一个数据库等。对于串行编程模型，程序在等待的过程中不能执行其他业务逻辑（即使 CPU 空闲）；但是对于并行编程模型，程序在等待 I/O 完成的过程中完全可以处理其他业务逻辑，程序不会被阻塞，所以并行对 I/O 敏感型程序的性能提升有时候是巨大的（见图 1.2）。

图 1.2 I/O 敏感型程序

- 并发编程可以充分利用现代 CPU 的多核能力。从 1970 年到 2002 年，处理器的速度大约每 18 个月翻一番（摩尔定律），所以当时调侃程序员对程序的优化就是耐心等待，等待新的 CPU 出现，程序在新的 CPU 上运行性能自然地被提升。但是到了 2002 年，IBM 推出了多核的 POWER4，Intel 和 AMD 也相继推出了多核的 CPU，现在 AMD ZEN 架构的 EPYC 9000 系列 CPU 已经达到 96 核 192 线程的超恐怖的能力了。如果是串行程序，只使用一个核，那么其他的 CPU 核就无事可做浪费掉了；而如果能够并发执行，把每个核都利用起来，那么就可以充分利用服务器的计算能力，极大地提高程序的性能（见图 1.3）。

图 1.3　CPU 敏感型程序

所以说，如果掌握了并发编程的能力，就能够充分利用当今 CPU 的计算能力，极大地提升程序的吞吐能力和性能，带来更大的效益。

1.1　Go 特别适合并发编程

当今很多高级编程语言都支持并发编程，但是 Go 语言绝对是很特殊的那一个，一开始它就从语言设计上为并发编程提供了最简单的方式，并且设计了对线程更轻量级的 goroutine，还为 CSP 模型提供了容易使用的 channel 类型，并将其作为内建类型直接提供。

2019 年，在 *Go Time* 对 Rob Pike 和 Robert Griesemer 的访谈节目中，Rob Pike 谈到发明 Go 语言的想法时说道，“我们听到了一个 C++ 新版本发布的消息，我一直认为 C++ 缺乏对新的多核机器的支持，我想尝试把多年来自己对并发编程的理解展现出来。因为我和 Robert Griesemer 在同一间办公室，所以 2007 年 9 月的一天我们坐下来讨论，从此 Go 语言诞生了，所以你看发明 Go 语言的初衷之一就是方便进行并发编程的开发。”在 2008 年 3 月 7 日制定的一个初级的 Go 语言规范中，就明确指出 Go 要对多线程提供支持，并且提到对函数提供并发执行的能力，以及通过 channel 提供通信和同步。这些来自 Rob Pike 开发 Plan 9 操作系统以及设计 Squeak/NewSqueak 编程语言的方法和创新都被应用到了 Go 语言中。

在 Go 语言中，实现并发编程非常简单，在函数的执行语句的前面加上 go 关键字，该函数就会自动生成一个 goroutine 来执行，很少有编程语言能够提供如此简洁的并发开发方式：

```
package main

import (
    "fmt"
    "net/http"
```

```
    "time"
)

func getFromBaidu() {
    resp, err := http.Get("https://www.baidu.com")
    if err != nil {
        fmt.Println(err)
        return
    }

    fmt.Println(resp.Status)
}
func main() {
    // 并发输出
    go func() {
        fmt.Println("Hello from a goroutine!")
    }()

    // 并发访问
    go getFromBaidu()

    time.Sleep(time.Second)
}
```

启动一个 goroutine 就是如此简单。在函数和方法的调用前面加上 go，就会创建一个 goroutine，这个 goroutine 会加入 Go 调度器的队列进行调度或者执行，调用者不会被阻塞，而是会继续执行，所以避免了程序直接退出。这里我们等待了 1 秒钟，将来会使用同步原语更好地控制程序的等待方式。函数执行结束后，此 goroutine 也会终止。

下面的一行语句就启动了一个监听 8080 端口的 HTTP 服务。

```
go http.ListenAndServe(":8080", nil)
```

那么问题来了，go 语句要求函数或者方法的返回值的数量和类型吗？ go 语句是否只允许返回一个值并且类型是 error 的函数呢？

go 语句并不理会函数的返回值的数量和类型，在它看来这一切都是浮云，它都不关注。比如下面的 add 方法，返回值是两个，并没有问题，依然可以使用 go 语句并发执行。

```
func add(x, y int) (int, error) {
    if y == 0 {
        return 0, fmt.Errorf("y can not be zero")
    }
    return x / y, nil
}

func main() {
    go add(1, 2)

    time.Sleep(time.Second)
}
```

这样的语句经常会被 go linter 工具检查出不符合要求，因为 ListenAndServe 方法返回的 error 并没有被处理，无论返回什么都会忽略 go 语句。比如使用 golangci-lint 工具做检查，它会对下面两行没有检查 error 的代码提示有问题，如图 1.4 所示的输出显示有两行代码不符合规范，都是因为返回的 error 没有被处理。

```
 smallnest@birdnest  lint  master  ERROR  golangci-lint run
example.go:17:24: Error return value of `http.ListenAndServe` is not checked (errcheck)
	go http.ListenAndServe(":8080", nil)
	                      ^
example.go:19:8: Error return value is not checked (errcheck)
	go add(1, 2)
	      ^
 smallnest@birdnest  lint  master  ERROR 
```

图 1.4　使用 golangci-lint 工具做检查

如果确定不需要处理返回的错误，那么可以添加注释告诉 golangci-lint 不需要对此做检查。比如下面的代码，在不想做 golangci-lint 检查的那一行添加了注释 nolint：

```go
go http.ListenAndServe(":8080", nil)

go add(1, 2) //nolint
```

再次执行 golangci-lint 就不会检查 go add(1, 2) 这一行了，如图 1.5 所示。

```
 smallnest@birdnest  lint  master  ERROR  golangci-lint run
example.go:17:24: Error return value of `http.ListenAndServe` is not checked (errcheck)
	go http.ListenAndServe(":8080", nil)
	                      ^
 smallnest@birdnest  lint  master  ERROR 
```

图 1.5　屏蔽 golangci-lint 工具检查

如果需要处理 error 信息，则可以把 go 语句改造一下，使用匿名函数（anonymous function）将其封装起来。比如把运行 HTTP 服务器的那一句改造一下：

```go
go func() {
    if err := http.ListenAndServe(":8080", nil); err != nil {
        fmt.Println(err)
    }
}()
```

go 语句经常让人迷惑的地方就是它的参数被求值的时机，因为函数是异步执行的，函数异步执行时这个参数可能会在后面某个时间才被使用，传入的参数在调用者所在的 goroutine 中可能会被修改，所以有的面试官会故意制造一些混乱，问你这个参数求值的一些问题——别被迷惑，你只需要记住，go 语句的参数求值和正常的函数 / 方法调用都是一样的。比如下面的例子：

```
var list []int

go func(l int) {
    time.Sleep(time.Second)
    fmt.Printf("passed len: %d, current list len:%d\n", l, len(list))
}(len(list))

list = append(list, 1)

time.Sleep(2 * time.Second)
```

在这个例子中，调用 go 语句时传入 len(list)，这个时候 list 是空的，它的长度是 0，所以此时参数的求值结果就是 0。

这个 goroutine 运行输出结果时，list 被调用者修改了，它的长度变成了 1，所以输出结果如图 1.6 所示，goroutine 开始时 list 长度为 0，1 秒后再检查就变成 1 了。

```
 smallnest@birdnest  > > > > > > > list  master  go run main.go
passed len: 0, current list len:1
 smallnest@birdnest  > > > > > > > list  master  █
```

图 1.6　goroutine 中对变量的修改

go 语句的这一点和 defer 语句是类似的。

但是有时候出题者并不会出这么简单的题，比如下面的代码，我们修改了 go 语句的函数对象的值，会对已经求值的 go 语句造成影响吗？

```
list := []int{1}

foo := func(l int) {
    time.Sleep(time.Second)
    fmt.Printf("passed len: %d, current list len:%d\n", l, len(list))
}

go foo(len(list))

foo = func(l int) {
    fmt.Printf("passed len: %d, current list len:%d\n", l*100, len(list)*100)
}

time.Sleep(2 * time.Second)

foo(len(list))
```

在上面的代码中，go 语句执行的还是被修改前的 foo 的值。

或者，还会考查你对 Go 参数传递指针和传递值的理解，结合 go 语句：

```
type Student struct {
    Name string
```

```
    }

    s := &Student{
        Name: " 博文 ",
    }

    go func(s *Student) {
        time.Sleep(time.Second)
        fmt.Printf("student name: %s\n", s.Name)
    }(s)

    s.Name = " 约礼 "
    time.Sleep(2 * time.Second)
```

Go 总是传值的，即使是传递一个指针，也是把指针的值传递进去。这里 go 语句使用的指针指向的对象和外部调用者使用的对象是同一个对象，所以程序输出的结果是修改后的结果，学生的名字已经从“博文”改成了“约礼”，如图 1.7 所示。

```
 smallnest@birdnest  > > > > > > > paramEvaluated  master  go run main.go
student name: 约礼
 smallnest@birdnest  > > > > > > > paramEvaluated  master 
```

图 1.7　函数的参数传递是传值方式

1.2　并发 vs 并行

并发（concurrency）vs 并行（parallelism）是非常有意思的一个话题。本来，这并不是什么大问题，因为平常我们更多谈论的是并发的问题和实现。但是一些严谨的人会执着地对概念做一个剖析，这也没什么大问题，学术界追求严谨的态度是值得肯定的。但遗憾的是，有些人拿着这个概念做面试题，如果你没有认真地学习和分析过这两个概念，则很容易在这个问题上“翻车”。本书并不是 Go 面试题应试指南，但是既然和并发编程相关，那么不妨在这里给大家剖析一下。

本来对于并发和并行，不同的人有不同的理解，但是 Go 三巨头之一的 Rob Pike 在 2012 年分享了一个著名的演讲——“并发不是并行”，详细对比了这两个概念，并演示了将一个串行程序改成并发 / 并行执行的几种方式。这个演讲意义深远，基本上成了大家理解 Go 并发编程的必读和基础材料之一。

Rob Pike 提出了几个观点，其中第一个观点在国内非常流行，后面几个观点国内反而介绍得很少。他提出：

- 并发是同时处理很多事情，并行是同时做很多事情。

  并发是同时处理很多事情，有时间段的概念，这些事情可能会有一个先后顺序，但是会在这个时间段内去做。从这个时间段来看，这些事情都被处理了。比如我在编写这本书的同时还在听着刀郎的音乐，这两件事情如果被调度在同一个 CPU 上，它们是并发执行的。

并行是在同一个时间点有多件事情都在做。如果手头阔绰，我还可以买一台机器放在旁边，打开 Markdown 编辑器编写本书的内容，同时音乐播放器在播放抖音上最流行的歌曲。这两台服务器可以并行地执行，在同一个时刻，两台服务器都在做着事情，这是并行。

- 并发和并行并不相同，但是相关（见图 1.8）。

并发和并行区别的第一条已经讲得很清楚了，是同时“处理”和同时“做”的区别。例如，我很久没有去银行办理业务了，最近去了一次，其效率基本上和以前一样。进门后，大堂经理检查我的身份证和银行卡，然后在取号机上取了一个号给我，我的业务正式开始被“处理”了。我环顾四周，发现大堂里全是已被“处理”但是还在等待窗口办理的顾客。有限的几个窗口正在“做”业务，每个“做”的过程都非常漫长，有可能需要等半天才能轮到我“做”业务。这一点和计算机的 CPU 也是类似的，我使用的 CPU 可能只有几个核，但是我打开窗口，所做的事情却非常多，很多事情都在“被处理”，而正在“做”的工作也就是几个而已。银行办理业务是并发执行的，但是并行执行的就寥寥几个业务。

图 1.8　形象展示并发和并行（左边并发，右边并行）

- 并发的焦点是设计结构，并行的焦点是程序的执行。

并发的本质是我们要设计 / 实现一个结构，这个结构可以使程序的不同计算模块并发地执行。这些模块的执行可能真的是并行的，比如在多核的 CPU 上，不同的模块不会相互阻塞，它们被分配到不同的核上，所以可以并行地执行。而在一个核的 CPU 上，它们不能并行地执行，但是可以并发地执行，在一段时间内每个模块都可以占用 CPU 的时间片，每个模块都可以被执行。并发编程的本质就是要设计 / 实现这样的程序结构，以便不同的模块可以并发地执行。并发的目标之一就是能利用并行（多核）的能力，但是并行的目标并不是并发。

本书后面的章节主要介绍并发编程的相关知识。

接下来，以名为“鸟窝客栈”的连锁饭店为例来介绍并发技术。

“鸟窝客栈”是一家知名的美食饭店，专做八大菜系，在美食界赫赫有名。现在它准备在京师最火的美食街开一家分店。开店初期只租了一个场地，服务员、厨师和结账员都由店长一人承担。所以，一旦有一个顾客过来，店长就得亲自接待，安排好顾客座位，等待顾客点餐，然后拿着顾客的单子去炒菜，给顾客上菜，结账送客，接下来才能迎接下一个顾客。可想而知，店门外等待品尝美食的顾客排了长长的一队，但是由于此店是顺序接待顾客的，所以大家只能顺序就餐，前一个顾客吃完才能轮到下一个顾客（见图 1.9）。

图 1.9 顺序服务顾客的场景

某一天集团老板过来巡视，发现不行，这样太低效了，处理流程需要改造，于是把整个就餐流程改造成四部分：接待顾客和点餐、炒菜、上菜和结账。接待顾客和上菜可以由一个服务员负责，炒菜由一个厨师负责，然后结账由收银员负责，三个步骤可以并发地执行。它们之间可以通过消息传递信息，比如服务员递一个单子，厨师就知道要炒新菜了，厨师炒好菜后摇一下铃就可以通知服务员端菜了。服务员和收银员之间也通过打招呼的方式结账。接待顾客和点餐、炒菜、上菜和结账并发地执行，可以同时服务多个顾客，处理流程大大加快，店里的流水也多起来了，客栈开始盈利（见图 1.10）。

某一天老板又过来了，还是有点不满意，因为他发现同时就餐的顾客虽然多了，但是只有一个厨师，导致大部分顾客都在座位上苦苦等待，顾客颇有怨言；厨师在灶台前忙得热火朝天，而服务员坐在长凳上晒太阳，收银员在柜台后无聊地追剧，非常不合理。得益于先前的并发流程的改造，老板决定再增加 7 个厨师和 7 个灶台，厨师可以并行炒菜；再增加两个服务员，这样即使菜炒得很快，服务员也能及时端给顾客。因为顾客很快能吃到饭菜，所以就餐时间也很短，收银员也忙碌起来，一派欣欣向荣的景象。所以大家看到并发编程的设计，可以轻松地解决规模扩大的问题，并且可以利用并行的方式，同时处理多个并发单元（见图 1.11）。

图 1.10　初步改造后的场景

图 1.11　并发单元增加能力后的场景

“鸟窝客栈”太有名了，四面八方的顾客慕名而来，小小的客栈即使采用了并发技术，也难以应对这么大的客流，顾客又不满意了。老板过来考察后，决定在这条美食街再开一家分店，照搬第一家分店的处理流程和资源配备，依然火爆，结果开了第三家分店、第四家分店……直到第八家分店，基本上满足了顾客的需求，顾客不需要再等待了。这就是采用并行的方式来解决问题，每个店的处理流程依然是并发的方式，服务员忙忙碌碌，厨师干得热火朝天，收银员手打算盘噼里啪啦，顾客不需要等待，很舒服地在“鸟窝客栈”里品尝美食（见图 1.12）。

图 1.12　开分店并行服务的场景

可以看到，并发是对结构的设计和改造，将整个处理流程拆解成可以并发处理的单元。拆解的方式也不是唯一的，还可以增加洗菜工、刷碗工、收拾餐余的工作人员等。总之，看到哪里有瓶颈，就要考虑有没有可能把它分解并发地执行。这些人员之间可以通过消息传递信息，如果同时有很多顾客结账，而这里只设置了一个收银员，还需要互斥锁等方式，将并发单元排成队列，顺序结账。如果结账这里一直是瓶颈的话，那么可以通过增加几个收银员来消除这个流程上的瓶颈。

综上所述，我们在设计并发程序的时候，经常要进行并发单元的设计，并且要进行并发模块之间的数据同步和消息传递，甚至要编排任务让它们按照固定的流程执行。在大部分场景下，并发程序可以提升程序的性能，而我们可以通过提供更多的 CPU 核等方式，让并发单元能够更多、更快地执行——尽管这不是必需的。

1.3　阿姆达尔定律：并发编程优化是有上限的

阿姆达尔定律（Amdahl's Law，Amdahl's Argument），计算机科学界的一个经验法则，因 IBM 公司计算机架构师吉恩·阿姆达尔而得名。阿姆达尔曾致力于并行处理系统的研究，他进行了一项富有洞察力的观察：提升系统的一部分性能对整个系统的性能有多大影响。这一观察被称为阿姆达尔定律：

$$\frac{1}{(1-\alpha)+\alpha/k}$$

当提升系统的一部分性能时，对整个系统性能的影响取决于：

- 这一部分有多重要。
- 这一部分性能提升了多少。

假设原来在系统中执行一个程序需要的时间为 T_{old}，其中某一部分占的时间百分比为 α，如果这一部分的性能提升 k 倍，即提升的这一部分原来需要的时间为 αT_{old}，现在需要的时间变为 $(\alpha T_{old})/k$，那么整个系统执行此程序需要的时间就会变为

$$T_{new} = \text{不能并发执行的部分所需的时间} + \text{并发提升后所需的时间}$$
$$= (1-\alpha)T_{old} + (\alpha T_{old})/k$$

因此，加速比（系统性能提速的倍数，T_{old}/T_{new}）为

$$S = 1/((1-\alpha) + \alpha/k)$$

因为 α 的取值范围是 0~1，所以加速比就是 1~k。在程序没有部分做并发性能提升的情况下，程序没有办法加速。如果程序整个部分都可以做并发性能提升，那么加速比可以达到 k。

阿姆达尔定律从理论上指出了程序所能达到的最大加速比。比如程序原来是串行执行的，但是我们对其中的一半进行优化，使其可以并行地执行，而且有充足的 CPU 可以并行执行这一半的任务。结果是，即使使用足够多的 CPU 去并行执行这一半的任务，最后的加速比也不会超过 2。

我们在设计并发程序的时候，应尽量让可并发的部分在整个系统中占比较大（α 较大），这样才可能得到更大的加速比。这就要求我们仔细地设计程序，尽量减少串行的部分，同时尽量提升并发部分的性能，使 k 变大。

1.4　Go 并发并不一定最快

一般来说，正如我们平常理解的那样，将串行程序修改为并行程序之后，其性能会得到提升。但也不是绝对的，在某些情况下，串行编程性能反而更好。

下面这个例子是快速排序的串行实现。

```
// 快速排序中的分区，把 a 分成左右两部分，左边部分小于右边部分
func partition(a []int, lo, hi int) int {
    pivot := a[hi] // 将最后一个值作为分界值
    i := lo - 1
    for j := lo; j < hi; j++ {
        if a[j] < pivot { // 如果值小于分界值，则挪到左边
            i++
            a[j], a[i] = a[i], a[j]
        }
    }
    a[i+1], a[hi] = a[hi], a[i+1]

    return i + 1
}
func quickSort(a []int, lo, hi int) {
```

```
    if lo >= hi {
        return
    }
    p := partition(a, lo, hi)
    quickSort(a, lo, p-1)
    quickSort(a, p+1, hi)
}
```

我们将串行实现修改为并发实现：

```
func quickSort_go(a []int, lo, hi int, done chan struct{}) {
    if lo >= hi {
        done <- struct{}{}
        return
    }

    p := partition(a, lo, hi)
    childDone := make(chan struct{}, 2)
    go quickSort_go(a, lo, p-1, childDone) // 启动一个 goroutine，快速排序左边
    go quickSort_go(a, p+1, hi, childDone) // 启动一个 goroutine，快速排序右边
    <-childDone
    <-childDone
    done <- struct{}{}
}
```

我们期望并发的版本运行得更快一点，毕竟串行的版本使用一个 CPU 核来运行，而并发的版本可以并发处理，充分利用 CPU 多核的能力来运行。我们随机生成测试数据，测试它们运行所花费的时间：

```
func bench_quicksort() {
    // 生成测试数据
    rand.Seed(time.Now().UnixNano())
    n := 10000000
    testData1, testData2 := make([]int, 0, n), make([]int, 0, n)
    for i := 0; i < n; i++ {
        val := rand.Intn(n * 100)
        testData1 = append(testData1, val)
        testData2 = append(testData2, val)
    }

    // 串行程序
    start := time.Now()
    quickSort(testData1, 0, len(testData1)-1)
    fmt.Println(" 串行执行 :", time.Since(start))

    // 并发程序
    done := make(chan struct{})
    start = time.Now()
    go quickSort_go(testData2, 0, len(testData2)-1, done)
    <-done
    fmt.Println(" 并发执行 :", time.Since(start))
}
```

实际运行：

```
E:\2022book\concurrency-programming-via-go-code\ch1>go run.
串行执行：879.2528ms
并发执行：4.4318051s
```

什么，并发程序的耗时反而远远大于串行程序的耗时？为什么在 6 个核的 CPU 上运行的并发程序反而比在一个核上运行的串行程序还要慢？哪里出了问题？让我们分析一下。

我们使用 1000 万个数据进行排序，并发程序会将数据分成两个部分，这两个部分使用两个子 goroutine 来运行，每个子 goroutine 负责其中一部分数据。同样地，每个子 goroutine 也会将自己要排序的部分分成两个孙 goroutine，这样整体上并发程序会创建许许多多的 goroutine。虽然我们前面说过，goroutine 相对于线程是轻量级的，但这并不意味着它没有资源的占用和性能的损耗。与操作系统的线程相比，goroutine 的内存占用更小：Go 1.4 以后的 goroutine 只占用 2KB，在运行中 goroutine 的内存占用还会按需进行调整；更进一步，Go 1.19 会根据历史 goroutine 栈的使用率来初始化新的 goroutine 栈的大小，goroutine 栈的大小不再是固定的 2KB。因为创建新的 goroutine 会伴随栈的分配，这也会损耗性能。同时大量的 goroutine 在调度和垃圾回收检查时也会占用一定的时间，所以整体上说，这些额外的时间反而让程序的性能下降了，尽管使用了 6 个 CPU 核。

那么就没有办法利用并发的优势了吗？别急，我们还有绝招！既然我们意识到太多的 goroutine 影响并发程序的性能，那么可以减少 goroutine 的生成，并且递归深度在 3 以内，采用并发的方式快速排序；如果递归深度超过 3，则退化为串行的方式，这样就既利用了并发执行的优势，又减少了过多 goroutine 带来的管理损耗。所以并发程序的优化版本如下：

```go
func quickSort_go2(a []int, lo, hi int, done chan struct{}, depth int) {
    if lo >= hi {
        done <- struct{}{}
        return
    }
    depth--
    p := partition(a, lo, hi)
    if depth > 0 {
        childDone := make(chan struct{}, 2)
        go quickSort_go2(a, lo, p-1, childDone, depth)
        go quickSort_go2(a, p+1, hi, childDone, depth)
        <-childDone
        <-childDone
    } else {
        quickSort(a, lo, p-1)
        quickSort(a, p+1, hi)
    }
    done <- struct{}{}
}
```

使用测试程序测试，串行版本、完全并发版本和优化并发版本的性能对比如下：

```
E:\2022book\concurrency-programming-via-go-code\ch1>go run.
串行执行：889.0072ms
完全并发执行：6.743595s
优化并发执行：798.3423ms
```

可以看到，我们优化的并发版本可以获得更好的性能。

还有，那个递归深度为什么取 3，能不能取 5 或者 1024 呢？它基本上是一个经验值，最好通过基准测试的方式来确定这个值。如果是 CPU 敏感型的程序，则可以尝试使生成的 goroutine 的数量和 CPU 的逻辑核数相等；如果是 I/O 敏感型的程序，则可以尝试把 goroutine 的数量设置为 CPU 逻辑核数的数倍或者十几倍。当然，具体的数值最好还是通过基准测试来确定。

1.5 Go 运行时调度器

了解 Go 运行时对 goroutine 的调度，对于深入分析和理解并发程序还是很有帮助的。

当操作系统的线程切换到另一个线程时，CPU 会执行一个操作，叫作**上下文切换**（context switch），操作系统会在中断、系统调用时执行线程上下文切换。线程上下文切换是一种昂贵的操作，因为操作系统需要将用户态转移到内核态，保存要切换线程的执行状态，也就是将一些重要寄存器的值和进程状态保存在线程控制块数据结构中。当恢复线程的运行时，需要将这些状态加载到集群中，从内核态转移到用户态。想想就比较复杂、耗时，如果又涉及进程上下文切换，就更加耗时了。goroutine 的调度是由 Go 运行时控制的，每个编译的 Go 程序都会附加一个很小的 Go 运行时，负责内存分配、goroutine 调度和垃圾回收。goroutine 会和某个线程绑定，它是用户态的，并且初始的栈也比较小，所以它的上下文切换开销比较小，大致上，你可以认为 goroutine 的上下文切换开销是线程上下文切换开销的十分之一。当然，这个数值会随着一些应用场景和 CPU 架构的不同而不同，我们可以大致粗略估计成这个数量级。最早的 Go 运行时（1.0 版以下）采用 GM 模型，随着 Go 运行时的优化，改成了 GPM 模型（见图 1.13）。

- **G**：表示 goroutine，存储了与 goroutine 相关的信息，比如栈、状态、要执行的函数等。
- **P**：表示逻辑 processor，有人把它和 CPU 处理器的概念混在一起，这是不对的，它和 CPU 的处理器没有半点关系。P 负责把 M 和 G 捏合起来，让一系列的 goroutine 在某个 M 上顺序执行。在默认情况下，P 的数量等于 CPU 逻辑核的数量，当然，你也可以使用 runtime.GOMAXPROCS 改变它，尤其是在 I/O 敏感的场景下。有些数据结构会利用 P 的特性，实现 per-P 的方式以避免使用锁来提升性能，因为属于同一个 P 的 goroutine 没有数据竞争的风险。如图 1.13 所示，每个 P 都有一个自己的本地 goroutine 队列。
- **M**：表示执行计算资源单元，Go 会把它和操作系统的线程一一对应。只有在 P 和 M 绑定之后，才能让 P 的本地队列中的 goroutine 运行起来。

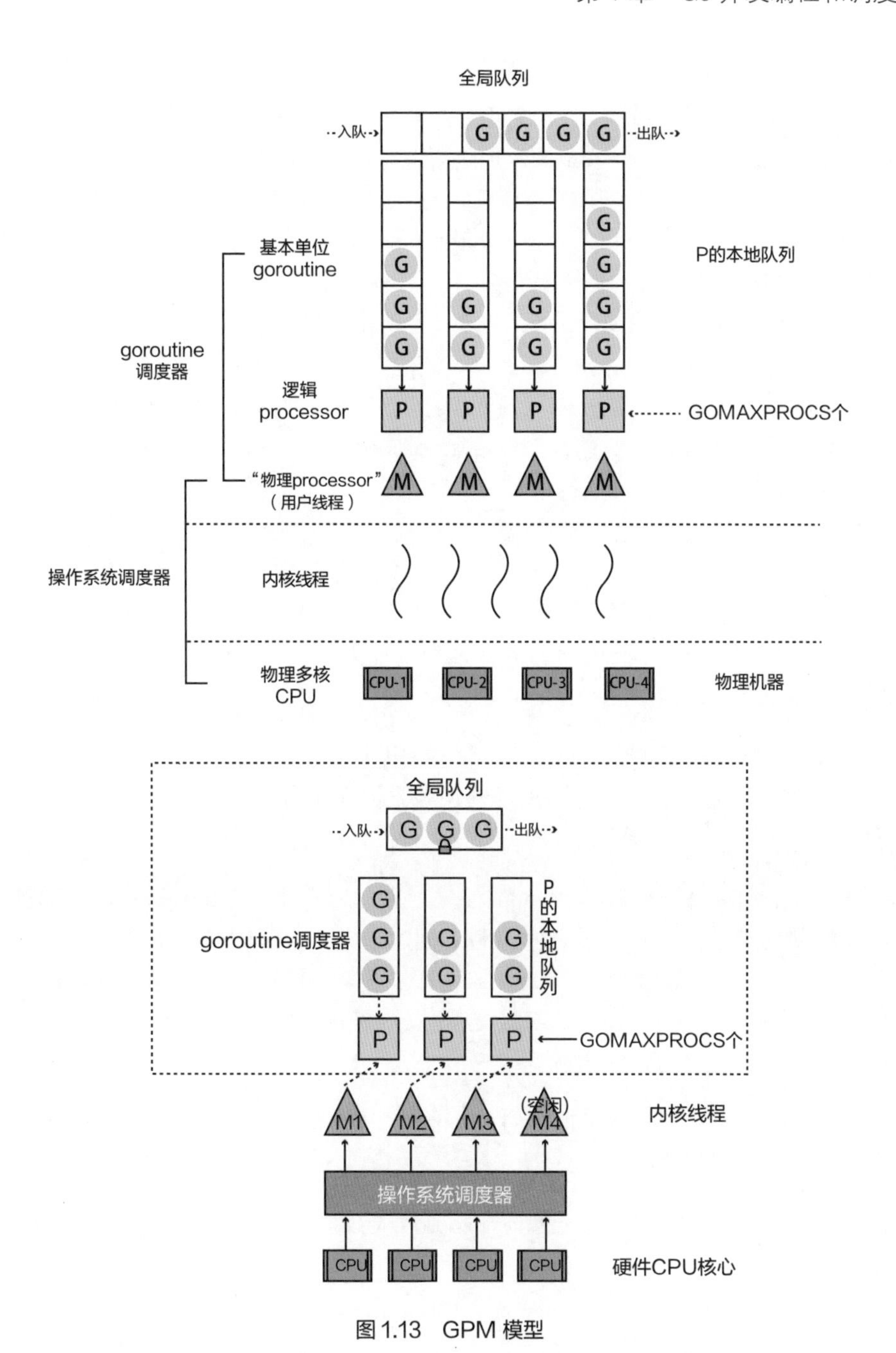

图 1.13　GPM 模型

运行 Go 程序时，程序的入口点并不是 main 函数，而是会调用 Go 运行时的一个函数，完成运行时的初始化工作，包括调度器初始化和垃圾回收等工作。最开始会创建 m0 和 g0，完成调度器初始化的工作，为 main.main 生成一个 goroutine，并且被 m0 执行。

但凡看过 Go 的 GPM 模型的读者都会知道这些，但这里还是简单地复述一下。Go

运行时会启动 *N* 个 P 和 M，并把 P 和 M 捏合在一起，除非有阻塞的 I/O 导致 P 和 M 解绑，P 再找到“新欢”（新的 M）。每个 P 都有自己的本地队列，它会顺序执行其本地的 goroutine 队列，但是每 61 次或者本地队列没有 P 可执行的 goroutine 时，它会从全局队列找到一个 goroutine 来执行，避免全局队列的 goroutine 没有机会执行。还有大家熟知的工作窃取算法，如果一个 P 太过清闲，没有什么 goroutine 可执行，它也会尝试从其他的 goroutine 队列窃取一半的 goroutine 过来，让工作比较均衡。这个过程大家都比较清楚且耳熟能详，但是这里还有两个大家可能不太熟悉的场景，也就是 timer 和 netpoll。timer 经过几次演化，它的四叉堆依附在 P 上，P 在调度的时候也会检查这个四叉堆上是否有 timer 需要触发，同时也会窃取 timer。调度器还会检查 netpoll，对于那些网络 I/O 已经就绪的 goroutine，也是有机会执行读 / 写操作的。sysmon 是一个独立的 goroutine，不依附在某个 P 上，而是运行在一个独立的 M 中，定时运行一次，检查与网络 I/O 相关的 goroutine 和那些长时间运行的 goroutine（超过 10ms），避免某个 goroutine 长时间占用计算资源。先前 Go 实现的是协作式调度，在一些安全点如系统调用、额外的栈检查代码等地方进行调度，但是对于执行空的死循环的 goroutine 是没有机会让它调度的。后来 Go 1.14 实现了基于信号的抢占式调度，向正在运行的 goroutine 所绑定的那个 M 发出 SIGURG 信号，信号处理函数会进行调度，让其他 goroutine 有机会执行。

m0 和 g0 是两个特殊的对象。m0 是 Go 程序启动时的第一个线程，也就是主线程。这个 m0 是放在全局变量中的，不像其他的 m 都是运行时的局部变量。程序运行的时候只有一个 m0。

g0 是调度用的 goroutine，每个 m 都有一个 g0。g0 和其他的 goroutine 是有区别的，g0 的栈是系统分配的，在 Linux 上栈大小默认固定为 8MB，不能扩展，也不能缩小。而普通的 goroutine 栈大小默认是 2KB（Go 1.19 改成了根据历史使用自动调整的方式），它们的栈是可扩展的。一个 goroutine 运行完成后，或者新建一个 goroutine 时，调度器会先被切换到 g0 上，让 g0 负责调度。

每个 m 都有一个 g0 用来调度它的 goroutine，而且都叫 g0。其中与 m0 绑定的那个 g0 也是放在全局变量中的。

goroutine 被创建时，优先加入本地 goroutine 队列，之后有可能通过工作窃取运行在其他 P/M 上。

第2章　互斥锁Mutex

本章内容包括：

- Mutex的功能和使用场景
- 检查数据竞争
- Mutex的原理和实现历史
- Mutex的使用陷阱
- Mutex的扩展

Mutex 是一种互斥锁，名称来自 mutual exclusion，是一种用于控制多线程对共享资源的竞争访问的同步机制。在有的编程语言中，也将其称为锁（lock）。当一个线程获取互斥锁时，它将阻止其他线程对该资源的访问，直到该线程释放锁。这可以防止多个线程对共享资源进行冲突访问，从而保证线程安全。我们通常把 Mutex 这样的用来帮助实现同步的类型称为同步原语（synchronization primitive）。当然，在其他一些编程语言的环境中指的是多线程的同步机制，在 Go 语言中指的就是 goroutine 的同步机制。

互斥锁的概念可以追溯到 1968 年，当时计算机科学家 E. W. Dijkstra 在论文“Solutions of a Problem in Concurrent Programming Control”中首次实现了一种同步机制，防止两个进程同时进入临界区（critical section)，该方案后来被称为“Dijkstra 互斥算法”，并成为互斥锁的一种基本实现。随后，互斥锁逐渐被广泛应用于多线程编程，成为一种重要的同步机制。今天，它已经被广泛应用于各种不同的编程语言和平台。

> 本书中，基于我们谈论的问题的语境不同，并发单元指的可能是进程、线程或者 goroutine。我们在谈论通用概念时一般用线程举例，但是具体到 Go 语言的问题时则用 goroutine。

在不同的支持并发的编程语言中基本都有 Mutex 的实现，尽管实现有所不同，但它们的功能是相似的。下面是一些常见的编程语言中 Mutex 的类型。

- 在 C++ 中，Mutex 类型通常是 std::mutex。
- 在 Java 中，Mutex 类型通常是 java.util.concurrent.locks.ReentrantLock。
- 在 Python 中，Mutex 类型通常是 threading.Lock。
- 在 C# 中，Mutex 类型通常是 System.Threading.Mutex。
- 在 Rust 中，Mutex 类型通常是 std::sync::Mutex。

在 Go 语言中，标准库 sync 包中提供了 Mutex，它实现了互斥锁的功能。Mutex 可以提供对临界区的保护。临界区不仅仅指一个资源、一个变量，它也可以指一组资源、一段处理代码，我们把程序中这部分因为并发访问和修改需要保护起来的代码称作临界区，比如对数据库连接的访问、对某一个共享数据结构的操作、对一个 I/O 设备的使用、对一个共享状态的修改、对一组资源的原子访问和修改等。Mutex 限定临界区同一时间只能有一个 goroutine 进入。当临界区中有一个 goroutine 时，如果其他线程想进入这个临界区，就会返回失败，或者需要等待，直到已进入的那个 goroutine 退出临界区，这些等待的 goroutine 中的某一个才有机会接着进入这个临界区（见图 2.1）。

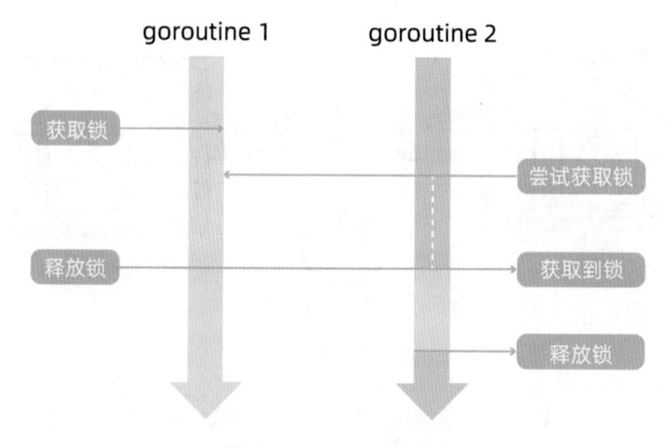

图 2.1　Mutex 的互斥

2.1　竞争条件与数据竞争

在进一步介绍 Mutex 同步原语之前，我们先了解两个概念：竞争条件（race condition）和数据竞争（data race）。

竞争条件和数据竞争是两个相关的概念，它们都涉及多线程环境中的数据竞争。但是，它们也有如下一些重要的区别。

- **竞争条件：**指的是在多线程环境中，由于操作顺序的不确定性导致的程序执行结果的不确定性。例如，如果两个线程同时对同一个变量进行读 / 写操作，那么它们的执行顺序将会对最终的结果产生影响。这就是竞争条件。外部时序或排序的非确定性会产生竞争条件；典型的示例包括上下文切换、操作系统信号、多处理器上的内存操作和硬件中断等。竞争条件有时候难以避免，因为在很多情况下我们无法精确控制 goroutine 的运行顺序；竞争条件有时候是我们可以接受的。
- **数据竞争：**指的是在多线程环境中，由于操作顺序的不确定性导致的数据不一致问题。例如，如果两个线程同时对同一个变量进行读 / 写操作，并且没有使用任何同步机制，那么它们的操作将会导致数据的不一致。这就是数据竞争。

竞争条件和数据竞争之间既不是子集的关系，也不是充分必要条件的关系。竞争条件和数据竞争的区别在于：前者是一种状态，而后者是一种问题。对于数据竞争，它的定义是非常明确的：一个线程中的内存操作可能会尝试访问内存位置，同时另一个线程中的内存操作正在写入该内存位置，并且它们之间没有同步控制，这就会发生数据竞争。

我们以一个银行转账的例子来说明竞争条件和数据竞争的区别。银行转账的时候，不能凭空增加钱，也不能莫名其妙地丢失钱，同时还会面临并发的问题，所以它是一个很好的演示竞争条件和数据竞争的例子（见图 2.2）。

图 2.2　银行转账

一个单线程的程序，没有竞争条件和数据竞争的转账函数如下（当然，这只是一个示例，相信没有银行会使用下面的方式）：

```
// 银行账户
type Account struct {
    Balance int64 // 余额
    InTx    bool //是否在操作中
}

// 转账
// amount: 转账金额
// accountFrom: 转账的源账户
// accountTo: 转账的目的账户
func transfer1(amount int64, accountFrom, accountTo *Account) bool {
    // 检查余额是否小于转账的金额
    if accountFrom.Balance < amount {
        return false
    }
    // 目的账户的余额加上转账金额
    accountTo.Balance += amount
    // 源账户的余额减去转账金额
    accountFrom.Balance -= amount

    return true
}
```

这个函数既有竞争条件问题，也有数据竞争问题。如果按照这个函数转账，用户的账目最终将变得一塌糊涂，全乱了。比如源账户的余额有 100 万元，如果同时有两个转账操作，都从这个源账户中转出 100 万元，那么源账户的余额就有可能变成 0 元，而两个目的账户都增加了 100 万元，银行莫名其妙地损失了 100 万元，这是数据竞争问题。在不同的转账顺序下，账户的余额可能还会不同，这是由执行顺序导致的竞争条件问题。

于是，我们修改上面的函数，使用原子操作，保证没有数据竞争问题。

```
func transfer2(amount int64, accountFrom, accountTo *Account) bool {
    bal := atomic.LoadInt64(&accountFrom.Balance) // 原子操作：读取
    if bal < amount {
```

```
        return false
    }

    atomic.AddInt64(&accountTo.Balance, amount) // 原子操作：增加
    atomic.AddInt64(&accountFrom.Balance, -amount) // 原子操作：减少

    return true
}
```

在多线程并发操作的情况下，transfer2 函数没有数据竞争问题，对源账户的余额操作都是原子操作，不会出现部分被修改的情况，所以账户里的钱不会凭空消失。但是很明显，这是一个有问题的函数，它存在竞争条件问题。比如源账户的余额有 100 万元，两个 goroutine 同时转账，其中 g1 转账 50 万元，g2 转账 70 万元，我们无法预测它们执行的顺序。如果 g1 先执行，那么 g2 执行不成功，最后源账户的余额还剩 50 万元；如果 g2 先执行，那么 g1 执行不成功，最后源账户的余额还剩 30 万元。执行顺序的不同导致结果不同，这是竞争条件问题。目前这个转账最终是转了 30 万元还是转了 70 万元，银行是可以接受的，毕竟它也没有什么损失。但是如果 g1 和 g2 同时调用 transfer2，都检查到源账户有 100 万元的余额，它们都认为可以转账，结果执行完转账后，源账户的余额变成了 -20 万元，这次银行可不愿意了，用户的余额不足以支付这两笔转账，而这个函数却导致两个转账操作都成功了。

为了修正这个问题，我们实现第三版的转账函数，使用互斥锁来解决特定的竞争条件。

```
var txMutex sync.Mutex

func transfer3(amount int64, accountFrom, accountTo *Account) bool {
    txMutex.Lock() // 加锁
    defer txMutex.Unlock()

    bal := atomic.LoadInt64(&accountFrom.Balance)
    if bal < amount {
        return false
    }

    atomic.AddInt64(&accountTo.Balance, amount)
    atomic.AddInt64(&accountFrom.Balance, -amount)

    return true
}
```

这里使用了一个互斥锁 Mutex 来解决竞争条件问题，其中转账那几行代码被称为临界区。这个函数足够完美了，即使在多线程并发调用的情况下，transfer3 也和我们期望的一样，要么成功，要么失败，不会因为多线程执行顺序的不同而得到不期望的结果：用户的账户不会被透支，保证在余额充足的情况下可以转账。这个函数解决了我们所关注的竞争条件的问题。

那么，如何实现一个有数据竞争，但是没有竞争条件的例子呢？请看下面的代码。

```
var txMutex sync.Mutex

func transfer4(amount int64, accountFrom, accountTo *Account) bool {
    accountFrom.InTx = true
    accountTo.InTx = true

    defer func() {
        accountTo.InTx = false
        accountFrom.InTx = false
    }()

    txMutex.Lock() // 加锁
    defer txMutex.Unlock()

    bal := atomic.LoadInt64(&accountFrom.Balance)
    if bal < amount {
        return false
    }

    atomic.AddInt64(&accountTo.Balance, amount)
    atomic.AddInt64(&accountFrom.Balance, -amount)

    return true
}
```

在这个例子中，我们给账户增加了一个变量 InTx，代表这个账户在事务之中。多线程执行转账操作时，可能会同时修改这个变量，产生数据竞争。实际上，我们并没有使用这个变量进行逻辑处理，所以在这个简单的例子中，数据竞争对业务没有什么影响。这个函数依然不会导致超额转账的竞争条件问题，只是存在访问 InTx 的数据竞争问题。

总结一下，上面的四个函数演示了一个函数可能存在竞争条件和数据竞争的问题，或者二者之一。

	存在数据竞争	**不存在数据竞争**
存在竞争条件	transfer1	transfer2
不存在竞争条件	transfer4	transfer3

这是一类非常常见的竞争条件和数据竞争的问题。为了帮助开发者解决这类问题，各种编程语言都提供了同步原语，本章我们就来学习互斥锁 Mutex，后面几章还会介绍其他的同步原语。

还有一类问题是关于并发编排的，我们需要一组线程（在 Go 语言中指的是 goroutine）按照一定的顺序执行，还需要一些工具对它们进行编排，这些用来帮助我们编排的类型被称为“并发原语（concurrency primitive）”，比如 WaitGroup、channel 等。

有些人会严格区分并发原语和同步原语，比如下面一种划分方式：

- 同步原语是一种用于控制多个线程同时执行的操作。它通常用于实现并发操作，例如多线程并行计算。常见的同步原语包括原子操作、信号量、互斥锁等。
- 并发原语是一种用于控制多个线程之间的执行顺序的操作。它通常用于实现同步操作，例如线程间的数据传递。常见的并发原语包括条件变量、消息队列、事件通知等。

按照这种分法，同步原语用来处理竞争条件和数据竞争，而并发原语用来编排。在本书中，并不严格区分这两个概念，将其统一称为“同步原语”。

2.2　Mutex 的用法

因为并发编程中有竞争条件和数据竞争的问题，我们才需要将代码片段设定为临界区，通过使用 Mutex 等同步原语将临界区保护起来。接下来，我们来熟悉 Go 标准库的 Mutex 的使用方法，看看它是如何保护临界区，解决竞争条件和数据竞争的问题的。

2.2.1　一个并发问题

有时候，我们很清楚地知道临界区或者共享资源，能主动地发现数据竞争问题；但是有时候，数据竞争问题却不那么容易被发现，比如下面这段代码，你认为有数据竞争问题吗？

```
func TestCounter(t *testing.T) {
    var counter int64 // 计数值

    var wg sync.WaitGroup // 用来等待子 goroutine 全部执行完

    for i := 0; i < 64; i++ {
        go func() {
            for i := 0; i < 1000000; i++ { // 循环 100 万次
                counter++ // 计数值加 1
            }

            wg.Done()
        }()
    }

    wg.Wait()

    if counter != 64000000 {
        t.Errorf("counter should be 64000000, but got %d", counter)
    }
}
```

这段代码演示了并发修改一个类型为 int64 的计数器的并发问题，其中 counter++ 存在着数据竞争，它并不是一个原子操作。如果使用伪代码来表示 counter++ 语句，它类似于下面的形式：

```
tmp := counter
tmp = tmp + 1
counter = tmp
```

可见，counter++ 不是原子操作，会有数据竞争问题。运行上面的测试，基本会失败，最终的结果并不是我们预期的 6400 万（见图 2.3）。

```
 smallnest@birdnest  ⌂ > ▷ > ▷ > ▷ > ▷ > ▷ > ch02  master  go test -run TestCounter .
--- FAIL: TestCounter (0.03s)
    counter_test.go:27: counter should be 64000000, but got 6697039
FAIL
FAIL    github.com/smallnest/concurrency-programming-via-go-code/ch02   6.789s
FAIL
 smallnest@birdnest  ⌂ > ▷ > ▷ > ▷ > ▷ > ▷ > ch02  master  ERROR  █
```

图 2.3　计数器的结果不符合预期

其中的 sync.WaitGroup 是用来等待 goroutine 执行的同步原语，这里启动了 64 个 goroutine 来并发执行，我们需要等待这 64 个 goroutine 都执行完才能检查 counter 的结果，所以使用了 WaitGroup（后面会有一章专门介绍它）。

我们通过一个简单的例子就能自己看到数据竞争带来的“破坏性”，程序会得到一个意想不到的结果，那么如何使用 Mutex 修复它呢？下面是一个修复的例子。

```go
func TestCounterWithMutex(t *testing.T) {
    var counter int64

    var wg sync.WaitGroup
    var mu sync.Mutex // 使用互斥锁

    for i := 0; i < 64; i++ {
        wg.Add(1)
        go func() {
            for i := 0; i < 1000000; i++ {
                mu.Lock() // 对计数值的更改进行加锁保护，避免数据竞争
                counter++
                mu.Unlock()
            }

            wg.Done()
        }()
    }

    wg.Wait()

    if counter != 64000000 {
```

```
        t.Errorf("counter should be 64000000, but got %d", counter)
    }
}
```

运行上面的测试，运行成功（见图 2.4）。最终计数器的结果符合预期，计数器的值为 6 400 万。

```
 smallnest@birdnest > ch02  master  go test -v -run TestCounterWithMutex .
=== RUN   TestCounterWithMutex
--- PASS: TestCounterWithMutex (6.63s)
PASS
ok      github.com/smallnest/concurrency-programming-via-go-code/ch02   (cached)
 smallnest@birdnest > ch02  master
```

图 2.4　运行成功，计数器的结果符合预期

2.2.2　Mutex 的使用

Mutex 使用起来特别简单，因为它本身只有三个方法。

- Lock()：获取锁。
- Unlock()：释放锁。
- TryLock() bool：尝试获取锁，Go 1.18 中才加入。

我们使用 Mutex 的实例 m 保护临界区。当一个 goroutine 想进入临界区时，它应该调用 m.Lock() 获取锁。如果这个 goroutine 获取到了锁，它就持有了锁 m。如果此时 m 被其他 goroutine 所持有，这个请求的 goroutine 就会被阻塞，等待其他 goroutine 释放锁。

一个 goroutine 可以通过 m.Unlock() 释放锁，比如持有锁的 goroutine 退出临界区时，它需要调用 m.Unlock() 释放锁。锁一旦被释放，其他等待这个锁的 goroutine 才有机会获取锁。

和其他一些编程语言的锁的实现不同，在 Go 语言中，**即使一个 goroutine 没有持有锁，它也可以释放一个 Mutex**。这是一个非常容易出现并发问题的场景，我们尽量不要这样做，最好的方式就是“谁持有，谁释放”。

如果 m 还没有被加锁，此时一个 goroutine 调用 m.Unlock() 会怎样?

```go
func TestOnlyUnlock(t *testing.T) {
    var mu sync.Mutex
    mu.Unlock() // 在未加锁的状态下强制释放锁
}
```

运行这个测试，你会发现：**如果直接释放一个未加锁的 Mutex，它会直接报 panic**。这也是比较容易理解的，因为这种情况是逻辑设计的 bug，程序也无法代替你自动处理这种情况，但也不能忽略这种情况，所以报 panic 了，错误信息是“sync: unlock of unlocked mutex”（见图 2.5）。

```
smallnest@birdnest > ch02 master go test -v -run TestOnlyUnlock .
=== RUN   TestOnlyUnlock
fatal error: sync: unlock of unlocked mutex

goroutine 6 [running]:
sync.fatal({0x10106fb58?, 0x1010b3e60?})
        /usr/local/go/src/runtime/panic.go:1031 +0x20
sync.(*Mutex).unlockSlow(0x1400001a1c0, 0xffffffff)
        /usr/local/go/src/sync/mutex.go:229 +0x38
sync.(*Mutex).Unlock(...)
        /usr/local/go/src/sync/mutex.go:223
github.com/smallnest/concurrency-programming-via-go-code/ch02.TestOnlyUnlock(0x0?)
        /Users/smallnest/go/src/github.com/smallnest/concurrency-programming-via-go-code/ch02/panic_test.go:10 +0x64
testing.tRunner(0x14000003a00, 0x1010c9080)
        /usr/local/go/src/testing/testing.go:1576 +0x104
created by testing.(*T).Run
        /usr/local/go/src/testing/testing.go:1629 +0x370
```

图 2.5　释放未加锁的 Mutex 导致 panic

TryLock 是 Go 1.18 中才加入的一个新方法，对于添加这个方法讨论了很多年，甚至对于这个方法的命名也有争议。尽管其他编程语言中的互斥锁早已实现了这个方法，但是这个方法迟迟没有被加入标准库的 Mutex 中，一些项目会自己实现这个方法，因为在标准库中实现这个方法也就是几行代码的问题。有时候，Go 团队对于新功能的增加是偏于谨慎的，毕竟既要保持兼容性，又要保证新添加的方法确实能解决痛点问题，而不是随随便便加入搞得标准库很臃肿。不管怎样，最终这个方法还是被加入了，包括读写锁也添加了类似的方法。Go 团队还在方法注释中好心提醒，这个方法的使用场景很少，容易出错。

那么，这个方法又有何用处呢？我们知道，当一个 goroutine 调用 Mutex.Lock() 方法时，如果锁被其他 goroutine 所持有，这个 goroutine 就会被阻塞。在某些场景下，我们可能不想让此 goroutine 被阻塞，而是允许它放弃进入临界区去做其他的事情，这个时候就可以使用 TryLock 了。这个方法返回一个布尔类型的值，如果此 goroutine 成功获取到了锁，则返回 true；否则，返回 false。

```go
func TestTryLock(t *testing.T) {
    var mu sync.Mutex

    // 加锁 2s
    go func() {
        mu.Lock()
        time.Sleep(2 * time.Second)
        mu.Unlock()
    }()

    time.Sleep(time.Second)

    // 尝试获取锁，大概率获取不成功
    if mu.TryLock() {
        println("try lock success")
        mu.Unlock()
    } else {
        println("try lock failed")
    }
}
```

在上面这段代码中，一个 goroutine 获取到了锁，主 goroutine 调用 TryLock 尝试获取锁。因为此时锁已经被子 goroutine 持有了，所以主 goroutine 尝试获取锁失败（见图 2.6）。

```
 smallnest@birdnest  ~ > ▭ > ▭ > ▭ > ▭ > ▭ > ch02  master  ERROR  go test -v -run TestTryLock .
=== RUN   TestTryLock
try lock failed
--- PASS: TestTryLock (1.00s)
PASS
ok      github.com/smallnest/concurrency-programming-via-go-code/ch02   1.229s
 smallnest@birdnest  ~ > ▭ > ▭ > ▭ > ▭ > ▭ > ch02  master
```

图 2.6 尝试获取锁

当然，这个例子不是那么严谨，因为利用 Sleep 编排 goroutine 的运行，理论上，有可能子 goroutine 晚于主 goroutine 对 TryLock 进行调用。

> 如果我们只是在自己的机器上测试，机器的 load 指标并不大，那么一般会按照我们期望的方式运行，所以不要在这个问题上纠结。
>
> 之所以使用 Sleep 这种简单的方式进行演示，而没有采用其他的同步原语对 goroutine 的运行进行编排，是因为不想在这个简单的例子中引入太多还没有介绍的内容，避免产生过多的干扰。

总体来说，Mutex 的使用特别简单，使用 Lock 和 Unlock 两个方法就可以进入临界区和退出临界区，实现对共享资源的并发保护，所以它也是使用广泛的同步原语之一。

Mutex 实现了 Locker 接口。Locker 接口定义了锁同步原语的方法集（自从 Go 实现了泛型之后，接口的定义就发生了变化，我们应该说 Locker 接口定义了类型集合，Locker 的类型集合的类型要实现下面的方法集）：

```go
type Locker interface {
    Lock()
    Unlock()
}
```

可以看到，Go 定义的 Locker 接口的方法集很简单，只有获取锁（Lock）和释放锁（Unlock）这两个方法，秉承了 Go 语言一贯的简洁风格。但是，这个接口在实际项目中的应用并不多，因为我们一般会直接使用具体的同步原语，比如 Mutex，而不是通过接口。

2.2.3 地道的用法

Mutex 地道的使用方式是使用它的零值，而不是显式地初始化一个 Mutex 变量。比如下面是常用的写法：

```go
var mu sync.Mutex // 使用零值
    mu.Lock()
```

```
    // do something
    mu.Unlock()
```

这里声明了一个类型为 Mutex 的变量 mu，默认使用零值。Go 标准库的 Mutex 的零值代表锁未被任何 goroutine 所持有，也没有等待获取锁的 goroutine，所以直接使用它即可。通常，我们很少会使用下面的写法：

```
mu := sync.Mutex{} // 非常规的写法
    mu.Lock()
    // do something
    mu.Unlock()
```

同样地，如果在一个 struct 类型中嵌入一个 Mutex，或者说 struct 的某个字段是 Mutex 类型的，则也不需要显式地初始化它——虽然显式地初始化它也没什么关系，但是地道的用法就是使用它的零值：

```
type T struct {
    mu sync.Mutex // 嵌入互斥锁
    m  map[int]int
}

var t = &T{ // 不需要初始化 mu
    m: make(map[int]int),
}

t.mu.Lock()
// do something
t.mu.Unlock()
```

而不是使用下面的方式：

```
type T struct {
    mu sync.Mutex
    m  map[int]int
}

var t = &T{
    mu: sync.Mutex{}, // 没必要初始化 mu
    m: make(map[int]int),
}

t.mu.Lock()
// do something
t.mu.Unlock()
```

2.3 检查程序中的数据竞争

数据竞争是并发程序中最常见的，也是最难发现的并发问题，所幸的是，Go 内置了数据竞争检测器（data race detector），在一定程度上可以发现竞争问题。你可以在测试或者运行程序时使用 -race 开启数据竞争检测器，或者在编译程序时开启，编译好的二进制程序在运行时也可以开启数据竞争检测：

```
$ go test -race mypkg           // 测试 mypkg 包
$ go run -race mysrc.go         // 运行时测试源文件
$ go build -race mycmd          // 编译时测试
$ go install -race mypkg        // 安装时测试
```

还是以计数器的程序（TestCounter）为例，使用 -race 参数后会报出“WARNING：DATA RACE”错误（见图 2.7）。

```
smallnest@birdnest  ch02  master  go test -race -run TestCounter .
==================
WARNING: DATA RACE
Read at 0x00c00012c1e8 by goroutine 7:
  github.com/smallnest/concurrency-programming-via-go-code/ch02.TestCounter.func1()
      /Users/smallnest/go/src/github.com/smallnest/concurrency-programming-via-go-code/ch02/counter_test.go:17 +0x40

Previous write at 0x00c00012c1e8 by goroutine 8:
  github.com/smallnest/concurrency-programming-via-go-code/ch02.TestCounter.func1()
      /Users/smallnest/go/src/github.com/smallnest/concurrency-programming-via-go-code/ch02/counter_test.go:17 +0x50

Goroutine 7 (running) created at:
  github.com/smallnest/concurrency-programming-via-go-code/ch02.TestCounter()
      /Users/smallnest/go/src/github.com/smallnest/concurrency-programming-via-go-code/ch02/counter_test.go:15 +0x6c
  testing.tRunner()
      /usr/local/go/src/testing/testing.go:1576 +0x180
  testing.(*T).Run.func1()
      /usr/local/go/src/testing/testing.go:1629 +0x40
```

图 2.7　执行测试时检查数据竞争问题

在执行测试的时候加上 -race 参数，可以看到 Go 数据竞争检测器发现了数据竞争的问题（WARNING：DATA RACE），并且把数据竞争的 goroutine 以及数据的创建、读 / 写信息都显示出来了，很方便我们分析数据竞争是怎么产生的。

如果你不想对某些函数进行数据竞争的检查，则可以使用条件编译，在文件的第一行加上以下一行：

```
// +build !race
```

当然，现在的 Go 版本使用新的条件编译语法：

```
//go:build !race
```

如果你想兼容以前的 Go 版本，这两种写法就都加上：

```
//go:build !race
// +build !race
```

注意，Go 内建的数据竞争检测器并不会执行静态分析，而是在运行时对内存访问进行检查，只有针对运行的代码才有可能发现数据竞争问题，对于未被访问的代码，是发现不了数据竞争问题的。

所以在测试时并不能发现全部的数据竞争问题。通过运行开启了数据竞争检测器的编译好的二进制程序，是有可能发现更多的数据竞争问题的，但是也不能做到百分之百地发现，因为有些数据竞争可能只有在特定的条件下才会发生，而这个特定的条件什么时候存在并不能确定。另外，不要在生产环境中运行开启了数据竞争检测器的程序，因为进行数据竞争检查是有代价的。在开启了数据竞争检测器的情况下，内存占用可能增加 5~10 倍，而运行时间可能增加 2~20 倍。

2.4 Mutex 的历史实现

如前文所述，Mutex 的使用非常简单，你可能会猜想 Mutex 的实现也很简单吧？简单地思考一下，你可能会使用 flag 来标识锁是否被持有，使用 int32 类型就足够了；如果你对 CAS（compare and swap）原子操作也有所了解的话，则可能会觉得实现 Mutex 并不是一件很难的事情，可能唯一比较棘手的是获取锁的 goroutine，如果获取不到锁该怎么处理？最后再实现一个队列，把它们放入队列中排队。

Go 标准库中最原始的 Mutex 基本是按照这个思路来实现的，它在发展的过程中也出现了诸多问题，然后逐步完善到如今的一个非常复杂的版本。让我们跨越历史，看看 Mutex 的实现过程，从中你也会学到处理并发问题的思路和方法。

2.4.1 初始版本

2008 年，Russ Cox 提交的初版 Mutex 的代码如下：

```
// CAS 操作，当时还没有抽象出 atomic 包
func cas(val *int32, old, new int32) bool
func semacquire(*int32)
func semrelease(*int32)
// 互斥锁的结构，包含两个字段
type Mutex struct {
    key  int32 // 锁是否被持有的标志
    sema int32 // 信号量专用，用于阻塞 / 唤醒 goroutine
}

// 保证成功在 val 上增加 delta 的值
func xadd(val *int32, delta int32) (new int32) {
    for {
        v := *val
        if cas(val, v, v+delta) {
            return v + delta
        }
    }
    panic("unreached")
}

// 获取锁
func (m *Mutex) Lock() {
    if xadd(&m.key, 1) == 1 { //① 将标志量加 1，如果等于 1，则表示成功获取到锁
        return
```

```
    }
    semacquire(&m.sema) // ② 否则阻塞等待
}

func (m *Mutex) Unlock() {
    if xadd(&m.key, -1) == 0 { // ③ 将标志量减 1，如果等于 0，则表示没有其他 waiter
        return
    }
    semrelease(&m.sema) // ④ 唤醒其他被阻塞的 goroutine
}
```

当时还没有抽象出原子操作的 atomic 包，所以这里直接实现了一个 cas 函数。如果不了解 CAS 操作也没有关系，第 10 章会专门介绍它。现在，你可以把它理解成一个“神奇”的操作，这个操作要么成功，要么失败，不会只修改了部分数据。这里是对一个 int32 变量进行操作，提供了它的原始值和新值。如果这个变量的值和原始值相同，那么它会被赋值为新值，否则赋值不成功。

这里还提供了两个重要的函数：semacquire 和 semrelease。看名字就知道它们与信号量（semaphore）有关。semacquire 用来把调用者 goroutine 压入一个队列，并把此 goroutine 设置为阻塞状态，主要用来处理不能获取到锁的 goroutine（称为 waiter，等待者）。semrelease 用来从队列中取出一个 goroutine，并且唤醒它，被唤醒的 goroutine 会获取到锁。

Mutex 结构体包含两个字段（见图 2.8）。

- **key**：一个 flag，用来标识这个排外锁是否被某个 goroutine 所持有。如果 key 大于或等于 1，则说明这个排外锁已经被持有。
- **sema**：一个信号量变量，用来控制等待 goroutine 的阻塞休眠和唤醒。

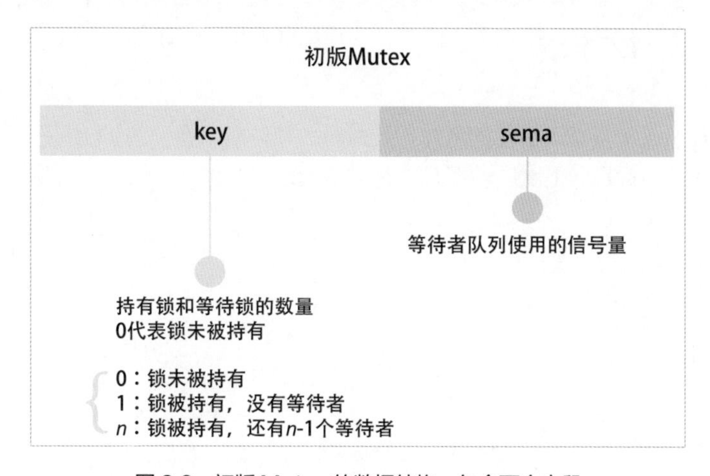

图 2.8　初版 Mutex 的数据结构，包含两个字段

当 goroutine 调用 Lock 获取锁时，通过 xadd 方法进行 CAS 操作（①行），xadd 方法

通过循环执行 CAS 操作直到成功，保证对 key 加 1 的操作成功完成。如果比较幸运，锁没有被其他 goroutine 所持有，那么 Lock 方法成功地将 key 设置为 1，这个 goroutine 就持有了这个锁；如果锁已经被其他 goroutine 持有了，那么当前的 goroutine 会把 key 加 1，而且还会调用 semacquire 函数（②行），使用信号量将自己休眠，等锁释放时，信号量会将它们其中的一个唤醒。

持有锁的 goroutine 调用 Unlock 释放锁时，它会将 key 减 1（③行）。如果当前没有其他等待这个锁的 goroutine，这个方法就返回了。但是，如果还有等待此锁的其他 goroutine，那么它会调用 semrelease 函数（④行），利用信号量唤醒等待锁的其他 goroutine 中的一个。被唤醒的这个 goroutine 原来被阻塞在 Lock 方法中的 semacquire 调用上，一旦 semrelease 被调用，它就会被唤醒，继续执行下去，Lock 方法返回，也就是这个 goroutine 获取到了锁。

我们可以看到，初版的 Mutex 利用 CAS 原子操作，对 key 这个标志量进行设置。key 不仅仅标识了锁是否被 goroutine 所持有，还记录了当前持有锁和等待获取锁的 goroutine 的数量。我们还可以看到，Mutex 这个数据结构并没有标记当前是哪个 goroutine 持有了这个锁，这也导致任意的 goroutine 都可以释放这个锁，而无论此 goroutine 是否持有这个锁。

其他 goroutine 可以强制释放锁，这是一个非常危险的操作。因为在临界区原来持有这个锁的 goroutine 可能不知道锁已经被释放了，还会继续执行临界区的业务操作，这就可能会带来意想不到的结果——这个 goroutine 天真地以为自己还持有锁，有可能导致数据竞争问题。

所以，我们在使用 Mutex 的时候，必须要保证 goroutine 尽可能不去释放自己未持有的锁，一定要遵循“谁持有，谁释放”的原则。在实践中，我们使用互斥锁的时候，很少在一个方法中单独获取锁，而在另一个方法中单独释放锁，一般都会在同一个方法中获取锁和释放锁。

以前，我们通常会基于性能的考虑，及时释放锁，所以在一些 if-else 分支中加上释放锁的代码，使代码看起来很臃肿。而且，在重构的时候，也很容易因为误删或者遗漏代码而出现死锁的现象。

```go
type Foo struct {
    mu    sync.Mutex
    count int
}

func (f *Foo) Bar() {
    f.mu.Lock() // 此处加锁

    if f.count < 1000 {
        f.count += 3
        f.mu.Unlock() // 此处释放锁
```

```
        return
    }

    f.count++
    f.mu.Unlock() // 此处释放锁
}
```

从 Go 1.14 版本开始，Go 对 defer 做了优化，采用更有效的内联方式，取代之前的生成 defer 对象到 defer 链中，defer 对所在函数运行时间的影响微乎其微，所以修改成下面简洁的写法也基本没问题：

```
func (f *Foo) Bar() {
    f.mu.Lock() // 加锁
    defer f.mu.Unlock() // defer 释放锁

    if f.count < 1000 {
        f.count += 3
        return
    }

    f.count++
    return
}
```

这样做的好处就是 Lock/Unlock 总是成对地出现，不会遗漏或者多调用，代码更少。但是，如果临界区只是方法中的一部分，即使不需要锁，也有很多耗时的操作，在这种情况下，为了尽快释放锁，还是应该第一时间调用 Unlock，而不是一直等到方法返回时才释放锁。所以，我们应该根据实际情况灵活处理，在代码可维护性和性能之间寻找平衡。

在初版的 Mutex 实现之后，Go 开发组又对 Mutex 做了一些微调，比如把字段类型变成了 uint32 类型；调用 Unlock 方法会做检查；使用 atomic 包的同步原语执行原子操作等，这些小的改动都不涉及核心功能，简单地知道就行，这里就不详细介绍了。

但是，初版的 Mutex 实现有一个问题：请求锁的 goroutine 会排队等待获取互斥锁。虽然这貌似很公平，但是从性能上看，却不是最优的。因为：如果能够把锁交给当前正在占用 CPU 时间片的 goroutine，那么就不需要做上下文切换了，在高并发的情况下，这可能会有更好的性能。接下来，我们就继续探索 Go 开发组是怎么解决这个问题的。

2.4.2　多给新的 goroutine 一些机会

Go 开发组在 2011 年 6 月 30 日的 commit 中对 Mutex 做了一次大的调整，调整后的 Mutex 实现如下：

```
type Mutex struct { // 互斥锁的结构，还是包含两个字段
    state int32
```

```
    sema  uint32
}

const (
    mutexLocked = 1 << iota // 第一位代表是否加锁
    mutexWoken // 唤醒标志
    mutexWaiterShift = iota // waiter 开始的位，3
)
```

虽然 Mutex 结构体还是包含两个字段，但是第一个字段已经改成了 state，其含义也不一样了。

state 是一个复合型字段，一个字段包含多种含义，这样可以通过尽可能少的内存占用来实现互斥锁。这个字段的第一位（最小的一位）表示这个锁是否被持有，第二位代表是否有唤醒的 goroutine，剩余的位数代表等待此锁的 goroutine 数量。所以，state 字段被分成了三部分，代表三个数据（见图 2.9）。

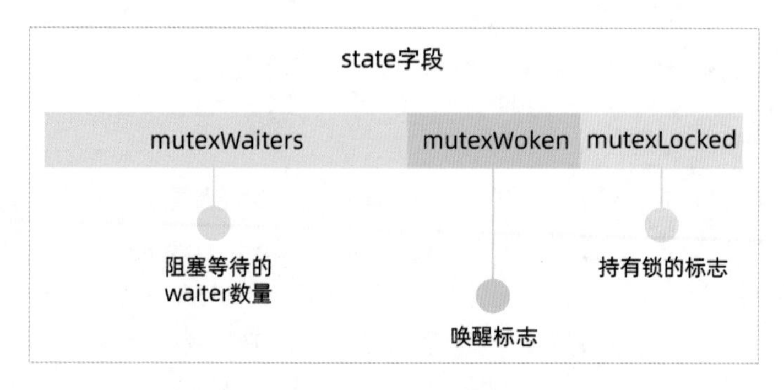

图 2.9　state 字段的不同标志位代表的含义

获取锁的方法 Lock 也变得复杂了。复杂之处不仅仅在于对字段 state 的操作难以理解，而且代码逻辑也变得相当复杂。

```
func (m *Mutex) Lock() {
    // 快速路径：幸运，能够直接获取到锁
    if atomic.CompareAndSwapInt32(&m.state, 0, mutexLocked) { //①
        return
    }

    awoke := false
    for { //②
        old := m.state
        new := old | mutexLocked //③ 新状态，已加锁
        if old&mutexLocked != 0 { //④ 锁已被持有，加入 waiter 中
            new = old + 1<<mutexWaiterShift //⑤ waiter 数量加 1
        }
        if awoke { //⑥
            // 此 goroutine 是被唤醒的
```

```
            // 新状态，清除唤醒标志
            new &^= mutexWoken
        }
        if atomic.CompareAndSwapInt32(&m.state, old, new) {//⑦ 设置新状态
            if old&mutexLocked == 0 { // ⑧ 锁的原状态，未加锁，现在此 goroutine
            获取到了锁，成功！
                break
            }
            runtime.Semacquire(&m.sema) // ⑨ 请求信号量，加入队列中
            awoke = true // ⑩ 被唤醒，和新的 goroutine 抢锁
        }
    }
}
```

首先通过 CAS 检查 state 字段中的标志（①行），如果没有 goroutine 持有锁，也没有等待持有锁的 goroutine，那么当前的 goroutine 就很幸运，可以直接获取到锁，这也是注释中“快速路径”的意思。

如果不够幸运，state 不是零值，那么就通过一个循环进行检查。接下来的一段代码虽然只有几行，但是理解起来却要费一番功夫，因为涉及对 state 不同标志位的操作。这里的位操作以及操作后的结果和数值比较，并没有给出明确的解释，有时候你需要根据后续处理进行推断。如果你充分理解了这段代码，那么对最新版的 Mutex 也会比较容易掌握，因为你已经清楚了这些位操作的含义。

我们先前知道，如果请求锁的 goroutine 没有机会获取到锁，它就会进行休眠，但是在锁被释放将其唤醒之后，它并不能像先前一样直接获取到锁，还是要和正在请求锁的 goroutine 进行竞争。这会给后来请求锁的 goroutine 一个机会，也让 CPU 中正在运行的 goroutine 有更多的机会再次获取到锁，在一定程度上提高了程序的性能。

for 循环不断尝试获取锁，如果获取不到，请求锁的 goroutine 就通过 runtime.Semacquire (&m.sema) 休眠，醒来之后，awoke 被设置为 true，这个 goroutine 尝试争抢锁。

代码中的③行将当前的 flag 设置为加锁状态，如果能成功地通过 CAS 把这个新值赋给 state（⑦行），就代表争抢锁的操作成功了。

不过，需要注意的是，如果成功地设置了 state 的值，而之前的 state 是已加锁的状态，那么 state 只是清除 mutexWoken 标志，并且增加一个 waiter 而已。

请求锁的 goroutine 有两类：一类是新来请求锁的 goroutine，另一类是被唤醒的等待请求锁的 goroutine。锁的状态也有两种：已加锁和未加锁。下面通过图 2.10 来说明在不同的锁状态下，不同来源的 goroutine 的处理逻辑。

请求锁的goroutine类型	已加锁	未加速
新来的goroutine	waiter++；休眠等待	获取到锁
被唤醒的goroutine	新来的goroutine已经抢到锁。 waiter++; 清除mutexWoken标志； 重新休眠，回到队列中	清除mutexWoken标志； 获取到锁

图 2.10　请求锁时不同 goroutine 的处理方式

上面讲的都是获取锁，下面来讲释放锁。释放锁的 Unlock 方法也有些复杂，我们来看一下。

```
func (m *Mutex) Unlock() {
    // 快速路径：去除锁的标志位
    new := atomic.AddInt32(&m.state, -mutexLocked) // ① 去掉锁标志
    if (new+mutexLocked)&mutexLocked == 0 { // ② 本来就没有加锁
        panic("sync: unlock of unlocked mutex")
    }

    old := new
    for {
        if old>>mutexWaiterShift == 0 || old&(mutexLocked|mutexWoken) != 0 {
        // ③ 没有 waiter，或者有被唤醒的 waiter，或者原来已加锁
            return
        }
        new = (old - 1<<mutexWaiterShift) | mutexWoken // ④ 新状态，准备唤醒
goroutine，并设置唤醒标志
        if atomic.CompareAndSwapInt32(&m.state, old, new) {
            runtime.Semrelease(&m.sema)
            return
        }
        old = m.state
    }
}
```

下面解释一下这个方法。

①行是尝试将持有锁的标志设置为未加锁的状态，这是通过减 1，而不是通过将标志位置零的方式实现的。接下来的两行会检查原来锁的状态是否是未加锁。一个 Mutex 还未被加锁，如果直接进行解锁（Unlock），则会导致 panic。

不过，即使将锁的状态设置为未加锁，这个方法也不能直接返回，还需要一些额外的操作，因为可能有一些等待这个锁的 goroutine（有时候，也把它们称为 waiter）需要通过信号量的方式唤醒它们中的一个。所以，接下来的逻辑有两种情况。

第一种情况：如果没有其他的 waiter，则说明竞争这个锁的 goroutine 只有一个，就可

以直接返回了；如果这个时候有被唤醒的 goroutine，或者又被 waiter 加了锁，那么无须我们操劳，其他 goroutine 自己干得都很好，当前的这个 goroutine 就可以放心返回了。

第二种情况：如果有 waiter，并且没有被唤醒的 waiter，那么就需要唤醒一个 waiter。在唤醒之前，需要将 waiter 的数量减 1，并且设置 mutexWoken 标志，这样 Unlock 就可以返回了。

通过这样复杂的检查、判断和设置，我们就可以安全地将此互斥锁释放了。

相对于初版的设计，这一版的改动主要就是新来的 goroutine 也有机会先获取到锁，甚至一个 goroutine 可能连续获取到锁，打破了先来先得的逻辑。但是，代码复杂度也显而易见。

虽然这一版的 Mutex 已经给新来请求锁的 goroutine 一些机会，让它参与竞争，只有当没有空闲的锁或者竞争失败时才加入等待队列中，但是还可以进一步优化。我们接着往下看。

2.4.3　多给竞争者一些机会

在 2015 年 2 月的改动中，如果新来的请求锁的 goroutine 或者是被唤醒的 goroutine 首次获取不到锁，它们就会通过自旋（spin；通过循环不断尝试，spin 的逻辑是在 runtime 中实现的）的方式，尝试检查锁是否被释放。在尝试一定的自旋次数后，再执行原来的逻辑。

```
func (m *Mutex) Lock() {
    // 快速路径：幸运之路，正好获取到锁
    if atomic.CompareAndSwapInt32(&m.state, 0, mutexLocked) {
        return
    }

    awoke := false
    iter := 0
    for { // 不管是新来的请求锁的 goroutine，还是被唤醒的 goroutine，都不断尝试获取锁
        old := m.state // 先保存当前锁的状态
        new := old | mutexLocked // 新状态，设置已加锁标志
        if old&mutexLocked != 0 { // 锁还没有被释放
            if runtime_canSpin(iter) { // 还可以自旋
                if !awoke && old&mutexWoken == 0 && old>>mutexWaiterShift != 0 &&
                    atomic.CompareAndSwapInt32(&m.state, old, old|mutexWoken) {
                    awoke = true
                }
                runtime_doSpin()
                iter++
                continue // 自旋，再次尝试请求锁
            }
            new = old + 1<<mutexWaiterShift
        }
        if awoke { // 唤醒状态
            if new&mutexWoken == 0 {
```

```
                panic("sync: inconsistent mutex state")
            }
            new &^= mutexWoken // 新状态，清除唤醒标志
        }
        if atomic.CompareAndSwapInt32(&m.state, old, new) {
            if old&mutexLocked == 0 { // 旧状态，锁已被释放；新状态，成功持有了锁，直接返回
                break
            }
            runtime_Semacquire(&m.sema) // 阻塞等待
            awoke = true // 被唤醒
            iter = 0
        }
    }
}
```

在这一版的实现中，增加了自旋的机制，当前正在请求锁的被唤醒的 waiter 或者新来的请求锁的 goroutine，如果获取锁不成功的话，则会不断重复检查锁是否已经被释放。具体的自旋次数由 sync_runtime_canSpin 来决定，这个函数的实现细节我们可以忽略，在多核环境中，在一定的条件下总是会尝试自旋几次。

当自旋达到一定的次数或者锁已经被释放时，会执行接下来的逻辑，设置锁的新状态。如果成功，则有两种可能：一是获取到了锁，返回即可；二是依然没有获取到锁，则需要调用 runtime_Semacquire 暂时将其阻塞，等待被唤醒。

通过使用自旋的方式，第 9 行的 for 循环会重新检查锁是否被释放。对于临界区的代码执行时间非常短的场景来说，这是一个非常好的优化。因为临界区的代码执行时间很短，锁很快就能被释放，而请求锁的 goroutine 不用通过休眠唤醒的方式等待调度，直接自旋几次，可能就获取到了锁，减少了 goroutine 上下文切换的次数。

同时我们也可以看到，这一版的实现更加复杂，再加上一些特殊标志的检查和设置，代码已经很难理解了。

2.4.4 解决饥饿问题

经过几次优化，Mutex 的代码越来越复杂，应对高并发争抢锁的场景也更加公平。但是你有没有想过，因为新来的 goroutine 也参与竞争，有可能每次都会被新来的 goroutine 抢到获取锁的机会，在极端情况下，等待中的 goroutine 可能会一直获取不到锁，这就是**饥饿问题**。而且，这是一个大问题，也是各种编程语言的 Mutex 实现都要去解决的一个问题。

说到这里，我突然想到了在《动物世界》纪录片中看到的一种叫作鹳的鸟。如果鹳妈妈寻找食物很艰难，找到的食物只够一个幼鸟吃的，鹳妈妈就会把食物给最强壮的那一只，这样一来，饥饿、弱小的幼鸟总是得不到食物吃，最后就会被啄出巢去。先前版本的 Mutex 遇到的也是同样的困境，在极端情况下会有“悲惨”的 goroutine 总是获取不到锁。

Mutex 不能容忍这种事情的发生。所以，2016 年，Go 1.9 中的 Mutex 增加了饥饿模式

（见图 2.11），让获取锁变得更公平，不公平的等待时间被限制在 1ms，并且修复了一个大 bug：总是把被唤醒的 goroutine 放在等待队列的尾部，这会导致更加不公平的等待时间。

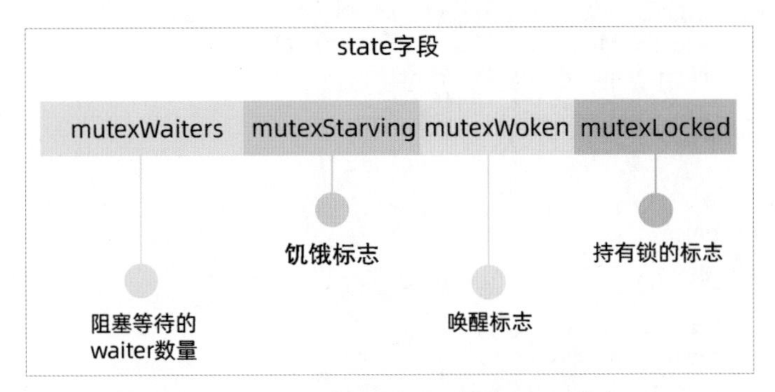

图 2.11　为了解决饥饿问题，增加了饥饿状态

2018 年，Go 开发者将快速路径和慢速路径拆成独立的方法，以便内联，提高性能。2019 年，也有一个 Mutex 的优化，虽然没有对 Mutex 做出修改，但是调度器可以有更高的优先级去执行 Mutex 被唤醒后持有锁的那个 waiter，这已经是很细致的性能优化了。

为了避免代码过多，这里只列出当前的 Mutex 实现（Go 1.20）。想要理解当前的 Mutex，我们需要好好泡一杯茶，仔细地品一品了。

当然，现在的 Mutex 代码已经复杂得接近不可读的状态了，而且代码也非常长，删减后占了几乎 3 页。但是，作为第一个要详细介绍的同步原语，我还是希望能更清楚地剖析 Mutex 的实现，向你展示它的演化，以及为了一个貌似很小的特性，不得不将代码变得非常复杂的原因。

当然，你也可以暂时略过这一段，以后慢慢品读，但需要记住，Mutex 绝不容忍一个 goroutine 被落下，永远没有机会获取锁。不抛弃、不放弃是它的宗旨，而且它也尽可能地让等待较长的 goroutine 更有机会获取到锁。

```go
type Mutex struct {
    state int32 // waiter 计数、唤醒标志和加锁位
    sema  uint32
}

const (
    mutexLocked = 1 << iota // Mutex 加锁标志
    mutexWoken
    mutexStarving
    mutexWaiterShift = iota

    // 1ms
    starvationThresholdNs = 1e6
)
```

```
func (m *Mutex) Lock() {
    // 快速路径：轻松获取到了锁
    if atomic.CompareAndSwapInt32(&m.state, 0, mutexLocked) {
        if race.Enabled {
            race.Acquire(unsafe.Pointer(m))
        }
        return
    }
    // 未能轻易获取到锁
    m.lockSlow()
}

func (m *Mutex) lockSlow() {
    var waitStartTime int64
    starving := false // 是否处于饥饿状态
    awoke := false
    iter := 0
    old := m.state
    for {

    // 不要在饥饿模式下自旋，因为在饥饿状态下，锁的所有权会被直接交给 waiter，所以
    // 无法获取互斥锁；在非饥饿状态下才会自旋
    if old&(mutexLocked|mutexStarving) == mutexLocked && runtime_canSpin(iter) {
        // 设置 mutexWoken 标志，通知 Unlock 不要唤醒其他被阻塞的 goroutine
        if !awoke && old&mutexWoken == 0 && old>>mutexWaiterShift != 0 &&
            atomic.CompareAndSwapInt32(&m.state, old, old|mutexWoken) {
            awoke = true
        }
        runtime_doSpin()
        iter++
        old = m.state
        continue
    }
    new := old
    // 只有在非饥饿状态下才尝试获取锁；否则，新的 goroutine 应该被加入 waiter 队列中
    if old&mutexStarving == 0 {
        new |= mutexLocked
    }
    if old&(mutexLocked|mutexStarving) != 0 {
        new += 1 << mutexWaiterShift
    }

    // 当前 goroutine 尝试将锁设置为饥饿状态，只有在当前的锁状态为已加锁的情况下才这么做
    if starving && old&mutexLocked != 0 {
        new |= mutexStarving
    }
    if awoke { // 清除唤醒标志
        if new&mutexWoken == 0 {
            throw("sync: inconsistent mutex state")
        }
        new &^= mutexWoken
```

```
    }

    //设置新的状态
    if atomic.CompareAndSwapInt32(&m.state, old, new) {
        if old&(mutexLocked|mutexStarving) == 0 {
            break // 在非饥饿状态下获取到锁
        }

        // 以下处理饥饿状态

        // 如果 waiter 以前就在队列里面，则加到队列头
        queueLifo := waitStartTime != 0
        if waitStartTime == 0 {
            waitStartTime = runtime_nanotime()
        }
        runtime_SemacquireMutex(&m.sema, queueLifo, 1) // 阻塞等待
        starving = starving || runtime_nanotime()-waitStartTime >
            starvationThresholdNs // 唤醒后检查是否处于饥饿状态
        old = m.state
        if old&mutexStarving != 0 {
            // 非正常状态
            if old&(mutexLocked|mutexWoken) != 0 || old>>mutexWaiterShift == 0 {
                throw("sync: inconsistent mutex state")
            }

            // 这一段代码比较令人费解，因为这一段是通过特殊的位操作实现的。
            // delta 值默认是设置锁的位，并且将 waiter 的数量减 1。
            // 如果 Mutex 处于非饥饿状态，或者当前 waiter 的数量为 1，则将饥饿状态
            // 的位清除；否则（也就是当前 waiter 的数量大于 1，并且处于饥饿状态），
            // 对饥饿状态的位不做改变，因为当前 Mutex 饥饿的位标志已经是 1 了，
            // 所以不需要额外设置
            delta := int32(mutexLocked - 1<<mutexWaiterShift)
            if !starving || old>>mutexWaiterShift == 1 { // 退出饥饿状态
                delta -= mutexStarving
            }
            // 增加 delta 值，也就是把锁的位设置为 1，Mutex 处于已加锁状态，执行下一个
            // for 循环，此 goroutine 直接获取到锁。而且，根据情况设置了饥饿状态标志
            atomic.AddInt32(&m.state, delta)
            break
        }
        awoke = true
        iter = 0
    } else {
        old = m.state
    }
}

func (m *Mutex) Unlock() {

    // 快速路径：最容易的情况，直接将锁的状态设置为 0，也就是未加锁状态
    new := atomic.AddInt32(&m.state, -mutexLocked)
    if new != 0 {
```

```
            // 如果还有 waiter，或者 Mutex 处于饥饿状态，则调用 unlockSlow
            m.unlockSlow(new)
        }
    }

    func (m *Mutex) unlockSlow(new int32) {
        if (new+mutexLocked)&mutexLocked == 0 {
            fatal("sync: unlock of unlocked mutex")
        }
        // 非饥饿状态
        if new&mutexStarving == 0 {
            old := new
            for {
                // 如果没有 waiter，或者已经有 goroutine 被唤醒了，或者已经有 goroutine 抢
                // 到了锁，或者 Mutex 处于饥饿状态，则不需要唤醒任何 goroutine
                if old>>mutexWaiterShift == 0 || old&(mutexLocked|mutexWoken|
                mutexStarving) != 0 {
                    return
                }
                // 唤醒一个 goroutine，并设置唤醒标志
                new = (old - 1<<mutexWaiterShift) | mutexWoken
                if atomic.CompareAndSwapInt32(&m.state, old, new) {
                    runtime_Semrelease(&m.sema, false, 1)
                    return
                }
                old = m.state
            }
        } else {
            // 在饥饿模式下唤醒一个 goroutine。被唤醒的 goroutine 在 Lock 方法中会直接获取锁。
            // 注意，这里 mutexLocked 标志已经被清除，但是新来的 goroutine 也不会在调用 Lock
            // 方法时获取到锁，因为已经设置了 mutexStarving 标志。
            // mutexStarving 是一个保护标志，说明当前的锁是通过直接交接的方式给某一个 goroutine
            // 的，而不是通过竞争的方式
            runtime_Semrelease(&m.sema, true, 1)
        }
    }
```

我把相关注释加在了代码行中，并且删除了数据竞争检查的代码。现在的代码已经非常难以理解了，并且 Unlock 和 Lock 的逻辑相互影响，Lock 的代码逻辑依赖 Unlock 对有些位的设置。我的经验是不要死记硬背这些代码，我的学习方法是找一个时间，仔细地品读其中的代码逻辑，花一两个小时慢慢理顺逻辑关系，对于不同的场景观察不同标志的变化，理解这段代码的深刻含义，学习其中的位设置技巧。

lockSlow 是 Go 标准库的同步原语中为数不多的复杂度非常高的方法之一，为了让大家更好地掌握这个方法，我特意画了一个流程图，全面展示 lockSlow 方法的逻辑（见图 2.12）。

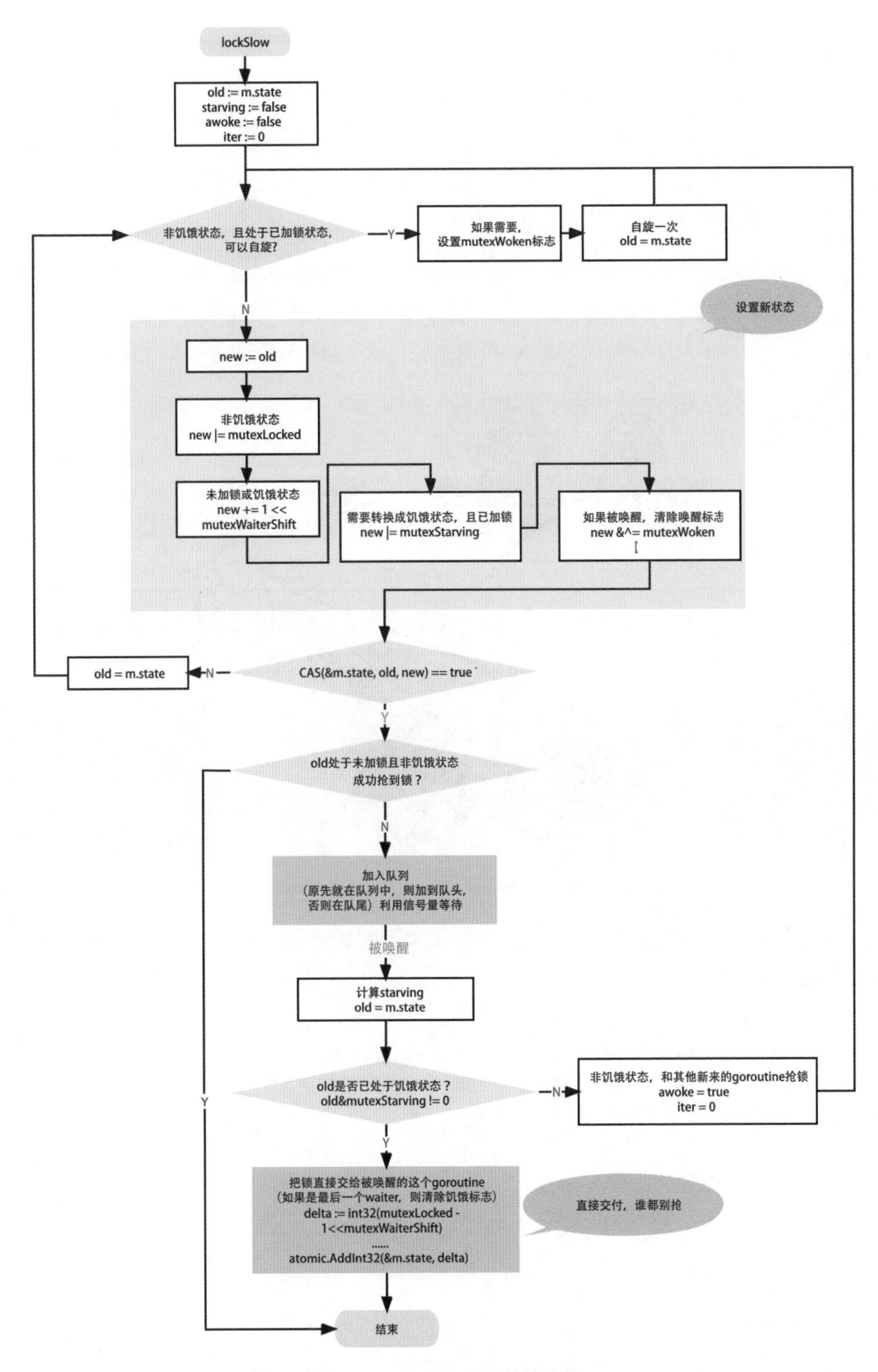

图 2.12　lockSlow 方法流程图

2.4.5 TryLock

在 Go 1.18 中，Mutex 终于增加了 TryLock 方法。

很久以来（可以追溯到 2013 年 #6123），就有人提议给 Mutex 增加 TryLock 方法，但被大佬们无情地拒绝了。然而，断断续续一直有人提议需要这个方法，到了 2021 年，Go 团队的大佬们终于松口，增加了相应的方法（#45435）。

用一句话来说，Mutex 增加了 TryLock 方法，尝试获取锁；RWMutex 增加了 TryLock 和 TryRLock 方法，尝试获取写锁和读锁。它们都返回 bool 类型——如果返回 true，则表示已经获取到了相应的锁；如果返回 false，则表示没有获取到相应的锁（见图 2.13）。

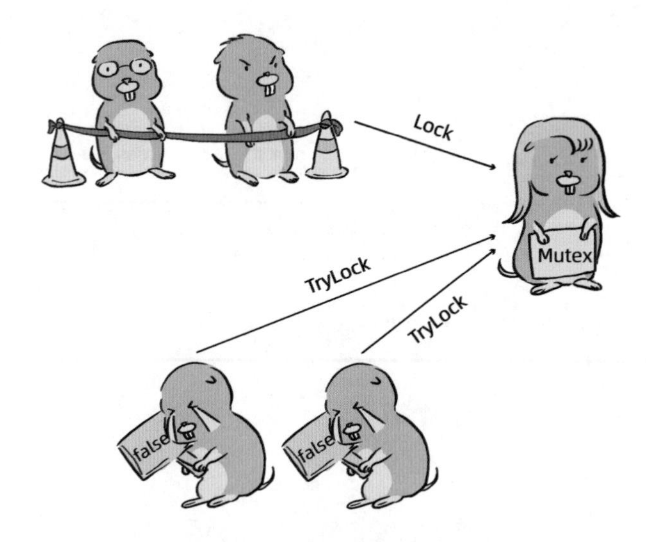

图 2.13 在已加锁的情况下，TryLock 返回 false

本质上，要实现这些方法并不麻烦，接下来我们看看 Mutex.TryLock 相应的实现（去除了数据竞争检查代码）。

```
func (m *Mutex) TryLock() bool {
    old := m.state
    if old&(mutexLocked|mutexStarving) != 0 {
        return false
    }

    // 尝试设置加锁标志
    if !atomic.CompareAndSwapInt32(&m.state, old, old|mutexLocked) {
        return false
    }

    return true
}
```

如果当前的 Mutex 已经加锁了，或者当前的 Mutex 处于饥饿状态，那么当前请求锁的 goroutine 就不要有非分之想了，直接返回 false，没有获取到锁。

否则，尝试加锁，也就是在 old 上加 muexLocked 锁标志。如果这个时候 Mutex 已经被其他 goroutine 加锁了，或者 Mutex 转换成了饥饿状态等，那么也直接返回 false，没有获取到锁。

否则，直接获取到锁。

可以看到，即使有 waiter 在等待锁，而 Mutex 处于非饥饿状态，调用 TryLock 的 goroutine 也是能抢一个锁的，不过抢不到的话不会自旋再次尝试去抢，而是直接返回。

看起来 TryLock 的实现非常简单，但是 Go 团队还是在注释上做了一番“恐吓”：

```
// Note that while correct uses of TryLock do exist, they are rare,
// and use of TryLock is often a sign of a deeper problem
// in a particular use of mutexes.
```

翻译过来就是：

```
// 请注意，虽然 TryLock 的正确用法确实存在，但很少使用它。
// 使用 TryLock，通常表明在特定的互斥锁使用中存在更深层的问题。
```

也就是说，Go 团队认为 TryLock 的使用场景很有限，当你决定使用 TryLock 的时候，思考一下，是不是 Mutex 的使用方法有问题，有没有其他的设计方案能避开它。

即使还没有学习后面的 Go 内存模型，你也可以提前了解到，这个实现本身是有问题的。但是根据 Go 内存模型，在特定的 CPU 架构下，其理论上是有问题的。问题在于 old := m.state，为什么不使用 old := atomic.LoadInt32(&m.state) 呢？因为：即使一个 goroutine 释放了锁，这个请求锁的 goroutine 在某种架构下也可能永远都获取不到锁。

Go 团队也在 Go 内存模型中提到：

> l.TryLock（或者 l.TryRLock）：当 Mutex 被另一个 goroutine 释放锁时，它可能也会返回 false，而意识不到 Mutex 已经释放了锁。

Ian Lance Taylor 也在论坛中确认了这个问题，但是我相信，几乎没有人会在遇到 Mutex 释放锁后，再调用 Mutex.TryLock 时总是返回 false，依赖 state 是 int32 类型，不会出现数据读取或者写入一半的情况，在 AMD64 架构下 old := m.state 等价于 old := atomic.LoadInt32(&m.state)，在其他架构下一个 CPU 核的 cache 也不太可能总是不刷新（现代的操作系统，CPU 时间片会被线程轮流使用，总会发生上下文切换和 cache 刷新，所以几乎遇不到这种罕见的情况）。

虽然 TryLock 的使用场景比较少，但还是有一些罕见的场景会使用到它的。因为 Go 官方迟迟没有实现它，所以一些项目会自己实现，比如使用类似于上面扩展 Mutex 的方式，或者使用 channel 的范式，如以太坊中的代码：

```
func (bc *BlockChain) setHeadBeyondRoot(head uint64, root common.Hash, repair
bool) (uint64, error) {
    if !bc.chainmu.TryLock() { // 尝试获取 chainmu 锁
        return 0, errChainStopped
    }
    defer bc.chainmu.Unlock()
    ......
}
```

elastic beats 中的代码：

```
func lockResource(log *logp.Logger, resource *resource, canceler v2.Canceler)
error {
    if !resource.lock.TryLock() { // 尝试获取资源锁
        log.Infof("Resource '%v' currently in use, waiting...", resource.key)
        err := resource.lock.LockContext(canceler)
        if err != nil {
            log.Infof("Input for resource '%v' has been stopped while waiting",
                resource.key)
            return err
        }
    }
    return nil
}
```

2.5 Mutex 的使用陷阱

虽然 Mutex 只有 Lock、TryLock、Unlock 三个方法，使用起来非常简单，但是在实际项目中，使用 Mutex 也会犯一些错误，大部分情况是开发者大意了，还有一部分情况是开发者并没有真正了解 Mutex 的特性和具体实现。接下来，我们就结合一些知名项目中出现的 Mutex 错误，来了解这些错误的场景，避免犯同样的错误。

2.5.1 误写

在实际项目中，通常有一些错误是误写导致的，也可能是在代码重构后思考不全面导致的。

在正常情况下，我们使用 Mutex 的代码大都是这样写的：

```
package ch2

import "sync"

type Counter struct {
    mu      sync.Mutex // 定义一个互斥锁，保护计数器
    counter int64
}
```

```go
func (c *Counter) Inc() {
    c.mu.Lock() // 加锁
    defer c.mu.Unlock() // 紧接着使用 defer 解锁
    c.counter++
}
```

有的误写是漏掉了 defer c.mu.Unlock 这么一句，导致互斥锁 Mutex 没有被释放，后面请求这个锁的 goroutine 都会被阻塞，无法继续执行。有的是写代码时大意了，只写了 Lock，忘记写 Unlock 了。比如：

```go
func (c *Counter) Inc() {
    c.mu.Lock() // 只有加锁，未释放锁
    c.counter++
}
```

有的是本来想写 Unlock，结果写成了 Lock（如 Issue #793 · grpc/grpc-go，见图 2.14）。

```
2 server.go
@@ -798,7 +798,7 @@ func (s *Server) Stop() {
798  798      func (s *Server) GracefulStop() {
799  799              s.mu.Lock()
800  800              if s.drain == true || s.conns == nil {
801       -                   s.mu.Lock()
     801  +                   s.mu.Unlock()
802  802                      return
803  803              }
804  804              s.drain = true
```

图 2.14　第 801 行应该是释放锁，结果写成了加锁

还有的是忘记写 defer 了，比如 Kubernetes 项目中的错误（#68328），第 103 行忘记加 defer 关键字了（见图 2.15）。

```
 99  func (d *deadlockDetector) runOnce() bool {
100          ch := make(chan bool, 1)
101          go func() {
102                  d.lock.Lock()
103                  d.lock.Unlock()
104
105                  ch <- true
106          }()
```

图 2.15　第 103 行忘记写 defer 了

而更多的误写错误，是 Unlock 方法的调用在特定的分支中，并且没有在应该调用 Unlock 的分支中调用 Unlock。这类错误非常常见，并不是在普通的 Go 项目中才存在，在 Go 官方的代码中也存在（如 missing unlock in crypt/rand/rand_unix.go，#917，见图 2.16）。

```
$ hg diff pkg/crypto/rand/rand_windows.go
diff -r 4f91458c5765 src/pkg/crypto/rand/rand_windows.go
--- a/src/pkg/crypto/rand/rand_windows.go        Tue Jul 13 10:47:52 2010 +1000
+++ b/src/pkg/crypto/rand/rand_windows.go        Tue Jul 13 11:09:52 2010 -0700
@@ -30,6 +30,7 @@
                const flags = syscall.CRYPT_VERIFYCONTEXT | syscall.CRYPT_SILENT
                ok, errno := syscall.CryptAcquireContext(&r.prov, nil, nil, provType, flags)
                if !ok {
+                       r.mu.Unlock()
                        return 0, os.NewSyscallError("CryptAcquireContext", errno)
                }
        }
```

图 2.16　分支中原来的代码返回时忘记释放锁

当 f==nil 时，函数直接返回了，这里并没有调用 r.mu.Unlock。

这类错误经常能看到，比如在 grpc-go 项目中（Switched mutex unlock to defer in newAddrConn #5556），在第 723 行 err != nil 时没有调用 cc.mu.Unlock，也会导致互斥锁未被释放的情况。修改方法就是将分散的 Unlock 抽取出来，在 Lock 的下面紧接着就写 Unlock（见图 2.17）。

```
3 clientconn.go
@@ -712,8 +712,8 @@ func (cc *ClientConn) newAddrConn(addrs []resolver.Address, opts balancer.NewSub
712  712        ac.ctx, ac.cancel = context.WithCancel(cc.ctx)
713  713        // Track ac in cc. This needs to be done before any getTransport(...) is called.
714  714        cc.mu.Lock()
     715  +     defer cc.mu.Unlock()
715  716        if cc.conns == nil {
716       -             cc.mu.Unlock()
717  717                return nil, ErrClientConnClosing
718  718        }
719  719
@@ -732,7 +732,6 @@ func (cc *ClientConn) newAddrConn(addrs []resolver.Address, opts balancer.NewSub
732  732        })
733  733
734  734        cc.conns[ac] = struct{}{}
735       -     cc.mu.Unlock()
736  735        return ac, nil
737  736  }
738  737
```

图 2.17　释放锁的代码分散，有的分支忘记释放锁

我曾在苹果公司的 foundationdb 项目中看到这样一段代码（见图 2.18），你觉得这里有问题吗?

```
89              // The mutex here is used as a signal that the callback is complete.
90              // We first lock it, then pass it to the callback, and then lock it
91              // again. The second call to lock won't return until the callback has
92              // fired.
93              //
94              // See https://groups.google.com/forum/#!topic/golang-nuts/SPjQEcsdORA
95              // for the history of why this pattern came to be used.
96              m := &sync.Mutex{}
97              m.Lock()
98              C.go_set_callback(unsafe.Pointer(f), unsafe.Pointer(m))
99              m.Lock()
```

图 2.18　没有释放锁？其实是在 cgo 中释放的，让人困惑

这里调用一个临时互斥锁的 mu.Lock 两次，难道不会导致程序被阻塞在第 100 行吗？如果看来龙去脉（Issue #795 · apple/foundationdb），就会发现在 C.go_set_callback 方法中调用了锁的 Unlock，然后第二个 Unlock 的调用会被阻塞，直到 cgo 中的异步逻辑执行完并释放锁。这段代码很丑陋，若不知道上下文则很难理解，我们在编写代码的时候应尽量避免这样写。

2.5.2　死锁

死锁是指两个或两个以上的进程在执行过程中，由于竞争资源或者彼此通信而造成的一种阻塞现象。若无外力作用，这些进程都将无法推进下去。此时，就称系统处于死锁状态或系统产生了死锁。这些相互阻塞的进程被称为“死锁进程”。

一种死锁是设计不周带来的，比如哲学家问题（我们在后面的章节中会详细分析这个问题）。另一种死锁是代码 bug 导致的，比如上一节提到的漏写 Unlock，导致后面其他的 goroutine 请求此互斥锁时永远获取不到。还有一种死锁是重入问题导致的，我们将在 2.5.3 节中分析这个场景。在本节中，我们来看几个使用 Mutex 不当导致死锁的例子。

下面是 grpc-go 的一个死锁的例子（Issue #3047 · grpc/grpc-go，见图 2.19）。

```
5 clientconn.go
@@ -875,8 +875,9 @@ func (cc *ClientConn) resolveNow(o resolver.ResolveNowOption) {
875  875    // This API is EXPERIMENTAL.
876  876    func (cc *ClientConn) ResetConnectBackoff() {
877  877            cc.mu.Lock()
878       -         defer cc.mu.Unlock()
879       -         for ac := range cc.conns {
     878  +         conns := cc.conns
     879  +         cc.mu.Unlock()
     880  +         for ac := range conns {
880  881                    ac.resetConnectBackoff()
881  882            }
882  883    }
```

图 2.19　grpc-go 的一个死锁的例子：先调用了 cc.mu.Lock 加锁

在 ResetConnectBackoff 方法中调用了 cc.mu.Lock() 方法，并且中规中矩，紧接着加上了 defer cc.mu.Unlock()，这个方法返回的时候会释放锁，看起来一切都好。ResetConnectBackoff 方法会调用 ac.resetConnectBackoff() 方法，而 ac.resetConnectBackoff() 方法的实现如图 2.20 所示。

```
1290    1291      func (ac *addrConn) resetConnectBackoff() {
1291    1292              ac.mu.Lock()
1292    1293              close(ac.resetBackoff)
1293    1294              ac.backoffIdx = 0
1294    1295              ac.resetBackoff = make(chan struct{})
1295    1296              ac.mu.Unlock()
1296    1297      }
```

图 2.20　resetConnectBackoff 方法使用 ac.mu 锁

看起来也没问题。我们梳理一下锁的调用顺序（记为“顺序 1”），大致如下：

1. cc.mu.Lock
2. ac.mu.Lock
3. ac.mu.Unlock
4. cc.mu.Unlock

遗憾的是，ac 的另一个方法 resetTransport 对这两个锁的调用顺序是相反的。为了突出锁的使用，对 resetTransport 进行了简化（见图 2.21）。

```
func (ac *addrConn) resetTransport() {
    for i := 0; ; i++ {

            ac.mu.Lock()

           // deleted code for clarity

            ac.updateConnectivityState(connectivity.Connecting)
            // ac.updateConnectivityState() calls, ac.cc.handleSubConnStateChange(), which
            // calls ac.cc.mu.Lock()

            ac.mu.Unlock()

    // deleted code for clarity
```

图 2.21　resetTransport 对两个锁的调用顺序有问题

resetTransport 方法对锁的调用顺序（记为“顺序 2”）大致如下：

1. ac.mu.Lock
2. cc.mu.Lock
3. cc.mu.Unlock
4. ac.mu.Unlock

假如同时有两个 goroutine，比如 g2 和 g3，分别调用 ResetConnectBackoff 和 resetTransport 方法。g2 调用 ResetConnectBackoff 方法，进行到了第一步 cc.mu.Lock，g3 调用 resetTransport 方法，也进行到了第一步 ac.mu.Lock，当这两个 goroutine 都进行下一步时，发现它们都在希望对方释放当前所持有的锁，以便自己可以进行锁的请求，可是双方互不相让，从而导致死锁。

这是程序设计中最难发现的并发问题之一。因为代码分散在多个方法中，只有在特定的场景下才会触发这类问题，在设计层面并不容易发现。

但是在生产环境中，还是比较容易定位到这类问题的，一旦发现程序僵住（阻塞）了，就可以利用 pprof goroutine 来检查。这里举一个例子：

```
package main

import (
    "net/http"
    _ "net/http/pprof"
    "sync"
)

func main() {
    var count int64
    var mu sync.Mutex
    for i := 0; i < 100; i++ {
        go func() {
            mu.Lock()
            // defer mu.Unlock() //① 还是计数器的例子，只不过这里故意不释放锁

            count++
        }()
    }

    err := http.ListenAndServe("localhost:8080", nil)
    if err != nil {
        panic(err)
    }
}
```

我们把①行注释掉，人为制造不释放锁的场景。

在浏览器中打开地址 localhost:8080/debug/pprof/goroutine?debug=1，可以看到有 99 个 goroutine 都被阻塞在 main.go 代码的①行，也就是 mu.Lock 请求锁的这一行，而且每次刷新这个页面，这 99 个 goroutine 都被阻塞在这一行，可以初步判断请求锁这一行可能有问题（见图 2.22）。一共开启了 100 个 goroutine，少了的那一个 goroutine 跑哪去了？原来幸运的那一个 goroutine 获取到了锁，计数值加 1，然后就退出了，但退出的时候并没有释放锁。

```
goroutine profile: total 103
99 @ 0x102796260 0x1027a766c 0x1027a7649 0x1027c2868 0x1027ccb44 0x10297cdcc 0x10297cd75 0x1027c6b64
#	0x1027c2867	sync.runtime_SemacquireMutex+0x27	/usr/local/go/src/runtime/sema.go:77
#	0x1027ccb43	sync.(*Mutex).lockSlow+0x173	/usr/local/go/src/sync/mutex.go:171
#	0x10297cdcb	sync.(*Mutex).Lock+0x7b	/usr/local/go/src/sync/mutex.go:90
#	0x10297cd74	main.main.func1+0x24	/Users/smallnest/go/src/github.com/smallnest/concurrency-programming-via-go-code/ch02/goroutine_profile/main.go:28

1 @ 0x10278c4ec 0x1027c0a54 0x102971224 0x102971040 0x10296e5a8 0x10297b47c 0x10297bd78 0x1029315e8 0x102932bfc 0x102933ad0 0x102930698 0x1027c6b64
#	0x1027c0a53	runtime/pprof.runtime_goroutineProfileWithLabels+0x23	/usr/local/go/src/runtime/mprof.go:844
#	0x102971223	runtime/pprof.writeRuntimeProfile+0xb3	/usr/local/go/src/runtime/pprof/pprof.go:734
#	0x10297103f	runtime/pprof.writeGoroutine+0x4f	/usr/local/go/src/runtime/pprof/pprof.go:694
#	0x10296e5a7	runtime/pprof.(*Profile).WriteTo+0x147	/usr/local/go/src/runtime/pprof/pprof.go:329
#	0x10297b47b	net/http/pprof.handler.ServeHTTP+0x3bb	/usr/local/go/src/net/http/pprof/pprof.go:259
#	0x10297bd77	net/http/pprof.Index+0xc7	/usr/local/go/src/net/http/pprof/pprof.go:376
#	0x1029315e7	net/http.HandlerFunc.ServeHTTP+0x37	/usr/local/go/src/net/http/server.go:2122
#	0x102932bfb	net/http.(*ServeMux).ServeHTTP+0x13b	/usr/local/go/src/net/http/server.go:2500
#	0x102933acf	net/http.serverHandler.ServeHTTP+0x2bf	/usr/local/go/src/net/http/server.go:2936
#	0x102930697	net/http.(*conn).serve+0x517	/usr/local/go/src/net/http/server.go:1995

1 @ 0x102796260 0x10278fa78 0x1027c0f10 0x10282a758 0x10282b270 0x10282b261 0x102886788 0x102890674 0x10292ace4 0x1027c6b64
#	0x1027c0f0f	internal/poll.runtime_pollWait+0x9f	/usr/local/go/src/runtime/netpoll.go:306
#	0x10282a757	internal/poll.(*pollDesc).wait+0x27	/usr/local/go/src/internal/poll/fd_poll_runtime.go:84
```

图 2.22　profile 显示 99 个 goroutine 都处于请求锁的等待状态

如果把地址中 debug 参数的值改为 2，则可以详细地看到每一个 goroutine 的堆栈信息和状态，99 个 goroutine 都处于 semacquire 状态（见图 2.23）。

```
goroutine 18 [sync.Mutex.Lock]:
sync.runtime_SemacquireMutex(0x0?, 0x0?, 0x0?)
	/usr/local/go/src/runtime/sema.go:77 +0x28
sync.(*Mutex).lockSlow(0x14000114798)
	/usr/local/go/src/sync/mutex.go:171 +0x174
sync.(*Mutex).Lock(...)
	/usr/local/go/src/sync/mutex.go:90
main.main.func1()
	/Users/smallnest/go/src/github.com/smallnest/concurrency-programming-via-go-code/ch02/goroutine_profile/main.go:28 +0x7c
created by main.main
	/Users/smallnest/go/src/github.com/smallnest/concurrency-programming-via-go-code/ch02/goroutine_profile/main.go:27 +0x44

goroutine 19 [sync.Mutex.Lock]:
sync.runtime_SemacquireMutex(0x0?, 0x0?, 0x0?)
	/usr/local/go/src/runtime/sema.go:77 +0x28
sync.(*Mutex).lockSlow(0x14000114798)
	/usr/local/go/src/sync/mutex.go:171 +0x174
sync.(*Mutex).Lock(...)
	/usr/local/go/src/sync/mutex.go:90
main.main.func1()
	/Users/smallnest/go/src/github.com/smallnest/concurrency-programming-via-go-code/ch02/goroutine_profile/main.go:28 +0x7c
created by main.main
	/Users/smallnest/go/src/github.com/smallnest/concurrency-programming-via-go-code/ch02/goroutine_profile/main.go:27 +0x44
```

图 2.23　显示 goroutine 的细节，goroutine 被阻塞在对 Lock 方法的调用上

基本上，通过查看 goroutine profile，可以发现大量的 goroutine 都被阻塞在对特定互斥锁的请求上。我们大概能看出一些端倪，初步判定 Mutex 有死锁的现象。当然，这也不是绝对的，如果有大量的 goroutine 都在争抢锁，那么也有可能观察到类似的现象。

2.5.3　锁重入

Go 标准库的 Mutex 不支持可重入（reentrant）。

什么是“可重入”呢？可重入又叫作递归（recursive）调用，也就是当前已获取到锁的 goroutine 继续调用 Lock。Go 标准库的 Mutex 和 Java 中的 ReentrantLock 不同，如果在代码中重入（递归）调用 Lock，则会导致程序被阻塞在重入调用的 Lock 上，锁永远没法释放，也会影响其他 goroutine 的调用。

最简单的重入调用错误如下：

```go
func reentrantFoobar() {
    var count int64
```

```
    var mu sync.Mutex
    mu.Lock() // 第一次加锁
    defer mu.Unlock()

    mu.Lock() // 在还未释放锁的情况下再次请求锁，阻塞在这里
    count++
    mu.Unlock()
}
```

在一个互斥锁还没有被释放的情况下，再次调用此互斥锁的 Lock 方法，导致获取不成功，阻塞在调用上。当然，这种错误比较难发生，毕竟它太明显了。容易发生的错误是 A 方法调用 B 方法，B 方法调用 C 方法，C 方法调用 D 方法……在这个长长的调用链中，如果有两个方法调用了同一个互斥锁的 Lock, 并且对锁的释放是在对下层调用之后，那么就容易出现锁重入的错误。比如下面的例子，foo 调用了互斥锁的 Lock，然后调用 bar 方法，在 bar 方法中又调用了此互斥锁的 Lock，因为此互斥锁还未被释放，所以会导致程序被阻塞在这里。

```
type mutexT struct {
    mu sync.Mutex
}

func (t *mutexT) foo() {
    t.mu.Lock() // 第一次加锁
    defer t.mu.Unlock()

    fmt.Println("in bar")

    t.bar()
}

func (t *mutexT) bar() {
    t.mu.Lock() // 再次加锁
    defer t.mu.Unlock()

    fmt.Println("in bar")
}
```

Go 标准库的 Mutex 不支持可重入可能是有意为之，Russ Cox 认为可重入锁（递归锁）可能会带来潜在的问题。当使用 Mutex 的时候，我们会假定锁保护变量是排他性的，不会被其他函数修改，但是可重入可能导致在调用其他函数时，锁保护变量会被修改，从而带来潜在的风险。

在实践中，我们应尽量避免使用可重入锁，在万不得已的情况下，可以使用 2.6.1 节介绍的可重入锁。

2.5.4 复制锁

Go 标准库中实现的同步原语是不支持复制的，因为同步原语本身包含状态信息，如果直接复制，则可能会导致意想不到的问题。

比如下面的代码，在调用 Lock 方法后，互斥锁 mu 内部的状态已经发生改变，如果此时将 mu 复制给 mu2，那么 mu2 就会处于加锁状态，和我们的期望不一样。

```
func copyMutex() {
    var mu sync.Mutex // 第一个锁
    var mu2 sync.Mutex // 第二个锁

    mu.Lock() // 第一个锁加锁
    defer mu.Unlock()

    mu2 = mu //把第一个锁复制给第二个锁，第二个锁处于加锁状态

    mu2.Lock() // 阻塞在这里
    // do something
    mu2.Unlock()
}
```

上面这个例子还比较容易发现问题，但是由于复制可能在不经意间发生，比如函数传参、for-range 遍历、返回值赋值、直接赋值、嵌入 struct 进行复制等，有时候则难以发现问题。幸运的是，go vet 工具可以帮助我们发现这类问题。例如，go vet 工具明确指出 err_mutex.go 的第 57 行有一个 Mutex 复制导致的问题（见图 2.24）。

```
 smallnest@birdnest  ⌂ 〉 🗁 〉 🗁 〉 🗁 〉 🗁 〉 🗁 〉 ch02   master  go vet err_mutex.go
# command-line-arguments
./err_mutex.go:57:8: assignment copies lock value to mu2: sync.Mutex
 smallnest@birdnest  ⌂ 〉 🗁 〉 🗁 〉 🗁 〉 🗁 〉 🗁 〉 ch02   master  ERROR
```

图 2.24 使用 go vet 工具检查问题

那么，go vet 工具是怎么发现 Mutex 复制问题的呢？这里简单分析一下。检查是通过 copylock 分析器静态分析实现的。这个分析器会分析函数调用、for-range 遍历、复制、声明、函数返回值等位置，有没有锁的值复制的情景，以此来判断有没有问题。可以说，只要实现了 Locker 接口，就会被分析。我们看到，下面的代码就是确定什么类型会被分析，其实就是实现了 Lock/Unlock 方法的 Locker 接口。

```
var lockerType *types.Interface

// 其实就是构造 sync.Locker 接口类型
func init() {
    nullary := types.NewSignature(nil, nil, nil, false) // func()
    methods := []*types.Func{
        types.NewFunc(token.NoPos, nil, "Lock", nullary),
```

```
        types.NewFunc(token.NoPos, nil, "Unlock", nullary),
    }
    lockerType = types.NewInterface(methods, nil).Complete()
}
```

对于有些没有实现 Locker 接口的同步原语（如 WaitGroup），只要 sync 包下的 struct 嵌入了 noCopy，就能被分析（后面会介绍具体的实现）。

所以，在开发 Go 应用程序的时候，建议开启 go vet 或者 golangci/golangci-lint 等 lint 工具，它们都能发现这类潜在的问题。

Go 标准库中的 tls.Config 因为引入了 Mutex，导致一大批 Go 开源项目出现了复制 Mutex 的错误，比如 grpc/grpc-go、cockroachdb/cockroach、Issue #254 · nsqio/go-nsq、Issue #175 · nats-io/nats.go。

2.6 Mutex 的扩展

基本上，Go 标准库的 Mutex 已经支持绝大部分临界区保护的场景，但是还有一小部分特殊的场景，Go Mutex 还不支持。这些场景非常小众，在这里给大家介绍一下，万一哪天你遇到这类场景，也可以参考本书介绍的知识点。

2.6.1 可重入锁

前面讲了，Go 标准库的 Mutex 不支持可重入，而且 Go 官方也不建议大家使用可重入的模式，但凡事都有万一，万一哪天你想使用可重入的场景呢！下面就来介绍一些思路。

大体上，如果想使用可重入锁，则需要记住当前是哪一个 goroutine 在持有这个锁。这里提供两种方案。

- 方案一：通过特殊的方法获取到 goroutine id，记录下获取锁的 goroutine id，它可以实现 Locker 接口。
- 方案二：在调用 Lock/Unlock 方法时，由 goroutine 提供一个 token（令牌），用来标识它自己。

接下来介绍这两种方案。

方案一

这种方案重要的是获取到 goroutine id。Go 官方不愿意暴露出 goroutine id，所以我们需要一些特殊的方法来获取它。多年以来，出现了多个获取 goroutine id 的库，基本思路有两种：一是分析当前的堆栈信息，将 goroutine id 解析出来；二是获取运行时的 g 结构，然后得到它的 id。

分析当前的堆栈信息，获取 goroutine id 的代码如下：

```
func GoID() int {
    var buf [64]byte
    n := runtime.Stack(buf[:], false) // 读取堆栈信息
    idField := strings.Fields(strings.TrimPrefix(string(buf[:n]), "goroutine "))
    [0] // 从堆栈信息中找到 goroutine 那一行，把 id 解析出来
    id, err := strconv.Atoi(idField)
    if err != nil {
        panic(fmt.Sprintf("cannot get goroutine id: %v", err))
    }
    return id
}
```

更好的是第二种思路。以前有一个 petermattis/goid 库，对各种 Go 版本支持都比较好，不过现在推荐你关注另一个库，更简洁的 kortschak/goroutine。当然，这不重要，你可以选择自己喜欢的一个获取 goroutine id 的库，或者你自己来实现，我们的重点是实现可重入锁。

```
package ch2

import (
    "fmt"
    "sync"
    "sync/atomic"

    "github.com/kortschak/goroutine"
)

// 递归锁，也叫作可重入锁
type RecursiveMutex struct {
    sync.Mutex
    owner     int64
    recursion int64
}

func (m *RecursiveMutex) Lock() {
    gid := goroutine.ID() // 先获取 goroutine id
    if atomic.LoadInt64(&m.owner) == gid { // 如果当前加锁的 goroutine 就是此 goroutine
        atomic.AddInt64(&m.recursion, 1) // 递归 / 重入次数加 1，返回
        return
    }
    m.Mutex.Lock() // 尝试获取锁

    // 获取到锁，并且是第一次重入
    atomic.StoreInt64(&m.owner, gid)
    atomic.StoreInt64(&m.recursion, 1)
}

func (m *RecursiveMutex) Unlock() {
```

```
    gid := goroutine.ID() // 先获取goroutine id
    if atomic.LoadInt64(&m.owner) != gid { // 只允许加锁的goroutine释放锁
        panic(fmt.Sprintf("wrong the owner(%d): %d!", m.owner, gid))
    }
    recursion := atomic.AddInt64(&m.recursion, -1) // 递归/重入次数减1
    if recursion != 0 { // 还需要递归释放锁
        return
    }
    // 释放锁
    atomic.StoreInt64(&m.owner, -1)
    m.Mutex.Unlock()
}
```

Lock 方法首先检查当前的 goroutine 是否已经获取到了锁，如果已经获取到了锁，则把计数值加 1 并直接返回。这里使用一个计数器，是为了在释放锁的时候做检查。如果当前可重入锁（递归锁）还没有设置 goroutine id，则使用 m.Mutex.Lock 先把锁抢过来。

把锁抢过来之后不必进行双重检查，因为当前的 goroutine 调用是串行的，此 goroutine 不可能并发地执行两个逻辑。

Unlock 方法首先检查当前的 goroutine 是否持有锁，如果当前的 goroutine 不持有锁，则会导致 panic。此 goroutine 不持有锁有两种情况：一是此 goroutine 本身没有调用过 Lock；二是此 goroutine 已经完全释放了锁。在这两种情况下，如果此 goroutine 还调用了 Unlock，则会导致 panic；否则，&m.recursion 减 1，此时如果 &m.recursion 等于 0，则表示相应的 Unlock 已经调用完成，可以释放锁了。

方案二

在这种方案中，由调用者负责持有一个 token，它获取锁的时候负责传入此 token，然后这个锁持有此 token。

等释放锁的时候，goroutine 负责把它的 token 传入给 Unlock，只有 token 匹配才能释放锁。

这要求 goroutine 之间不能持有相同的 token——可以通过 atomic 来实现。但不好的一点是，调用者需要记录一个 token，并且需要为锁的方法添加额外的 token 参数，不再满足 Locker 接口了。

一个具体的实现如下：

```
import (
    "fmt"
    "sync"
    "sync/atomic"
)

type TokenRecursiveMutex struct {
```

```
    sync.Mutex
    gentoken  int64
    token     int64 // 使用一个 token，持有此 token 的 goroutine 持有锁、可重入锁、释放锁
    recursion int32
}

func (m *TokenRecursiveMutex) GenToken() int64 { // 请求一个新 token
    return atomic.AddInt64(&m.gentoken, 1)
}

func (m *TokenRecursiveMutex) Lock(token int64) { // 使用此 token 获取锁
    if atomic.LoadInt64(&m.token) == token { // 如果是重入
        m.recursion++ // 重入次数加 1
        return
    }

    m.Mutex.Lock() // 获取锁
    // 获取成功，设置持有锁的 token
    atomic.StoreInt64(&m.token, token)
    atomic.StoreInt32(&m.recursion, 1)
}

func (m *TokenRecursiveMutex) Unlock(token int64) {
    if atomic.LoadInt64(&m.token) != token { // 不持有锁的goroutine释放锁，不允许！
        panic(fmt.Sprintf("wrong the owner(%d): %d!", m.token, token))
    }

    recursion := atomic.AddInt32(&m.recursion, -1) // 重入次数减 1
    if recursion != 0 {
        return
    }

    atomic.StoreInt64(&m.token, 0) // 清除 token
    m.Mutex.Unlock()
}
```

这里提供了一个 GenToken，方便生成唯一的 token 标识（假定 int64 能够满足需求），你也可以实现自己的 token 生成器。在调用 Lock 和 Unlock 时，传入本 goroutine 持有的 token，这样该 Mutex 就能判断当前的 goroutine 是否持有此锁了。

相对而言，还是“方案一”更简单。“方案一”既实现了 Locker 接口，与 Go 标准库的 Mutex 类似，能够原地替换标准库的 Mutex，又不需要额外的生成 token 的操作。

2.6.2 支持并发 map

我们知道，Go 标准库的 map 不是线程（goroutine）安全的，当同时对 map 进行读/写时，就有可能导致 panic。比如下面的例子：

```
var m = make(map[int]int)
```

```go
go func() {
    i := 0
    for {
        m[i]++ // 可能并发执行写
        i++
    }
}()

i := 0
for {
    _ = m[i] // 可能并发执行读
    i++
}
```

运行上面的代码，将会出现错误，显示 map 有并发读 / 写的问题（见图 2.25）。

```
smallnest@birdnest > ch02  master  go test -run TestBuiltinMap .
fatal error: concurrent map read and map write

goroutine 6 [running]:
github.com/smallnest/concurrency-programming-via-go-code/ch02.TestBuiltinMap(0x0?)
        /Users/smallnest/go/src/github.com/smallnest/concurrency-programming-via-go-code/ch02/map_test.go:19 +0x7c
testing.tRunner(0x14000003a00, 0x104ca9060)
        /usr/local/go/src/testing/testing.go:1576 +0x104
created by testing.(*T).Run
        /usr/local/go/src/testing/testing.go:1629 +0x370
```

图 2.25　并发读 / 写 map

这是 Go 初学者经常犯的一个错误，错误地以为 map 是线程安全的，其实不是。

想要线程安全地使用 map，有多种方法，比如使用 sync.Map 或者第三方库，这里使用 Mutex 实现一个线程安全的 map，适合多读多写的场景。

```go
import "sync"

type Map[k comparable, v any] struct {
    mu sync.Mutex // 使用一个互斥锁保护 map
    m  map[k]v
}

func NewMap[k comparable, v any](size ...int) *Map[k, v] {
    if len(size) > 0 {
        return &Map[k, v]{
            m: make(map[k]v, size[0]),
        }
    }
    return &Map[k, v]{
        m: make(map[k]v),
    }
}

func (m *Map[k, v]) Get(key k) (v, bool) {
    m.mu.Lock() // 先请求互斥锁，再读
    defer m.mu.Unlock()
```

```
        value, ok := m.m[key]
        return value, ok
    }

    func (m *Map[k, v]) Set(key k, value v) {
        m.mu.Lock() // 先请求互斥锁，再写
        defer m.mu.Unlock()

        m.m[key] = value
    }
```

这里定义了一个泛型的新的 map 类型，并且包含一个内建的 map 类型做它的字段 m。

因为 m 不是线程安全的，所以使用一个互斥锁来保护它。一般来说，如果一个 struct 有多个字段，则会把互斥锁这个字段放在要保护的字段的上面，两者紧紧挨着。

在获取或者设置一个 key 的值时，使用互斥锁，以便只有一个 goroutine 可以访问字段 m。

当然，我们自己定义的这个 map 可以扩展更多的方法，比如查看底层的 m 长度、遍历 m、实现 UpdateOrSet 等方法。

同样地，Go 内建的 slice 也不是线程安全的。比如下面的例子，我们期望 10 个 goroutine 并发地对 slice 添加元素，最后得到包含 1000 万个元素的 slice，而实际得到的 slice 可能达不到 1000 万个元素。

```
func TestBuiltinSlice(t *testing.T) {
    var s []int

    var wg sync.WaitGroup
    wg.Add(10)
    for i := 0; i < 10; i++ {
        go func() {
            defer wg.Done()

            for i := 0; i < 1_000_000; i++ {
                s = append(s, 1) // 并发更改 slice
            }
        }()
    }

    wg.Wait()

    if len(s) != 10*1_000_000 {
        t.Fatalf("len(s) = %d, want %d", len(s), 10*1_000_000)
    }
}
```

运行这个测试，发现最终的 slice 的长度并不是我们所期望的 1000 万，实际上是 134816（每次运行各不相同）（见图 2.26）。

```
 smallnest@birdnest > ⌂ > ▭ > ▭ > ▭ > ▭ > ▭ > ch02  master > go test -v -run TestBuiltinSlice .
=== RUN   TestBuiltinSlice
    slice_test.go:26: len(s) = 134816, want 10000000
--- FAIL: TestBuiltinSlice (0.00s)
FAIL
FAIL    github.com/smallnest/concurrency-programming-via-go-code/ch02   0.107s
FAIL
 smallnest@birdnest > ⌂ > ▭ > ▭ > ▭ > ▭ > ▭ > ch02  master > ERROR > █
```

图 2.26　slice 也不是线程安全的

限于篇幅，这里就不给出 Mutex 保护的 slice 的代码了，感兴趣的读者可以自己尝试写一下。

2.6.3　封装值

通过上面的例子可以看到，Mutex 经常会和某个特定的类型组合，实现一个线程安全的数据结构。基于此，你可以实现一个通用的 Mutex 保护的数据类型。当然，实现这个需求有很多方式，并且根据自己的特定需求可能还会实现特定的方法。下面是 carlmjohnson/syncx 实现的一个通用的泛型 Mutex：

```go
import "sync"

type Mutex[T any] struct {
    mu    sync.Mutex // 使用互斥锁保护字段 value
    value T
}

func NewMutex[T any](initial T) *Mutex[T] {
    var m Mutex[T]
    m.value = initial
    return &m
}

// 使用互斥锁保护通用的访问
func (m *Mutex[T]) Lock(f func(value *T)) {
    m.mu.Lock()
    defer m.mu.Unlock()
    value := m.value
    f(&value)
    m.value = value
}

// 使用互斥锁保护读
func (m *Mutex[T]) Load() T {
    m.mu.Lock()
    defer m.mu.Unlock()
```

```
        return m.value
    }

    // 使用互斥锁保护写
    func (m *Mutex[T]) Store(value T) {
        m.mu.Lock()
        defer m.mu.Unlock()
        m.value = value
    }
```

这里定义了一个定制的 Mutex 锁，保护一个泛型的通用 value 类型。

Load 和 Store 提供了互斥保护的读 / 写方法。

Lock 提供了更通用的线程安全的读 / 写方式，因为有时候读 / 写并不是直接访问变量，而是有一些复杂的逻辑在里面，所以可以传入访问的函数，这基本上就是 Visitor 设计模式。

在下一章读写锁 RWMutex 的介绍中，我们还可以使用读写锁改造这个例子，让它更高效。

我花了很大的篇幅来讲 Mutex，因为它实在太重要了，它还是 RWMutex、Once、WaitGroup 等同步原语实现的基础。如果你想熟练掌握 Go 并发的技能，Mutex 是必须完全掌握、熟练运用的同步原语之一。

第3章　读写锁 RWMutex

本章内容包括：

- 读写锁的使用场景
- 读写锁的使用方法
- 读写锁的实现
- 读写锁的使用陷阱
- 读写锁的扩展

读写锁是计算机程序并发控制的一种针对互斥锁优化的同步机制，也称“共享－互斥锁”、多读单写锁等，用于处理大量读、少量写的场景。读操作之间可并发进行，写操作之间是互斥的，读和写又是互斥的。这意味着多个 goroutine 可以同时读数据，但写数据时需要获得一个独占的锁。读写锁的常见用法是控制 goroutine 对内存中某个共享变量的访问，这个共享变量不能被原子性地更新，并且对此数据结构的访问大部分时间是读，只有少量的写。

3.1 读写锁的使用场景

互斥锁是 Go 语言中最常用的同步原语之一，而且使用起来非常简单，也经常用于控制对共享变量的访问，那为什么还要实现一个功能类似的读写锁呢？答案只有一个：为了性能。

我们使用一个互斥锁 Mutex 的例子做对比。

```go
func BenchmarkCounter_Mutex(b *testing.B) {
    // 1. 声明一个 int64 类型的变量，做计数
    var counter int64
    // 2. 声明一个互斥锁
    var mu sync.Mutex

    for i := 0; i < b.N; i++ {
        // 3. 并发执行
        b.RunParallel(func(pb *testing.PB) {
            i := 0
            // 4. 迭代测试
            for pb.Next() {
                i++

                // 5. 如果是 10000 的整数倍，则获取锁，计数值加 1
                if i%10000 == 0 {
                    mu.Lock()
                    counter++
                    mu.Unlock()
                } else {
                    // 6. 否则，只读取这个计数值
                    mu.Lock()
                    _ = counter
                    mu.Unlock()
                }

            }
        })
    }
}
```

这个测试使用了一个互斥锁，在读写比大概是 10000 ：1 的情况下对计数值进行读/写，所以是一个读多写少的场景。

如果有多个 goroutine 读取 counter 的值，则必须互斥访问，同时只有一个 goroutine 可以读取 counter 的值，即使此时没有对 counter 的写入。

对上面的基准测试进行改写，使用读写锁，代码如下：

```
func BenchmarkCounter_RWMutex(b *testing.B) {
    var counter int64
    var mu sync.RWMutex // 使用读写锁

    for i := 0; i < b.N; i++ {
        b.RunParallel(func(pb *testing.PB) {
            i := 0
            for pb.Next() {
                i++

                if i%10000 == 0 {
                    // 使用写锁保护
                    mu.Lock()
                    counter++
                    mu.Unlock()
                } else {
                    // 使用读锁保护，读取计数器的值
                    mu.RLock()
                    _ = counter
                    mu.RUnlock()
                }

            }
        })
    }

}
```

我们将 sync.Mutex 替换成 sync.RWMutex 类型，并且对锁请求的方法也做了修改：

- 需要对写进行保护时，调用写锁。
- 需要对读进行保护时，调用读锁。

运行这两个基准测试，在不同的机器上可能会有不同的结果，但是基本能看到读写锁对性能的提升（见图 3.1）。

```
 smallnest@birdnest  > > > > > > ch03  master  go test -run ^$  -bench BenchmarkCounter
goos: darwin
goarch: arm64
pkg: github.com/smallnest/concurrency-programming-via-go-code/ch03
BenchmarkCounter_Mutex-8            10000            863746 ns/op
BenchmarkCounter_RWMutex-8          10000            693746 ns/op
PASS
ok      github.com/smallnest/concurrency-programming-via-go-code/ch03   15.687s
 smallnest@birdnest  > > > > > > ch03  master 
```

图 3.1　互斥锁和读写锁的性能对比

RWMutex 在 Go 生态圈中也应用广泛，比如在 boltdb 中，使用 mmaplock 的写锁保护 mmap 的初始化，它的读锁控制对 mmap 文件的访问；statlock 的写锁保护对 stats 字段的写入，读锁保护读取 stats 字段（见图 3.2）。

```
117
118         rwlock   sync.Mutex   // Allows only one writer at a time.
119         metalock sync.Mutex   // Protects meta page access.
120         mmaplock sync.RWMutex // Protects mmap access during remapping.
121         statlock sync.RWMutex // Protects stats access.
122
123         ops struct {
124                 writeAt func(b []byte, off int64) (n int, err error)
125         }
```

图 3.2　使用读写锁保护 stats

这样的例子比比皆是，比如在一些知名的 Go 开源项目中，就能找到大量使用 RWMutex 的例子（文件的数量会随着项目代码的变化而有所变化，但是变化不显著）。

- grpc-go：17 个文件。
- Kubernetes：149 个文件。
- Docker：21 个文件。
- etcd：49 个文件。

如果梳理一下在这些开源项目中使用读写锁的场景，就会发现，其共同点都是为了将对读 / 写的保护区分开，对数据的修改使用写锁，对数据的读取访问使用读锁。

3.2　读写锁的使用方法

读写锁针对写保护和读保护提供不同的方法，我们习惯于将其称为对写锁的操作和对读锁的操作。

与写锁相关的方法如下。

- Lock()：获取写锁。如果暂时获取不到，则会被阻塞，直到获取到写锁。
- TryLock()：尝试获取写锁。如果获取不到，则直接返回 false，不会被阻塞。如果获取到写锁，则返回 true。
- Unlock()：释放写锁。

与读锁相关的方法如下。

- RLock()：获取读锁。如果暂时获取不到，则会被阻塞，直到获取到读锁。

- TryRLock()：尝试获取读锁。如果获取不到，则直接返回 false，不会被阻塞。如果获取到读锁，则返回 true。
- RUnlock()：释放读锁。

下面以一个配置缓存的例子来演示读写锁的使用。假设系统中有一个配置变量，它保存了系统中的配置：

```
type Config struct {
    Group          string // 组名
    Retries        int // 重试次数
    ConnectTimeout time.Duration // 连接超时时间
    IdleTimeout    time.Duration // 空闲超时时间
}
```

应用程序会定时地每分钟从配置中心拉取配置一次，检查配置是否被改动了——如果被改动了，则动态地更新应用程序的这个配置变量。因为还有并发的 goroutine 会读取这个配置变量，所以这里使用一个读写锁进行保护，否则会有数据竞争的问题。

```
var configMutex sync.RWMutex
var config = &Config{} // 实际应该从配置中心先拉取一份最新配置

func updateConfig(newConfig *Config) { // 更新配置，使用读写锁的写锁
    configMutex.Lock()
    defer configMutex.Unlock()

    config = newConfig
}
```

因为会对 config 进行更新，所以它使用了写锁：首先调用 Lock 获取到写锁，然后更新 config 变量，最后释放写锁。

同时，程序中有很多 goroutine 会读取这个配置变量，所以需要使用读锁。假定有 100 个 goroutine 一直在执行下面的函数（这只是一个示例，实际没有什么意义）：

```
func accessExampleSite() {
    configMutex.RLock() // 使用读写锁的读锁，访问配置项
    retries := config.Retries
    configMutex.RUnlock()

    for i := 0; i < retries; i++ {
        resp, err := http.Get("http://www.example.com")
        if err != nil {
            continue
        }

        resp.Body.Close()
    }
}
```

accessExampleSite 函数需要访问 config 这个配置变量，因为只是读，所以这里使用了读锁。

这是一个读多写少的例子。每分钟更新一次配置变量，所以使用读写锁也是合适的。

在 Go 1.18 中，新增加了尝试获取读锁或者写锁的方法。

当调用 Lock、RLock 获取写锁和读锁的时候，如果暂时获取不到，则调用者会被阻塞，直到能够获取到写锁或者读锁。但是如果不想被阻塞，比如每分钟更新一次配置变量，若获取不到锁，就不更新了，等下一次再进行更新。

```
func tryUpdateConfig(newConfig *Config) {
    if ok := configMutex.TryLock(); !ok { // 尝试获取写锁，更新配置。如果不成功，这次就不更新了
        return //没有获取到写锁
    }
    defer configMutex.Unlock()

    config = newConfig
}
```

TryLock 尝试获取写锁，如果不能立即获取到写锁，则返回 false，并不会发生阻塞。同样，TryRLock 尝试获取读锁，如果不能立即获取到读锁，则返回 false，并不会发生阻塞。

对于这个例子，即使配置中心的配置被修改了，应用程序没有及时拉取最新的配置也是可以接受的。但使用 Try 模式还是有一定风险的，比如这个例子，有可能这个配置变量一直被读的 goroutine 所占有，导致配置一直不能更新，而这个问题又不是那么容易被发现，因为乍一看感觉这个配置没有被更新，下一次总会被更新。其实这是一种错觉，只要无法保证 TryLock 获取到写锁，配置变量可能就会很长时间得不到更新或者永远得不到更新。

可以看到，RWMutex 实现了 Locker 接口，这个 Locker 接口对应写锁的 Lock 和 Unlock 方法。RLocker 返回一个读锁实现的 Locker，它的 Lock 和 Unlock 方法对应读锁的 RLock 和 RUnlock 方法。

读写锁 RWMutex 的零值就是无锁的状态，一般 Go 语言地道的用法是不显式地对变量进行初始化：

```
var mu sync.RWMutex
```

初始化一个包含读写锁的 struct，也不显式地对读写锁字段进行初始化：

```
type S struct {
    mu     sync.RWMutex // 使用读写锁保护 values
    values map[string]string
}
```

```
var s = &S{
    values: make(map[string]string),
}
```

读写锁的释放也是任意的，任何 goroutine 都可以调用 RUnlock 和 Unlock，即使它们没有持有读锁或者写锁，这与互斥锁 Mutex 的设计是一样的。

与互斥锁一样，读写锁在首次使用后也不应该被复制，因为复制的读写锁携带了状态信息，会产生不期望的行为。

3.3 读写锁的实现

读写锁 RWMutex 的使用也很简单，只需要按照读 / 写场景分别调用 Lock 和 RLock 方法，就可以获取写锁和读锁，使用完毕后，调用相应的 Unlock 和 RUnlock 方法释放写锁和读锁。

实现一个读写锁需要考虑读操作和写操作的优先级。

- **读操作优先：**提供了最大并发性，但在锁竞争比较激烈的情况下，可能会导致写操作饥饿。这是由于只要还有一个读线程持有锁，写线程就获取不到锁。因为多个 reader 可以同时获取到锁，一个 writer 可能会一直在等待获取锁，直到所有获取到锁的 reader 释放锁。其间，若有新来的 reader，它则可以立即获取到锁，导致 writer 总是没有机会获取到锁。
- **写操作优先：**如果队列中有 writer 在等锁，则阻止任何新的 reader 获取锁，这样可以避免写操作饥饿的问题。一旦所有已经开始的读操作完成，等待的写操作就会立即获取到锁。
- **未指定优先级：**不提供任何读 / 写的优先级保证。

Go 的读写锁实现的是写操作优先，这意味着：

- 当没有 reader 和 writer 的时候
  - 新来的 reader 会立即获取到读锁。
  - 新来的 writer 会立即获取到写锁。
- 当有 reader 持有读锁的时候
  - 新来的 reader 会立即获取到读锁。
  - 新来的 writer 会等待这些既有的 reader 释放读锁后才会获取到写锁。
- 当有 writer 持有写锁的时候
  - 新来的 writer 会等待此 writer 释放写锁。

- 新来的 reader 会等待此 writer 释放写锁后才能获取读锁。

还有一些特殊的复杂场景：

- 当有 reader 持有读锁的时候，writer 请求写锁需要等待。此时
  - 如果有新来的 reader 请求读锁，则会被阻塞，并且其优先级低于此 writer。也就是说，等此 writer 释放写锁后，这个新来的 reader 才能获取到读锁（写操作优先）。
  - 如果有新来的 writer 请求写锁，则类似于互斥锁的逻辑，它需要等待前一个 writer 释放了写锁，才能获取到写锁。
- 当有 writer 持有写锁的时候
  - 如果有新来的 reader 请求读锁，则会被阻塞。也就是说，等此 writer 释放写锁后，这个新来的 reader 才能获取到读锁。
  - 如果有新来的 writer 请求写锁，则类似于互斥锁的逻辑，它需要等待此 writer 释放了写锁，才能获取到写锁。
  - 如果同时有新来的 reader 和 writer 请求读锁和写锁，那么新来的 reader 会先获取到锁，感觉和写操作优先的原则背道而驰。实际上，Go 并没有写操作优先这一保证，它就是这么设计的，我们需要分析它的源码才能正确理解它。

读写锁 RWMutex 也是在互斥锁 Mutex 的基础上实现的。我们先来看它的定义：

```
type RWMutex struct {
    w           Mutex        // 由 pending writer 持有这个锁
    writerSem   uint32       // 为 writer 设置的信号量，writer 等待先前的 reader 释放锁
    readerSem   uint32       // 为 reader 设置的信号量，reader 等待先前的 writer 释放锁
    readerCount atomic.Int32 // pending reader 的数量
    readerWait  atomic.Int32 // departing reader 的数量
}
```

代码注释中的几个关键词解释如下。

- pending reader/writer：等待（或持有）锁的 reader 或者 writer。
- departing reader：持有读锁但还没有释放锁的 reader。

解释完这几个关键词之后，我们就容易理解读写锁的几个字段了。

- w：当 writer 持有写锁的时候，它会持有这个互斥锁 w。
- writerSem：用来阻塞以及唤醒 writer 的信号量。
- readerSem：用来阻塞以及唤醒 reader 的信号量。
- readerCount：当前 reader 的数量，包括持有读锁的 reader，以及等待读锁的 reader（因为有 writer 在请求锁，所以后面的 reader 没有办法获取到读锁）。

- readerWait：当前持有读锁的 reader。我认为此字段注释中的 departing 是从等待写锁的 writer 视角出发的，writer 期待这些 reader 赶快离开（departing），即尽快释放锁。

这是我们理解读写锁 RWMutex 的第一步，至少知道了它有这几个字段，并且与数量相关的字段使用的是有符号的 32 位整数类型 int32。这个很有意思，为什么不使用无符号的 uint32 类型？看代码就会发现，Go 团队实现这段代码时使用了一些技巧，负号还能代表其他的含义。

在下面的代码分析中，我把与数据竞争检查相关的代码都删除了，避免其产生干扰和占用篇幅（当然，删除了这些代码后，还可以简化代码，这里为了与源码保持一致没有进行重构简化）。我们重点看主逻辑的实现。

3.3.1 RLock 的实现

读锁请求的实现非常简单，关键代码就两行：

```
func (rw *RWMutex) RLock() {
    if rw.readerCount.Add(1) < 0 {
        // pending writer
        runtime_SemacquireRWMutexR(&rw.readerSem, false, 0)
    }
}
```

首先利用原子操作使 readerCount 计数器的值加 1。这容易理解，因为新来了一个 reader。

但难以理解的是，为什么计数器的值还可能是负数？当有 writer 请求写锁的时候，会把这个计数值反转成负数（后面再讲原因，等讲完后就容易理解这一行了）。Go 在实现这些同步原语的时候会经常使用一些技巧，比如同一个字段不同的位、正负号等代表不同的含义。虽然这减少了内存空间的占用，数据结构布局更精练，但是代码阅读起来就比较费劲了。

如果当前有 writer 持有写锁，或者当前既有的 reader 还没有释放读锁，导致新来的 writer 获取不到写锁，在这两种情况下，我们都认为有 pending 状态的 writer，那么这个新来的 reader 就暂时获取不到读锁，需要利用信号量将调用者 goroutine 阻塞，等待唤醒。这是 runtime_SemacquireMutex(&rw.readerSem, false, 0) 的功能。

如果当前没有 pending 状态的 writer，或者可能有既有的 reader，也可能没有，那么这个 reader 都能够获取到读锁，顺利返回。

3.3.2 RUnlock 的实现

读锁释放的实现同样简单，关键代码也是两行：

```
func (rw *RWMutex) RUnlock() {
    if r := rw.readerCount.Add(-1); r < 0 {
        rw.rUnlockSlow(r)
    }
}
```

首先将 reader 的 readerCount 计数器的值减 1。这容易理解，因为少了一个 reader。不容易理解的是，为什么计数器的值还会是负数？在负数情况下，减 1 的逻辑还对吗？还是稍后解释它们。

如果当前有 pending 状态的 writer，程序就会进入复杂的逻辑，这个复杂的逻辑被专门抽取到了 rUnlockSlow 方法中。这是一个技巧，这样 RUnlock 的复杂度就降低了，方便被内联。

接下来，我们看看 rUnlockSlow 的实现：

```
func (rw *RWMutex) rUnlockSlow(r int32) {
    // 如果有 pending 状态的 writer
    if rw.readerWait.Add(-1) == 0 {
        // 最后一个 reader 唤醒 writer
        runtime_Semrelease(&rw.writerSem, false, 1)
    }
}
```

rUnlockSlow 的实现也很简单。首先把 departing 状态的 reader 计数值减 1，注意此时 rw.readerWait 的值可能是负数。

如果这个 reader 是最后一个 departing 状态的 reader，那么它需要唤醒处于 pending 状态的 writer。“writer，现在是你的表演时间了！”

3.3.3 Lock 的实现

借助互斥锁 Mutex 的实现，读写锁 RWMutex 的实现相对简单，写锁请求的实现如下：

```
func (rw *RWMutex) Lock() {
    rw.w.Lock()
    r := rw.readerCount.Add(-rwmutexMaxReaders) + rwmutexMaxReaders
    // 注意，这一行“一箭双雕”，既把 reader 的数量变为负值，又获取了先前 reader 的数量
    if r != 0 && rw.readerWait.Add(r) != 0 {
        // 如果还有已经获取到读锁的 reader，那么这个 writer 就需要等待
        runtime_SemacquireRWMutex(&rw.writerSem, false, 0)
    }
}
```

首先看 rw.w.Lock()，这里使用了 w 这个互斥锁，当有多个 writer 同时请求时，只让一个 writer 获取到写锁，其他的 writer 被阻塞，等待这个幸运的 writer 释放写锁。

接下来，难点来了，Lock 把 readerCount 的值变为负数，并且又把结果值变回正整数，所以这里它完成了两个动作，或者完成了两个逻辑。

第一是把 readerCount 的值变为负数，它是通过减去一个常数 rwmutexMaxReaders (1<<30) 实现的，其中 1<<30 的值是 1073741824，所以 reader 的数量不应该超过这个常数值。在这种情况下，如果使用 v 代表这个值，r 代表当前 reader 的真实数量，则可以得到下面的公式：

$$v = r - 1073741824$$
$$r = v + 1073741824$$

假定当前 reader 的真实数量是 r=24 个，因为有 pending writer，readerCount 的值变成了负数 r-1073741824 = -1073741800。如果此时有一个新来的 reader 请求读锁，readerCount 的值加 1，结果 readerCount 的值变成了 -1073741799，实际的 r 值为 -1073741799+1073741824=25 个。具体的公式这里就不证明了，其实理解起来也很简单，变为负数的时候并不是取相应的负数，而是减去一个很大的负数。例如，当 reader 请求读锁时，无论 readerCount 的值是正是负都没有关系，直接加 1 即可。

reader 释放读锁也是同样的道理，直接减 1 即可。

综上，对 3.3.2 节提出的读锁的两个疑问我们就解答了。

第二是把这个值加到 readerWait 的值上，得到当前 reader 的数量：

```
if r != 0 && rw.readerWait.Add(r) != 0 {
    runtime_SemacquireRWMutex(&rw.writerSem, false, 0)
}
```

如果 r 等于 0，则表示当前没有 departing 状态的 reader，此 writer 可以立即获取到写锁。但是，如果此时还有 departing 状态的 reader，那么 RWMutex 要再检查这些 reader 是否都已经释放了读锁；如果这些 reader 中还有没释放读锁的，那么它就会被阻塞等待，最后一个 departing 状态的 reader 释放读锁时会唤醒它。

这里其实有一个很细微的场景，在 r!=0 和 atomic.AddInt32(&rw.readerWait, r) != 0 这段时间（记为 t0），以及 atomic.AddInt32(&rw.readerWait, r) != 0 和下一行这段时间（记为 t1），可能会发生一些其他的耐人寻味的故事：

```
runtime_SemacquireRWMutex(&rw.writerSem, false, 0)
```

- 如果在 t0 期间 departing 状态的 reader 都已经释放读锁，那么 atomic.AddInt32(&rw.readerWait, r) == 0，此时 writer 就不会被阻塞，直接获取到了写锁。
- 如果在 t1 期间 departing 状态的 reader 都已经释放读锁，那么 runtime_SemacquireMutex(&rw.writerSem, false, 0) 不会发生阻塞，writer 也会立即获取到写锁。

总之，这个逻辑可以保证要么没有 departing 状态的 reader，writer 获取到了锁，要么需要等待 departing 状态的 reader 全都释放读锁，writer 才能获取到写锁。

前面已经提到，可能有多个 writer 请求写锁，通过互斥锁保证只有一个 writer 获取到了写锁，其他的 writer 都被阻塞在 rw.w.Lock() 上。

因为这个方法和读锁的释放有关联，所以不是那么容易理解。不过，通过上面的分析，你也已经了解了它们之间的关系。如果你还有疑问，则可以列一个表格，把读锁和写锁的时间线画出来，分析各种情况。

3.3.4 Unlock 的实现

写锁释放的时候，需要先将 readerCount 的值变为正数，以便 reader 知道这里已经没有活跃的 writer 了。

然后，Unlock 会依次唤醒那些被阻塞的 reader，这些被唤醒的 reader 可以获取到读锁，继续执行。

最后，Unlock 解锁 w。w 用来控制 writer 的并发访问，如果有其他的 writer 被阻塞，则会唤醒一个 writer 去抢锁。这里之所以说“抢”，是因为这个被唤醒的 writer 不一定能立即获取到写锁，如果此时有 departing 状态的 reader，它还得等待这些 reader 释放读锁。

```
func (rw *RWMutex) Unlock() {
    r := rw.readerCount.Add(rwmutexMaxReaders) // 把 reader 的数量变为正值
    for i := 0; i < int(r); i++ {
        runtime_Semrelease(&rw.readerSem, false, 0) // 唤醒那些等待释放写锁的
reader，解放它们
    }

    rw.w.Unlock()
}
```

当 Unlock 方法一开始将 readerCount 的值变为正数，还未执行接下来的语句时，如果此时有新来的 reader 或者 writer 请求读锁或者写锁，会发生什么现象？

- 当有新来的 reader 时：我们分析 RLock 时看到，它只检查 readerCount 的值的正负。因为此时 readerCount 的值刚好已经变为正数了，所以新来的 reader 能立即获取到读锁。
- 当有新来的 writer 时：看 Lock 的实现，此时 w 还没有被释放，所以新来的 writer 被阻塞在 rw.w.Lock() 上。

这就发生了一个现象：当写锁释放的时候，反而是 reader 可能优先获取到锁，因为先被唤醒的是 reader。

3.3.5 TryLock 的实现

TryLock 是 Go 1.18 中新增加的方法，尝试获取写锁，调用者不会被阻塞，要么获取到写锁，返回 true；要么获取不到写锁，返回 false。

TryLock 首先尝试获取 rw.w，如果获取不到，则返回 false；如果获取到了，则尝试把 readerCount 的值设置为 -1<<30。若成功，则返回 true；若不成功，则此时可能有 reader 获取到了读锁，所以它释放 rw.w 并返回 false。

3.3.6 TryRLock 的实现

TryRLock 方法也是 Go 1.18 中新增加的，实现了尝试获取读锁的逻辑。

TryRLock 的实现更简单，只需要对 readerCount 进行操作和判断即可。

```
func (rw *RWMutex) TryRLock() bool {
    for {
        c := rw.readerCount.Load() // reader 的数量
        if c < 0 {
            return false // 当前有 writer 持有写锁, reader 不能获取到读锁, 直接返回
        }
        if rw.readerCount.CompareAndSwap(c, c+1) { // reader 的数量加 1, 获取到读锁
            return true
        }
    }
}
```

TryRLock 首先检查 readerCount 的值是否为负数，如果是，则说明此时有活跃的 writer，所以调用者不能成功获取到锁，返回 false。

然后，使用原子操作的 cas 对 readerCount 的值加 1，如果成功，则返回 true；否则，可能因为：

- 此时有 writer 获取到了写锁。
- 此时有新来的 reader 捷足先登，先对 readerCount 的值加 1。

所以这里使用了一个 for 循环，如果是第一种情况，下一次循环的时候就返回 false；如果是第二种情况，则再次尝试获取读锁。有意思的现象又出现了：理论上，下一次循环又不成功，有可能调用者陷入了死循环，所以我认为此处加一个最大循环次数最好，更符合尝试的本意。

3.4 读写锁的使用陷阱

因为读写锁 RWMutex 的 w 是使用互斥锁 Mutex 实现的，从实现方式上看，Mutex 存在的问题读写锁 RWMutex 也都有。比如误写的情况，containerd 这个例子没有释放锁。

但需要注意的是，读写锁更容易陷入死锁，而且更隐蔽。

3.4.1 锁重入

在第 2 章中，我们讲到了锁重入导致的死锁现象。读写锁也有同样的问题，比如：

```
func TestReentrant_Lock(t *testing.T) {
    var mu sync.RWMutex

    mu.Lock()
    {
        mu.Lock()
        t.Log("程序不可能运行到这里")
        mu.Unlock()
    }
    mu.Unlock()
}
```

这段简单的锁重入代码永远无法执行完，原因在于：同一个 goroutine 在写锁释放之前又调用了对写锁的请求。

这段代码比较容易理解。第一次请求 mu.Lock 获取到了写锁，接下来再调用 mu.Lock 总是获取不到锁，导致此 goroutine 被阻塞。遗憾的是，此 goroutine 被阻塞后，永远无法释放此锁，导致第二次调用 mu.Lock 无法将其唤醒，属于自己把自己锁死了（见图 3.3）。

图 3.3　死锁的形象展示

那么读锁呢？能不能重入？先通过一个例子验证一下：

```
func TestReentrant_RLock(t *testing.T) {
```

```
    var mu sync.RWMutex

    mu.RLock() //① 获取读锁
    {
        mu.RLock() //② 再次获取读锁
        t.Log(" 程序能够运行到这里 ")
        mu.RUnlock()
    }
    mu.RUnlock()
}
```

执行这段代码，貌似没有问题，单元测试可以正常通过。

但是，这属于运气好的情况，只能说这个例子没问题，因为都是对读锁的请求。如果此时有一个对写锁的请求（在①和②之间，有其他的 goroutine 请求写锁），就有可能导致死锁，请看下一节的介绍。

所以，正如官方文档中介绍的那样，请不要递归调用锁！

3.4.2 死锁

一般的死锁，如第 2 章中介绍的那样，有两个锁或者更多的锁相互依赖，形成了一个依赖环，会导致死锁。这是比较明显的易于理解的死锁现象，这里就不赘述了。上一节介绍了递归调用写锁导致的死锁现象，下面介绍一个隐蔽的读写锁导致的死锁现象：调用写锁请求后，递归调用读锁导致死锁。

先通过一个简单的例子来演示这个场景：

```
func TestReentrant_DeadLock(t *testing.T) {
    var mu sync.RWMutex

    // 递归调用读锁
    go func() {
        mu.RLock() // 获取读锁
        {
            time.Sleep(10 * time.Second) // 为了更容易复现问题，这里休眠了 10s，
以便在这个期间有写锁请求发生
            mu.RLock() // 再次获取读锁
            t.Log(" 程序不可能运行到这里 ")
            mu.RUnlock()
        }
        mu.RUnlock()
    }()

    time.Sleep(1 * time.Second)

    // 在递归调用读锁前，调用写锁请求
    mu.Lock()
```

```
        t.Log(" 程序不可能运行到这里 ")
        mu.Unlock()
    }
```

相比于前一个例子，这个例子增加了对写锁的调用，就是这个简单的调用，带来了深不可测的死锁。而且，它还不太容易让人理解。下面就来分析一下。

一开始，读写锁被 reader 请求并获取到，接下来有 writer 请求写锁，因为此 reader 还没有释放读锁，处于 departing 状态，所以 writer 被阻塞，静静等待此 reader 释放读锁。遗憾的是，此 reader 非但没有释放读锁，反而又（递归、重入）调用了读锁请求。根据我们对读写锁源代码的分析，这次请求并不能直接获取到读锁，因为已经有 writer 在请求写锁了，所以导致 reader 也会被阻塞。这下好了，reader 等待 writer 释放写锁，writer 等待 reader 释放读锁，自己又把自己锁死了。

还有一种情况，reader 先调用读锁，再调用写锁，也会导致死锁：

```
func TestReentrant_DeadLock2(t *testing.T) {
    var mu sync.RWMutex

    mu.RLock() // 先请求读锁
    {
        mu.Lock() // 再请求写锁，不可能获取到
        t.Log(" 程序不可能运行到这里 ")
        mu.Unlock()
    }
    mu.RUnlock()
}
```

我们再来看一种情况，也会导致死锁：

```
func TestReentrant_DeadLock3(t *testing.T) {
    var mu sync.RWMutex

    mu.Lock() // 先请求写锁
    {
        mu.RLock() // 再请求读锁，也不可能获取到
        t.Log(" 程序不可能运行到这里 ")
        mu.RUnlock()
    }
    mu.Unlock()
}
```

由此可见，writer 递归调用写锁，reader 递归调用读锁，reader 递归调用写锁，writer 递归调用读锁，都有可能导致死锁。所以还是那句话，不要递归调用读写锁。

即使 Go 官方文档清清楚楚地写明了不要递归调用读写锁，知名的 Go 开源项目也会犯上面的错误。例如：

- docker#34235：一个递归调用读锁导致死锁的例子。GetTasks 中请求了读锁，此方法又调用了 GetService 和 GetNode 方法，这两个方法又调用了此锁的读锁请求，在极端的情况下，如果有 goroutine 碰巧调用写锁请求，就有可能导致死锁。
- kubernetes#93973：一个读写锁死锁的例子。基于 K8s 一贯的代码风格，即使知道这里有一个死锁，分析起来也是很麻烦。这不是一个理解读写锁死锁的好例子。
- scylladb#246：一个递归调用读锁的 bug。如果此时有写锁请求，就会导致死锁。
- cilium#13262：看起来也是一个读写锁的读锁重入的 bug。
- minio#16136：同样是读锁重入，同时有写锁请求导致的死锁。
- influxdb#8713：也是同样的问题。
- protobuf#1052：同样是对写锁请求后，读锁重入，调用读锁请求导致的死锁。

因为实际的业务代码过于复杂，再加上并发程序的不确定性，的确不容易发现死锁问题。那么，有没有工具在死锁出现的时候能提示我们并帮助分析呢？请看下一节的介绍。

3.4.3 发现死锁

死锁出现的时候，不容易发现，即使发现了，也不太容易进行分析。sasha-s/go-deadlock 库可以方便地发现和定位互斥锁 Mutex 和读写锁 RWMutex 所引起的死锁。

这个库对官方的 Mutex、RWMutex 提供原地支持，也就是说，你不需要更改逻辑代码，只需要在导入标准库 sync 时替换成 github.com/sasha-s/go-deadlock 即可。

比如下面这段代码会导致死锁：

```
package ch3

import (
    "sync"
    "testing"
    "time"
)

func TestReentrant_DeadLock2_Detector(t *testing.T) {
    var mu sync.RWMutex

    // 递归调用读锁
    go func() {
        mu.RLock()
        {
            time.Sleep(10 * time.Second)
            mu.RLock()
```

```
            t.Log(" 程序不可能运行到这里 ")
            mu.RUnlock()
        }
        mu.RUnlock()
    }()

    time.Sleep(1 * time.Second)

    // 在递归调用读锁前，调用写锁请求
    mu.Lock()
    t.Log(" 程序不可能运行到这里 ")
    mu.Unlock()
}
```

使用这个第三方库，只需要替换 import 部分即可，TestReentrant_DeadLock2_Detector 不用更改：

```
package ch3

import (
    "testing"
    "time"

    sync "github.com/sasha-s/go-deadlock"
)
```

执行这个测试，你会看到 panic，清晰地指出这段代码有递归调用导致的死锁（见图 3.4）。

```
smallnest@colobu  mnt > ▻ > ▻ > ▻ > ch3  master  go test -bench TestReentrant_DeadLock2_Detector .
POTENTIAL DEADLOCK: Recursive locking:
current goroutine 6 lock 0×c00001c150
deadlock_detect_test.go:15 ch3.TestReentrant_DeadLock1_Detector { mu.Lock() } <<<<<
/mnt/d/gopath/pkg/mod/github.com/sasha-s/go-deadlock@v0.3.1/deadlock.go:116 go-deadlock.(*RWMutex).Lock { func (m *RWMut
ex) Lock() { }

Previous place where the lock was grabbed (same goroutine)
deadlock_detect_test.go:14 ch3.TestReentrant_DeadLock1_Detector { { } <<<<<
/mnt/d/gopath/pkg/mod/github.com/sasha-s/go-deadlock@v0.3.1/deadlock.go:116 go-deadlock.(*RWMutex).Lock { func (m *RWMut
ex) Lock() { }

exit status 2
FAIL    github.com/smallnest/concurrency-programming-via-go-code/ch3    0.020s
FAIL
smallnest@colobu  mnt > ▻ > ▻ > ▻ > ch3  master
```

图 3.4　死锁检查

如果发生死锁，第三方库会报 panic，并且把死锁的 goroutine 和位置都打印出来，帮助你分析。

如果你发现代码中有死锁，但是又没有头绪，则可以临时使用这个库做原地替换，说不定有意外的发现。

3.5　读写锁的扩展

在分析读写锁 RWMutex 的源代码时，我们已经知道 readerCount 和 readerWait 分别代表 reader 的总数量和 departing reader 的数量，如果想获得这两个计数器的值该怎么做呢？

这时可能有人会问，为什么要获取这两个计数器的值？当发生死锁或者并发量大的时候，我们想输出一些关于这个锁的信息，看看有没有问题。

一种可能的实现方式如下：

```
import (
    "fmt"
    "sync"
    "sync/atomic"
    "time"
    "unsafe"
)

const (
    mutexLocked = 1 << iota // 加锁标志位
    mutexWoken
    mutexStarving
    mutexWaiterShift = iota
)

type RWMutex struct {
    sync.RWMutex
}

type m struct {
    w           sync.Mutex
    writerSem   uint32
    readerSem   uint32
    readerCount atomic.Int32
    readerWait  atomic.Int32
}

const rwmutexMaxReaders = 1 << 30

func (rw *RWMutex) ReaderCount() int {
    v := (*m)(unsafe.Pointer(&rw.RWMutex))
    r := v.readerCount.Load()
    if r < 0 {
        r += rwmutexMaxReaders
    }

    return int(r)
}
```

```
func (rw *RWMutex) ReaderWait() int {
    v := (*m)(unsafe.Pointer(&rw.RWMutex))
    c := v.readerWait.Load()

    return int(c)
}

func (rw *RWMutex) WriterCount() int {
    v := atomic.LoadInt32((*int32)(unsafe.Pointer(&rw.RWMutex)))
    v = v >> mutexWaiterShift
    v = v + (v & mutexLocked)
    return int(v)
}

func main() {
    var mu RWMutex

    for i := 0; i < 100; i++ {
        go func() {
            mu.RLock()
            time.Sleep(time.Hour)
            mu.RUnlock()
        }()
    }

    time.Sleep(time.Second)

    for i := 0; i < 50; i++ {
        go func() {
            mu.Lock()
            time.Sleep(time.Hour)
            mu.Unlock()
        }()
    }

    time.Sleep(time.Second)

    for i := 0; i < 50; i++ {
        go func() {
            mu.RLock()
            time.Sleep(time.Hour)
            mu.RUnlock()
        }()
    }

    time.Sleep(time.Second)

    fmt.Println("readers: ", mu.ReaderCount())
    fmt.Println("departing readers: ", mu.ReaderWait())
    fmt.Println("writer: ", mu.WriterCount())
}
```

通过构造一个和标准 RWMutex 同样类型布局的数据结构，我们就定义了一个新的读写锁类型。

这个新定义的读写锁类型不仅暴露了 reader 的计数值，还暴露了 departing reader 的计数值，以及 writer 的计数值。

我们编写程序验证一下。首先创建 100 个 reader，然后创建 50 个 writer，最后再创建 50 个 reader：

```
func main() {
    var mu RWMutex

    for i := 0; i < 100; i++ {
        go func() {
            mu.RLock()
            time.Sleep(time.Hour)
            mu.RUnlock()
        }()
    }

    time.Sleep(time.Second)

    for i := 0; i < 50; i++ {
        go func() {
            mu.Lock()
            time.Sleep(time.Hour)
            mu.Unlock()
        }()
    }

    time.Sleep(time.Second)

    for i := 0; i < 50; i++ {
        go func() {
            mu.RLock()
            time.Sleep(time.Hour)
            mu.RUnlock()
        }()
    }

    time.Sleep(time.Second)

    fmt.Println("readers: ", mu.ReaderCount())
    fmt.Println("departing readers: ", mu.ReaderWait())
    fmt.Println("writer: ", mu.WriterCount())
}
```

运行这个程序，可以看到这几个计数值的输出结果（见图 3.5）。

```
 smallnest@colobu  mnt 〉 〉 〉 〉 〉 hack  master  go run main.go
readers:  150
departing readers:  100
writer:  50
 smallnest@colobu  mnt 〉 〉 〉 〉 〉 hack  master
```

图 3.5　几个计数值的输出结果

这里一共启动了 150 个 reader，输出结果没问题。其中前 100 个 reader 还没执行完就启动了 writer，所以前 100 个 reader 是 departing 状态的，没问题，启动了 50 个 writer 也没问题。

在不同的机器上运行可能结果会有所不同，这里使用了 time.Sleep 来控制 goroutine 的运行，在压力比较大的机器上不一定按照预期的方式运行，不过没关系，只要理解 time.Sleep 不是精准编排 goroutine 的工具即可。

第4章　任务编排好帮手 WaitGroup

本章内容包括：

- WaitGroup的使用方法
- WaitGroup的实现
- WaitGroup的使用陷阱
- WaitGroup的扩展
- noCopy技巧

WaitGroup 也是最常用的 Go 同步原语之一，用来做任务编排。它要解决的就是并发 - 等待的问题：现在有一个 goroutine A 在检查点（checkpoint）等待一组 goroutine 全部完成它们的任务，如果这些 goroutine 还没全部完成任务，那么 goroutine A 就会被阻塞在检查点，直到所有的 goroutine 都完成任务后才能继续执行。

我们来看一个使用 WaitGroup 的场景。

比如，我们要完成一个大的任务，需要使用并行的 goroutine 执行三个小任务，只有这三个小任务都完成了，才能执行后面的任务。如果通过轮询的方式定时询问三个小任务是否完成，则会存在两个问题：一是性能比较低，因为三个小任务可能早就完成了，却要等很长时间才被轮询到；二是会有很多无谓的轮询，空耗 CPU 资源。

这个时候使用 WaitGroup 同步原语就比较有效了，它可以阻塞等待的 goroutine，等到三个小任务都完成了，再即时唤醒它们。其实，很多操作系统和编程语言都提供了类似的同步原语，比如 Linux 中的 barrier、Pthread（POSIX 线程）中的 barrier、C++ 中的 std::barrier、Java 中的 CyclicBarrier 和 CountDownLatch 等。由此可见，WaitGroup 同步原语还是一个非常基础的并发类型。所以，我们要认真掌握本章的内容，做到举一反三，就可以轻松应对其他场景下的需求了。

我们还是从 WaitGroup 的基本用法讲起吧！

4.1 WaitGroup 的使用方法

在 Go 官方提供的同步原语中，最常用的几个类型使用起来很简单，这是很不容易的设计。WaitGroup 就是简单且常用的同步原语之一，它只有三个方法。

- Add(delta int)：给 WaitGroup 的计数值增加一个数值，delta 可以是负数。当 WaitGroup 的计数值减小到 0 时，任何阻塞在 Wait() 方法上的 goroutine 都会被解除封印，不再阻塞，可以继续执行。如果计数器的值为负数，则会出现 panic。
- Done()：表示一个 goroutine 完成了任务，WaitGroup 的计数值减 1。
- Wait()：此方法的调用者会被阻塞，直到 WaitGroup 的计数值减小到 0。

WaitGroup 的功能就是等待一组 goroutine 都完成任务。一般主 goroutine 会设置要等待的 goroutine 的数量 *n*，也就是将计数器的值设置为 *n*，这些 goroutine 运行完毕后调用 Done 方法，告诉 WaitGroup 自己已经光荣完成任务了。主 goroutine 调用 Wait 方法偶尔会被阻塞，直到这 *n* 个 goroutine 全部完成任务。

下面是一个访问搜索引擎的例子。

我们首先定义了一个 WaitGroup 的变量 wg，然后在访问搜索引擎的 goroutine 启动之前，通过 Add(3) 将 wg 的计数值设置为 3。

访问每个搜索引擎都使用一个独立的 goroutine，当该 goroutine 执行完毕的时候，调用 wg.Done()，计数器的值减 1。

主 goroutine 调用 Wait 方法被阻塞，直到这三个访问搜索引擎的 goroutine 都执行完毕。

```
package main

import (
    "log"
    "net/http"
    "sync"
    "time"
)

func main() {
    var wg sync.WaitGroup

    var urls = []string{"http://baidu.com", "http://bing.com", "http://google.com"}
    // 访问三个搜索引擎
    http.DefaultClient.Timeout = time.Second
    wg.Add(3) // 设置三个子任务
    for i := 0; i < 3; i++ {
        go func(url string) { // 启动三个子 goroutine 来执行
            defer wg.Done() // 执行完毕，标记自己完成，WaitGroup 的计数值减 1

            log.Println("fetching", url) // 以下为正常访问网页的代码
            resp, err := http.Get(url)
            if err != nil {
                return
            }

            resp.Body.Close()

        }(urls[i])
    }

    wg.Wait() // 等待三个子任务完成。等它们都调用 Done 之后，WaitGroup 的计数值变为 0，才会执行下一步
    log.Println("done")
}
```

执行这个程序，将会得到正确的输出，显示三个 goroutine 都获取到了网页信息（见图 4.1）。

```
smallnest@colobu  mnt > > > > > quickstart  master  go run main.go
2023/01/25 14:31:34 fetching http://google.com
2023/01/25 14:31:34 fetching http://baidu.com
2023/01/25 14:31:34 fetching http://bing.com
2023/01/25 14:31:35 done
smallnest@colobu  mnt > > > > > quickstart  master
```

图 4.1　使用 WaitGroup 等待三个子任务完成

WaitGroup 在使用中有如下一些特点。

- 通常要预先设置计数器的值，也就是预先调用 Add 方法。
- 通常将计数器的值设置为要等待的 goroutine 的数量。如果你偏偏不想这样做，程序也能运行，只不过显得另类而已。比如在上面的例子中，将计数器的值初始化为 9:wg.Add(9)，然后每个访问搜索引擎的 goroutine 不调用 Done 方法，而是调用 wg.Add(-3)，程序照样运行，符合你的意图，不过何苦为难自己，还是使用地道的 Go 方式来实现代码为好。
- 你可以多次调用 Wait 方法，只要 WaitGroup 的计数值为 0，所有的 Wait 就不再发生阻塞。比如上面的例子，你写三行 wg.Wait() 也可以，但是没有必要：

```
wg.Wait() // 多次调用 Wait
wg.Wait()
wg.Wait()
log.Println("done")
```

- 对于一个零值的 WaitGroup，或者计数值已经为 0 的 WaitGroup，如果直接调用它的 Wait 方法，调用者不会被阻塞。

```
var wg sync.WaitGroup
wg.Wait()
```

如果你想获取等待的那些 goroutine 执行的结果，则需要使用额外的变量，而 WaitGroup 本身是不保存额外信息的。我们把上面访问搜索引擎的例子改造一下，收集访问搜索引擎成功与否的结果：

```
func main() {
    var wg sync.WaitGroup
    wg.Wait()

    var urls = []string{"http://baidu.com", "http://bing.com", "http://google.com"}
    var result = make([]bool, len(urls)) // 这里使用 result 记录三个子任务的结果
    http.DefaultClient.Timeout = time.Second

    wg.Add(3) //设置 WaitGroup 的计数值为 3
    for i := 0; i < 3; i++ {
        i := i
        go func(url string) { // 启动三个子任务
            defer wg.Done()

            log.Println("fetching", url)
            resp, err := http.Get(url)
            if err != nil {
                result[i] = false
                return
            }
```

```
            result[i] = resp.StatusCode == http.StatusOK
            resp.Body.Close()

        }(urls[i])
    }

    wg.Wait()
    log.Println("done") // 子任务完成，result 中保证有值
    for i := 0; i < 3; i++ {
        log.Println(urls[i], ":", result[i]) // 输出结果
    }
}
```

这里定义了一个收集 goroutine 执行结果的变量 result，如果搜索引擎正常返回 200，就认为执行成功了，否则返回 false。最后把结果打印出来，结果显示除获取谷歌的网页不成功外，访问百度和 bing 的网页都成功了（见图 4.2）。

```
 smallnest@colobu  mnt > 🗁 > 🗁 > 🗁 > 🗁 > quickstart  master  go run main.go
2023/01/25 14:57:16 fetching http://google.com
2023/01/25 14:57:16 fetching http://baidu.com
2023/01/25 14:57:16 fetching http://bing.com
2023/01/25 14:57:17 done
2023/01/25 14:57:17 http://baidu.com : true
2023/01/25 14:57:17 http://bing.com : true
2023/01/25 14:57:17 http://google.com : false
 smallnest@colobu  mnt > 🗁 > 🗁 > 🗁 > 🗁 > quickstart  master
```

图 4.2　收集子任务的结果

另外，WaitGroup 本身没有控制这些执行任务的 goroutine 中止的能力，它只能傻傻地等待这些 goroutine 执行完毕，把计数器的值降为 0。

4.2　WaitGroup 的实现

WaitGroup 的实现也没有使用太多的代码，它也是我们学习 Go 语言的好素材，充分体现了 Go 团队的技术能力，值得我们好好钻研。

首先看 WaitGroup 的 struct 定义（以当前的 Go 1.20 版本为例，历史版本和这个版本略有不同，未来的版本也可能会有修改）：

```
type WaitGroup struct {
    noCopy noCopy

    state atomic.Uint64 // 高 32 位为计数器的值，低 32 位为 waiter 的数量
    sema  uint32 // 信号量
}
```

第一个字段 noCopy 是一个辅助字段，主要用于辅助 vet 工具检查是否通过 copy 复制这个 WaitGroup 实例。本章的最后会介绍这个字段的含义，这里可以先忽略它。

第二个字段是类型为 atomic.Uint64 的 state。先前的 WaitGroup 为了 64 位对齐，避免原子操作时出问题，使用了特殊的方法，现在 atomic.Uint64 保证 64 位对齐，所以 state 字段总是能记录计数器的值和 waiter 的数量。

第三个字段 sema 是信号量，用来唤醒 waiter。

接下来，我们继续深入源码，看一下 Add、Done 和 Wait 这三个方法的实现。

在查看这部分源码实现时，我们发现，除了这些方法本身的实现代码，还有一些额外的代码，主要是数据竞争检查和异常检查的代码。其中，有几个检查非常关键，如果检查不通过，则会出现 panic。这部分内容会在下一节分析 WaitGroup 的错误使用场景时介绍。现在，我们专注于 Add、Wait 和 Done 方法本身的实现代码。

下面先梳理 Add 方法的逻辑。Add 方法主要操作的是 state 的计数部分。你可以为计数器的值增加一个 delta 值，内部通过原子操作把这个值加到计数器的值上。需要注意的是，这个 delta 值也可以是负数，相当于计数器的值减去一个值。

```
func (wg *WaitGroup) Add(delta int) {
    state := wg.state.Add(uint64(delta) << 32) // 计数器的值加 delta 值
    v := int32(state >> 32) // 右移 32 位，只保留计数器的值
    w := uint32(state) // waiter 的数量

    if v < 0 {
        panic("sync: negative WaitGroup counter") // ① 计数器的值不应该为负数
    }
    if w != 0 && delta > 0 && v == int32(delta) { // 有 waiter 还在等待的时候，
不应该再并发调用 Add
        panic("sync: WaitGroup misuse: Add called concurrently with Wait") // ②
    }
    if v > 0 || w == 0 { // 成功，返回
        return
    }

    if wg.state.Load() != state {// 有 waiter 还在等待的时候，不应该再并发调用 Add
        panic("sync: WaitGroup misuse: Add called concurrently with Wait") // ③
    }
    // 计数器的值为 0，将 waiter 的计数清零，并唤醒 waiter
    wg.state.Store(0)
    for ; w != 0; w-- {
        runtime_Semrelease(&wg.sema, false, 0)
    }
}
```

先忽略各种 panic 检查。我们看到，如果计数器的值大于 0 或者 waiter 的数量为 0，则不需要做额外的处理，直接返回。

但是，如果计数器的值为 0，并且还有 waiter 被阻塞，则把 state 的计数清零，也就是把 waiter 的数量置 0，并且唤醒那些被阻塞的 waiter。

Done 方法的实现非常简单，它就是一个辅助方法(helper method)，方便使用。实际上，它是 Add(-1)。

```
func (wg *WaitGroup) Wait() {
    for {
        state := wg.state.Load()
        v := int32(state >> 32) // 得到计数器的值
        w := uint32(state) // 得到 waiter 的数量
        if v == 0 { // 计数器的值已经为 0，直接返回
            return
        }
        // 增加 waiter 的数量
        if wg.state.CompareAndSwap(state, state+1) {
            runtime_Semacquire(&wg.sema)
            if wg.state.Load() != 0 {
                panic("sync: WaitGroup is reused before previous Wait has
                returned") // ④
            }
            return
        }
    }
}
```

Wait 方法则尝试检查计数器的值 v，如果计数器的值为 0，则返回，不会发生阻塞；否则，原子操作 state，把本 goroutine 加入 waiter 中。如果加入成功，它则被阻塞等待唤醒；否则，进行循环检查（因为可能同时有多个 waiter 调用 Wait 方法）。

如果阻塞的 Waiter 被唤醒，理论上，state 的计数值应该为 0（从 Add 方法的实现中可以看到，是先把 state 的计数清零，再唤醒 waiter 的），那么直接返回就好了，因为 state 的计数值等于 0 就意味着计数器的值也为 0 了。

这就是 WaitGroup 的实现，既简单又凶险。简单，我们已经领教过了；凶险，还没有体会到。但是从它的代码来看，里面有很多的检查和 panic，每个 panic 检查都是一个陷阱，如果使用不慎，就会调到陷阱里，导致应用程序出现不期望的 panic。接下来，我们就来介绍 WaitGroup 的使用陷阱。

4.3 WaitGroup 的使用陷阱

前面已经讲了，WaitGroup、Mutex、RWMutex 都不能在首次使用后复制，有网友在 go#28123 提出了一个问题：

```
type TestStruct struct {
    Wait sync.WaitGroup
```

```
}

func main() {
    w := sync.WaitGroup{}
    w.Add(1)
    t := &TestStruct{
        Wait: w,
    }

    t.Wait.Done()
    fmt.Println("Finished")
}
```

这段代码虽然能运行，但实际上是有问题的。如果使用 vet 工具检查的话，就能检查出 Wait: w，这一句其实是复制了 w 的值，这是不正确的用法。不过，从这个例子来看，对同步原语的复制是不容易发现的。使用 go vet 检查这段代码，发现在第 16 行有对 WaitGroup 对象复制的情况（见图 4.3）。

```
 smallnest@colobu  mnt > 🗁 > 🗁 > 🗁 > 🗁 > issue2  master  go vet main.go
# command-line-arguments
./main.go:16:7: literal copies lock value from w: sync.WaitGroup contains sync.noCopy
 smallnest@colobu  mnt > 🗁 > 🗁 > 🗁 > 🗁 > issue2  master
```

图 4.3　使用 go vet 检查同步原语复制的情况

4.3.1　Add 方法调用的时机不对

通常建议 WaitGroup 的使用方式是 wg.Add — go func(){wg.Done()}() — wg.Wait 三步。因为我们预先知道会启动 *n* 个 goroutine，在启动 goroutine 的 for 循环之前，就调用了 Add(*n*)。这种写法非常直接，不容易出错，安心，放心！

```
func main() {
    var wg sync.WaitGroup
    wg.Add(3) // 第一步
    for i := 0; i < 3; i++ {
        go func(url string) {
            defer wg.Done() // 第二步，在 goroutine 内，加上这个调用

            ......

        }()
    }
    wg.Wait() // 第三步，在主 goroutine 内，调用 Wait
}
```

当然，你也可以使用下面的写法，在每个循环中调用 Add(1)。这种写法也不会出错，但是理解起来没有上面一种容易，需要简单分析一下，才能确定 wg.Wait() 不会漏掉某些 goroutine 的调用。

```
func main() {
    var wg sync.WaitGroup

    for i := 0; i < 3; i++ {
        wg.Add(1) // 第一步
        go func(url string) {
            defer wg.Done() // 第二步，在 goroutine 内，加上这个调用

            ......

        }()
    }
    wg.Wait() // 第三步，在主 goroutine 内，调用 Wait
}
```

坚持这种写法的人认为，调用 Add 不会多加或者少加计数器的值，这样说起来也有道理。你可以看到，在第三步之前肯定调用 Add(1) 三次，调用 Done 三次，调用 Add 肯定在调用 Wait 之前，没问题。

最怕的是下面这种情况，乍一看没有问题，与第二种写法类似，但是在实际运行时就会发现，有些 goroutine 还没有执行完，Wait 就解除封印继续运行了。为什么?

```
func main() {
    var wg sync.WaitGroup

    for i := 0; i < 3; i++ {
        go func(url string) {
            wg.Add(1) // 第一步
            defer wg.Done() // 第二步，在 goroutine 内，加上这个调用

            ......

        }()
    }
    wg.Wait() // 第三步，在主 goroutine 内，调用 Wait
}
```

原因在于：这里把 wg.Add(1) 放在了一个 goroutine 中，假设第一个 goroutine 很幸运一下子就执行完了，第二个和第三个 goroutine 还没有启动，这个时候 WaitGroup 的计数值又恢复到了零值的状态，如果此时运行 wg.Wait，它不会被阻塞，它会继续运行下去，而第二个和第三个 goroutine 还没有执行程序就退出了。

因为第二种写法和第三种写法很类似，容易分辨不清楚，所以还是推荐你使用第一种写法。

4.3.2 计数器的值为负数

WaitGroup 的计数值必须大于或等于 0。我们在更改这个计数值的时候，WaitGroup 会先做检查，如果计数值为负数，则会导致 panic。

一般情况下，有两种情况会导致计数器的值为负数。第一种情况是调用 Add 的时候传递一个负数。如果你能保证当前计数器的值加上这个负数后仍然大于或等于 0，则没有问题，否则就会导致 panic。

比如下面这段代码，计数器的初始值为 10，当第一次传入 -10 的时候，计数器的值为 0，不会有问题。但是，紧接着传入 -1 以后，计数器的值就变为负数了，程序就会出现 panic。

```
func main() {
    var wg sync.WaitGroup
    wg.Add(10)

    wg.Add(-10)// 将 -10 作为参数调用 Add，计数器的值变为 0

    wg.Add(-1)// 将 -1 作为参数调用 Add，如果加上 -1 后计数器的值变为负数，则会出现问题，所以会触发 panic
}
```

第二种情况是调用 Done 方法的次数过多，超过了 WaitGroup 的计数值。

使用 WaitGroup 的正确方式是，预先确定好 WaitGroup 的计数值，然后以与该计数值相同的次数调用 Done 方法完成相应的任务。比如，在 WaitGroup 变量声明之后，就立即设置它的计数值，或者在 goroutine 启动之前增加 1，然后在 goroutine 中调用 Done 方法。

如果没有遵守这些规则，则很有可能会导致 Done 方法调用的次数与 WaitGroup 的计数值不一致，进而造成死锁（Done 方法的调用次数比该计数值小）或者出现 panic（Done 方法的调用次数比该计数值大）。

比如在下面这个例子中，多调用了一次 Done 方法，会导致计数器的值为负数，所以程序运行到这一行会出现 panic。

```
func main() {
    var wg sync.WaitGroup
    wg.Add(1)

    wg.Done()
    wg.Done() // 多调用了一次 Done 方法，导致计数器的值为负数。这是不允许的
}
```

4.3.3 错误的调用 Add 的时机

使用 WaitGroup 时，一定要遵循的原则就是在 Wait 之前调用 Add；或者，如果想重用 WaitGroup，一定要在所有的 Wait 解封之后再调用 Add，不要让 Add 和 Wait 遇到，它们八字不合。如果并发地执行它们，则很容易导致 panic，也就是出现 4.2 节代码中注释的②③④这几种情况。

②③这两种情况不容易构造出来，但是我们通过分析可以反推出相关场景。

情况②：w != 0 && delta > 0 && v == int32(delta) 为真，意味着此时有 waiter 被阻塞在 Wait 上，并且计数器的值开始为 0，这次 Add 设置了一个 delta 值。Wait 和 Add 并发执行，且都处于方法执行的中间状态，就有概率遇到这种不合法的情况。

情况③：wg.state.Load() != state 为真，说明此时有 waiter 在等待，又有并发的 Add 在执行，导致 WaitGroup 的状态不对，出现了 panic。

情况④：这种情况很容易复现。比如下面的代码，一个 goroutine 不断地调用 Add 和 Done，另一个 goroutine 不断地调用 Wait，就很容易出现第④种情况。

```
package main

import (
    "sync"
)

func main() {

    var wg sync.WaitGroup
    go func() {
        for {
            wg.Add(1) // 在有 waiter 的情况下，并发地更改计数器的值
            wg.Done()
        }
    }()

    for {
        wg.Wait() // 被唤醒，结果检查 WaitGroup 的状态 state 不为 0，导致 panic
    }
}
```

运行这个程序，将出现 panic，并且有很大概率是情况④的 panic，即调用前一个 Wait 还没有返回就重用了 WaitGroup（调用 Add 又增加了计数器的值）（见图 4.4）。

```
smallnest@colobu  mnt > ▷ > ▷ > ▷ > ▷ > panic1  master  go run main.go
panic: sync: WaitGroup is reused before previous Wait has returned

goroutine 1 [running]:
sync.(*WaitGroup).Wait(0×0?)
        /usr/local/go/src/sync/waitgroup.go:141 +0×85
main.main()
        /mnt/e/2022book/concurrency-programming-via-go-code/ch4/panic1/main.go:18 +0×74
exit status 2
smallnest@colobu  mnt > ▷ > ▷ > ▷ > ▷ > panic1  master
```

图 4.4　在调用 Wait 的同时并发地调用 Add

4.3.4　知名项目中关于 WaitGroup 使用的 bug

即使是 Go 团队，也会在使用 WaitGroup 的过程中犯错，go#12813 就记录了一个关

于 WaitGroup 使用的 bug。当然，这个 bug 其实是一种误写，原来的代码使用 defer 增加计数器的值，导致 Done 先于 Add 被调用，进而导致计数器的值出现负数的情况。这属于写代码写得太顺畅，就不过脑子了，在 for 循环中不适合使用 defer，而且这里不应该使用 defer（见图 4.5）。

```
cmd/coordinator/coordinator.go
@@ -2033,7 +2033,7 @@ func (st *buildStatus) runTests(helpers <-chan *buildlet.Client) (remoteErr, err
2033  2033          go func() {
2034  2034                  defer buildletActivity.Done() // for the per-goroutine Add(2) above
2035  2035                  for helper := range helpers {
2036       -                        defer buildletActivity.Add(1)
      2036 +                        buildletActivity.Add(1)
2037  2037                          go func(bc *buildlet.Client) {
2038  2038                                  defer buildletActivity.Done() // for the per-helper Add(1) above
2039  2039                                  defer st.logEventTime("closed_helper", bc.Name())
```

图 4.5　失误导致的 Done 先于 Add 被调用

docker#28161 和 docker#27011 都是 WaitGroup 重用导致的 bug，也就是情况④，Wait 还没有解封就调用了 Add 方法。

etcd#6534 也是 WaitGroup 重用的 bug，没有等前一个 Wait 执行结束就调用了 Add 方法。

kubernetes#59574 属于一种误写 bug，忘记调用 Add(1) 了（见图 4.6）。

```
test/e2e/scalability/density.go
@@ -363,6 +363,7 @@ var _ = SIGDescribe("Density", func() {
363  363          // Stop apiserver CPU profile gatherer and gather memory allocations profile.
364  364          close(profileGathererStopCh)
365  365          wg := sync.WaitGroup{}
     366 +        wg.Add(1)
366  367          framework.GatherApiserverMemoryProfile(&wg, "density")
367  368          wg.Wait()
368  369

test/e2e/scalability/load.go
@@ -104,6 +104,7 @@ var _ = SIGDescribe("Load capacity", func() {
104  104          // Stop apiserver CPU profile gatherer and gather memory allocations profile.
105  105          close(profileGathererStopCh)
106  106          wg := sync.WaitGroup{}
     107 +        wg.Add(1)
107  108          framework.GatherApiserverMemoryProfile(&wg, "load")
108  109          wg.Wait()
109  110
```

图 4.6　失误导致没有调用 Add 方法

4.4 WaitGroup 的扩展

目前 sourcegraph 开源了一个并发库 sourcegraph/conc，声称能提供更好的架构化同步原语。将它的例子代码和使用标准库的代码做对比，可以发现，在一些场景中确实会减少代码的行数，提供更好的封装。尤其在这个库的作者提供的例子中，conc 可以减少代码量，提供 panic 的保护机制。

如果你遇到这样的场景，而且想减少代码量，简化代码逻辑，则可以考虑使用这个库。

这里主要介绍这个库的 conc.WaitGroup 类型。

下面是使用标准库的例子：

```
func main() {
    var wg sync.WaitGroup
    for i := 0; i < 10; i++ {
        wg.Add(1)
        go func() {
            defer wg.Done()
            // 如果这里出现 panic，还需要进行恢复处理
            doSomething()
        }()
    }
    wg.Wait()
}
```

改成使用 conc.WaitGroup 类型：

```
func main() {
    var wg conc.WaitGroup
    for i := 0; i < 10; i++ {
        wg.Go(doSomething) // 相比上面的例子，这里简化了代码
    }
    wg.Wait()
}
```

当然，这个库还提供了其他一些类型，用来简化对特定场景的处理，比如 goroutine 池、slice 和 map 并发处理、并发处理流等。

4.5 noCopy：辅助 vet 检查

前面在介绍 WaitGroup 的数据结构时，提到其中有一个 noCopy 字段。它的作用就是指示 vet 工具在进行检查时，对 WaitGroup 的数据结构不能做值复制使用。更严谨地说，就是不能在第一次使用 WaitGroup 之后，复制使用它。

你可能会问，为什么要把 noCopy 字段单独拿出来讲呢？一方面，把 noCopy 字段放在 WaitGroup 代码中讲解，容易干扰你对 WaitGroup 整体的理解。另一方面，也是非常重

要的原因，noCopy 是一种通用的计数技术，在其他同步原语中也会用到，所以单独介绍有助于你以后在实践中使用这种技术。

我们在介绍 Mutex 的时候用到了 vet 工具。vet 会对实现 Locker 接口的数据类型进行静态检查，一旦代码中有复制使用这种数据类型的情况，它就会发出警告。但是，WaitGroup 同步原语不就是 Add、Done 和 Wait 方法吗？ vet 工具能检查出来吗？

其实 vet 工具是可以检查出来的。通过给 WaitGroup 添加一个 noCopy 字段，就可以为 WaitGroup 实现 Locker 接口，这样 vet 工具就可以进行复制检查了。而且，因为 noCopy 字段是未输出类型，所以 WaitGroup 不会暴露 Lock/Unlock 方法。

noCopy 字段的类型是 noCopy，它只是一个辅助的、用来帮助 vet 工具进行检查的类型：

```
type noCopy struct{}

func (*noCopy) Lock()   {}
func (*noCopy) Unlock() {}
```

如果你想使自己定义的数据结构不被复制使用，或者说不能通过 vet 工具检查出复制使用，就可以通过嵌入 noCopy 这个数据类型来实现。

第5章　条件变量 Cond

本章内容包括：

- Cond的使用方法
- Cond的实现
- Cond的使用陷阱
- 在实际项目中使用Cond的例子

在写 Go 程序之前，我曾经写了十多年的 Java 程序，也面试过不少 Java 程序员。在 Java 面试中，经常问到的一个知识点就是等待 / 通知（wait/notify）机制。面试官经常会这样考察候选人：请实现一个限定容量的队列（queue），当队列满或者空的时候，利用等待 / 通知机制实现阻塞或者唤醒。

在 Go 中，也可以实现一个类似的限定容量的队列，而且实现起来比较简单，只要使用条件变量（Cond）同步原语就可以。Cond 同步原语相对来说不是那么常用，但是在特定的场景中使用会事半功倍，比如需要唤醒一个或者所有的 waiter 做一些检查操作的时候。

Cond 是一个通用的同步原语，在很多语言中都有实现，比如 C++ 中的 std::condition_variable、Java 中的 java.util.concurrent.locks.Condition、Python 中的 threading.Condition、Rust 中的 std::sync::Condvar 就是各种类似的条件变量。它们和 Go 中的 sync.Cond 一样，有一个共同的目标，就是一个或者多个线程（goroutine）等待目标条件得到满足，如果目标条件得不到满足，这些线程（goroutine）就会被阻塞。如果其他线程（goroutine）改变了条件，则会通知一个或者所有被阻塞的线程（goroutine），再次检查判断条件。也许，这就是“条件变量”名称的来历吧！

5.1 Cond 的使用方法

Go 标准库提供 Cond 同步原语的目的是为等待 / 通知场景下的并发操作提供支持。Cond 通常用于等待某个条件的一组 goroutine，当条件变为 true 时，其中一个或者所有的 goroutine 会被唤醒执行。

顾名思义，Cond 与某个条件相关，这个条件需要一组 goroutine 协作达到。当这个条件没有得到满足时，所有等待这个条件的 goroutine 都会被阻塞，只有当这组 goroutine 通过协作达到了这个条件时，等待的 goroutine 才可能继续执行。

那么，等待的条件是什么呢？它可以是某个变量达到了某个阈值或者某个时间点，也可以是一组变量都达到了某个阈值，还可以是某个对象的状态满足了特定的条件。总体来讲，等待的条件是一种可以用来计算结果是 true 还是 false 的条件。

在开发实践中，真正使用 Cond 的场景比较少，因为：一旦遇到需要使用 Cond 的场景，我们更多地会使用 channel 的方式来实现，这才是更地道的 Go 语言的用法。Go 的开发者甚至提议，“把 Cond 从标准库中移除”（issue 21165）。也有开发者认为，Cond 是唯一难以掌握的 Go 同步原语。

Go 标准库中的 Cond 同步原语初始化时，需要关联一个 Locker 接口的实例，一般使用 Mutex 或者 RWMutex。我们看一下 Cond 的方法：

```
type Cond
  func NewCond(l Locker) *Cond
  func (c *Cond) Broadcast()
  func (c *Cond) Signal()
  func (c *Cond) Wait()
```

Cond 关联的 Locker 实例可以通过 c.L 访问，它内部维护着一个先入先出的等待队列。下面分别介绍它的三个方法：Broadcast、Signal 和 Wait。

- Broadcast 方法：允许调用者唤醒所有等待此 Cond 的 goroutine。如果此时没有等待的 goroutine，则显然无须通知 waiter；如果 Cond 的等待队列中有一个或者多个等待的 goroutine，则清空等待队列，并将所有等待的 goroutine 全部唤醒。在其他编程语言，比如 Java 中，Broadcast 方法也被叫作 notifyAll 方法或者 notify_all 方法。同样地，在调用 Broadcast 方法时，**也不强求调用者一定持有 c.L 的锁。**
- Signal 方法：允许调用者唤醒一个等待此 Cond 的 goroutine。如果此时没有等待的 goroutine，则显然无须通知 waiter；如果 Cond 的等待队列中有一个或者多个等待的 goroutine，则需要从等待队列中移除第一个 goroutine 并把它唤醒。在其他编程语言，比如 Java 中，Signal 方法也被叫作 notify 方法或者 notify_one 方法。在调用 Signal 方法时，**不强求调用者一定要持有 c.L 的锁。**什么叫不强求？就是调用者想加锁就加，不加锁也行，一切遵从你心。
- Wait 方法：会把调用者放入 Cond 的等待队列中并阻塞，直到被 Signal 或者 Broadcast 方法从等待队列中移除并唤醒。在调用 Wait 方法时，调用者**必须要持有 c.L 的锁。**

我们以一个短跑比赛为例。五个顶尖的运动员入围了短跑决赛，他们在热身之后陆续就位。

每个运动员（单独的一个子 goroutine）就位后，都把变量 ready 加 1，并且调用 Broadcast方法（这里调用 Signal 方法也可以，因为只有一个裁判员调用 Wait 方法发生阻塞）。

裁判员（主 goroutine）检查条件，如果条件不满足（ready != 10），则调用 Wait 方法发生阻塞，直到条件满足（ready==10），它才能继续执行，击响发令枪，宣布比赛开始。

```
package main

import (
    "log"
    "math/rand"
    "sync"
    "time"
```

```
)

func main() {
    c := sync.NewCond(&sync.Mutex{})

    var ready int

    for i := 0; i < 10; i++ {
        go func(i int) {
            time.Sleep(time.Duration(rand.Int63n(10)) * time.Second)

            // 加锁，更改等待的条件
            c.L.Lock()
            ready++
            c.L.Unlock()

            log.Printf("运动员 #%d 已准备就绪 \n", i)
            //运动员 i 准备就绪，广播通知所有裁判员
            c.Broadcast()
        }(i)
    }

    c.L.Lock()
    for ready != 10 { // 检查条件是否满足
        c.Wait()
        log.Println("裁判员被唤醒一次")
    }
    c.L.Unlock()

    //所有的运动员是否就绪
    log.Println("所有运动员都准备就绪。砰！发令枪响，比赛开始……")
}
```

在上面的代码中，你会注意到几个特殊的操作：

- 子 goroutine 对 ready 写的时候使用了锁，因为 ready 变量会被并发读 / 写。
- 主 goroutine 在调用 c.Wait 的时候使用了 for 循环，因为主 goroutine 被唤醒后，条件不一定得到满足，所以需要再次进行检查。
- 调用 c.Wait 使用了锁。

这些是必需的；否则，程序可能出现 panic，或者程序还没等到条件满足就继续执行了。

5.2 Cond 的实现

Cond 的实现非常简单，因为复杂的逻辑已经被 Locker 或者运行时（runtime）的等待队列实现了。我们直接看 Cond 的源码。

```
type Cond struct {
    noCopy noCopy

    // 在检查条件或者修改条件时需要持有锁
    L Locker

    notify  notifyList
    checker copyChecker
}

func (c *Cond) Wait() {
    c.checker.check()
    t := runtime_notifyListAdd(&c.notify) // 先加入通知列表中
    c.L.Unlock()
    runtime_notifyListWait(&c.notify, t) // 等待通知
    c.L.Lock() // 唤醒后要获取锁
}

func (c *Cond) Signal() {
    c.checker.check()
    runtime_notifyListNotifyOne(&c.notify) // 通知一个 waiter
}

func (c *Cond) Broadcast() {
    c.checker.check()
    runtime_notifyListNotifyAll(&c.notify) // 等待所有的 waiter
}

type copyChecker uintptr

func (c *copyChecker) check() { // 检查有没有被复制
    if uintptr(*c) != uintptr(unsafe.Pointer(c)) &&
        !atomic.CompareAndSwapUintptr((*uintptr)(c), 0, uintptr
        (unsafe.Pointer(c))) &&
        uintptr(*c) != uintptr(unsafe.Pointer(c)) { // 双重检查
        panic("sync.Cond is copied")
    }
}
```

可以看到，主要逻辑已经被运行时的 runtime_notifyListXXX 实现了。

- runtime_notifyListAdd：将调用者加入通知列表中。加入通知列表中的调用者以后有机会得到通知，调用者还需要调用 runtime_notifyListWait 方法等待通知。
- runtime_notifyListWait：调用这个方法等待通知。如果在调用 runtime_notifyListAdd 方法之后，调用这个方法之前，调用者已经得到了通知，check 方法会立即返回，否则会被阻塞。
- runtime_notifyListNotifyOne：通知等待列表中的一个调用者，把它从列表中移除并唤醒。

- runtime_notifyListNotifyAll：通知等待列表中的所有调用者，把列表清空，把它们唤醒。

这些方法的具体实现细节这里就不讲了，其实现代码位于 runtime/sema.go 中，它主要使用平衡树 sudog 维护调用者列表。

我们需要仔细看的是 Wait 方法，它首先调用 c.L.Unlock() 解锁，然后进入阻塞状态，所以被阻塞的调用者是不持有这个锁的，此时其他的 goroutine 能使用这个锁进行条件变量的改变。一旦这个调用者被唤醒，它就又持有了这个锁。

noCopy 会在编译时辅助 vet 工具检查 Cond 是否被复制，而 copyChecker 会在运行时检查 Cond 是否被复制，如果检查出被复制，则会报出 panic。比如下面的例子：

```go
package main

import (
    "sync"
    "time"
)

func main() {
    c := sync.NewCond(&sync.Mutex{}) // 创建一个 Cond
    go func() {
        c.L.Lock()
        defer c.L.Unlock()
        c.Wait()
    }()

    time.Sleep(time.Second)
    c2 := *c // 复制这个 Cond 会有问题
    c2.Signal()
}
```

如果在 IDE 中配置了相应的 lint 工具，或者执行了 go vet，都能发现 c2 := *c 其实是复制了 Cond，如果不改的话，在运行时会通过 copyChecker 发现问题并报出 panic（见图 5.1）。

```
smallnest@colobu  mnt > > > > > issue3  master  go run main.go
panic: sync.Cond is copied

goroutine 1 [running]:
sync.(*copyChecker).check(...)
        /usr/local/go/src/sync/cond.go:102
sync.(*Cond).Signal(0x3b9aca00?)
        /usr/local/go/src/sync/cond.go:82 +0x74
main.main()
        /mnt/e/2022book/concurrency-programming-via-go-code/ch5/issue3/main.go:18 +0x10f
exit status 2
smallnest@colobu  mnt > > > > > issue3  master
```

图 5.1 如果有复制，在运行时会报出 panic

5.3 Cond 的使用陷阱

Cond 这个同步原语很少会被使用，甚至有的 Gopher 从来就没有使用过它，以至于 Go 团队的 Bryan C. Mills 提议将其从标准库中移除，在有些场景中使用 channel 来代替它。我认为，Cond 还是有其独特使用场景的，尤其是它既可以调用 Signal 方法，也可以调用 Broadcast 方法。而且，channel 也有其局限性，例如，你往一个关闭的 channel 中发送数据会导致 panic。而使用 Cond，你可以任意地调用 Signal 和 Broadcast 方法。

但使用 Cond 也不是没有陷阱，下面列举两个。

5.3.1 调用 Wait 时没有加锁

虽然 Cond 只有三个方法，但是有的方法调用必须加锁，有的则不需要加锁。你只需要记住 Wait 这个方法调用必须加锁即可。如果还记不住，请记住口诀“等待毕加索”（Wait 必加锁）。

以前面那个短跑比赛的代码为例，我们把 Wait 方法前后加解锁的代码注释掉：

```
// c.L.Lock()
for ready != 10 {
    c.Wait()
    log.Println(" 裁判员被唤醒一次 ")
}
// c.L.Unlock()

// 所有的运动员是否就绪
log.Println(" 所有运动员都准备就绪。砰！发令枪响，比赛开始……")
```

运行这段代码，将会导致 panic（见图 5.2）。

```
 smallnest@colobu  mnt > > > > > issue1  master  go run main.go
fatal error: sync: unlock of unlocked mutex

goroutine 1 [running]:
sync.fatal({0x4a9f1c?, 0x7f046487a090?})
        /usr/local/go/src/runtime/panic.go:1031 +0x1e
sync.(*Mutex).unlockSlow(0xc000018090, 0xffffffff)
        /usr/local/go/src/sync/mutex.go:229 +0x3c
sync.(*Mutex).Unlock(0xc000072ef0?)
        /usr/local/go/src/sync/mutex.go:223 +0x29
sync.(*Cond).Wait(0x0?)
        /usr/local/go/src/sync/cond.go:69 +0x7e
main.main()
        /mnt/e/2022book/concurrency-programming-via-go-code/ch5/issue1/main.go:32 +0x156
```

图 5.2　调用 Wait 方法不加锁导致 panic

原因在于：Wait 方法会释放内部的锁，如果之前不加锁的话，则会导致释放一个没有被加持的锁。

5.3.2 唤醒之后不检查判断条件

Cond 最常见的另一类错误就是 Wait 方法的调用者被 Broadcast 或 Signal 方法唤醒后，并没有检查判断条件是否得到满足就继续执行了。

谁给它的自信，被唤醒后条件就满足了？ Cond 的 Signal 和 Broadcast 方法可以被任意的 goroutine 在任意条件下调用，而 Signal 和 Broadcast 方法的调用者可没有义务帮助检查条件是否得到满足，它们只可能改变一下判断条件，条件满足与否是由 Wait 方法的调用者负责的。

还是以那个短跑比赛为例，如果把 for 循环注释掉就大错特错了：

```
c.L.Lock()
// for ready != 10 {
    c.Wait()
    log.Println(" 裁判员被唤醒一次 ")
// }
c.L.Unlock()

// 所有的运动员是否就绪
log.Println(" 所有运动员都准备就绪。砰！发令枪响，比赛开始……")
```

运行这个例子，你会发现运动员还没有准备好裁判员就击响发令枪了（见图 5.3）。这如果发生在真实的比赛中，可是一个重大事故。

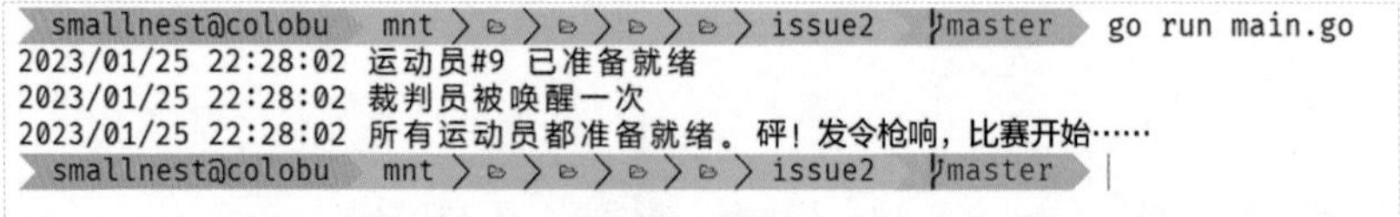

```
smallnest@colobu  mnt > ▹ > ▹ > ▹ > ▹ > issue2  master  go run main.go
2023/01/25 22:28:02 运动员#9 已准备就绪
2023/01/25 22:28:02 裁判员被唤醒一次
2023/01/25 22:28:02 所有运动员都准备就绪。砰！发令枪响，比赛开始……
smallnest@colobu  mnt > ▹ > ▹ > ▹ > ▹ > issue2  master  |
```

图 5.3　waiter 在被唤醒之后，务必要检查条件是否得到满足

5.4 在实际项目中使用 Cond 的例子

在开源项目中使用 sync.Cond 的代码少之又少，包括在标准库中原先一些使用 Cond 的代码也改成使用 channel 实现了，所以别说找与 Cond 使用相关的 bug，就是想找到一个使用 Cond 的例子都不容易。我找到了 Kubernetes 中的一个例子，我们一起来看看它是如何使用 Cond 的。

在 Kubernetes 项目中定义了优先级队列 PriorityQueue 这样一个数据结构，用来实现 Pod 的调用。它内部有三个 Pod 的队列，即 activeQ、podBackoffQ 和 unschedulableQ，其中 activeQ 就是用来调度的活跃队列（heap）。

在调用 Pop 方法时，如果这个队列为空，并且这个队列没有关闭的话，则会调用 Cond 的 Wait 方法等待。你可以看到，在调用 Wait 方法时，调用者是持有锁的，并且被唤醒时检查等待的条件（队列是否为空）。

```
// 从队列中取出一个元素
func (p *PriorityQueue) Pop() (*framework.QueuedPodInfo, error) {
    p.lock.Lock()
    defer p.lock.Unlock()
    for p.activeQ.Len() == 0 { // 如果队列为空
        if p.closed {
            return nil, fmt.Errorf(queueClosed)
        }
        p.cond.Wait() // 等待，直到被唤醒
    }
    ......
    return pInfo, err
}
```

当 activeQ 增加新的元素时，会调用 Cond 的 Broadcast 方法，通知被 Pop 方法阻塞的调用者：

```
// 增加元素到队列中
func (p *PriorityQueue) Add(pod *v1.Pod) error {
    p.lock.Lock()
    defer p.lock.Unlock()
    pInfo := p.newQueuedPodInfo(pod)
    if err := p.activeQ.Add(pInfo); err != nil {// 增加元素到队列中
        klog.Errorf("Error adding pod %v to the scheduling queue: %v",
            nsNameForPod(pod), err)
        return err
    }
    ......
    p.cond.Broadcast() // 通知其他等待的 goroutine，队列中有元素了

    return nil
}
```

这个优先级队列被关闭的时候，也会调用 Broadcast 方法，避免被 Pop 方法阻塞的调用者永远被阻塞：

```
func (p *PriorityQueue) Close() {
```

```
    p.lock.Lock()
    defer p.lock.Unlock()
    close(p.stop)
    p.closed = true
    p.cond.Broadcast() // 关闭时通知等待的goroutine，避免它们永远在等待
}
```

这是一个使用 Cond 的典型例子，并发队列也是使用 Cond 最多的场景之一。等你将来学习了 channel，可以回过头来想想，这里能不能使用 channel 来替换？为什么这里使用 Cond 更合适？

第6章　单例化利器 Once

本章内容包括：

- Once的使用方法
- Once的实现
- Once的使用陷阱

Once 可以用来执行且仅仅执行一次动作，常常被应用于单个对象的初始化场景。

单例模式是常见的设计模式之一，也是常见的面试题之一，我经常在网上看到问“Java 实现单例模式有几种”这样的问题，有的说 5 种，有的说 8 种，有的说 9 种，搞得就像“回”字有几种写法一样。那么，Go 要实现单例模式有哪些方法呢？

你可以定义包（package）级别的单例变量，例如：

```
package abc

import time

var startTime = time.Now() // 包级别的单例变量
```

或者，在 init 函数中进行单例变量的初始化：

```
package abc

var startTime time.Time

func init() {
  startTime = time.Now() // 在初始化函数中初始化单例变量
}
```

或者，在 main 函数开始执行的时候，执行一个初始化函数：

```
package abc

var startTime time.Tim

func initApp() {
    startTime = time.Now() // 用户自定义的初始化函数
}
func main() {
  initApp()
}
```

这三种方法都是线程安全的，并且后两种方法还可以根据传入的参数实现定制化的初始化操作。但很多时候是要延迟进行初始化的，所以对单例资源的初始化会使用下面的方法：

```
package main

import (
    "net"
    "sync"
```

```
    "time"
)

// 使用互斥锁保证线程（goroutine）安全
var connMu sync.Mutex
var conn net.Conn

func getConn() net.Conn {
    connMu.Lock() // 使用锁
    defer connMu.Unlock()

    // 返回已创建好的连接
    if conn != nil {
        return conn
    }

    // 创建连接
    conn, _ = net.DialTimeout("tcp", "baidu.com:80", 10*time.Second)
    return conn
}

// 使用连接
func main() {
    conn := getConn()
    if conn == nil {
        panic("conn is nil")
    }
}
```

这种方法虽然实现起来简单，但是存在性能问题。虽然已经创建好连接，但是每次请求时还是要竞争锁才能读取到这个连接。这是比较浪费资源的，因为创建好连接之后，其实就不需要锁的保护了。怎么办呢？这个时候就可以使用这一章要介绍的 Once 同步原语了。接下来将详细介绍 Once 的使用方法、实现和使用陷阱。

6.1 Once 的使用方法

sync.Once 只暴露了一个方法 Do，你可以多次调用 Do 方法，但是只有第一次调用 Do 方法时参数 f 才会执行，这里的 f 是一个无参数、无返回值的函数。

```
func (o *Once) Do(f func())
```

当且仅当第一次调用 Do 方法时参数 f 才会执行，即使第二次、第三次、…、第 n 次调用时参数 f 的值不一样，它也不会执行。比如下面的例子，虽然 f1 和 f2 是不同的函数，但是第二个函数 f2 不会执行。

```
package main

import (
    "fmt"
    "sync"
)

func main() {
    var once sync.Once

    // 第一个初始化函数
    f1 := func() {
        fmt.Println("in f1")
    }
    once.Do(f1) // 打印出“in f1”

    // 第二个初始化函数
    f2 := func() {
        fmt.Println("in f2")
    }
    once.Do(f2) // 无输出
}
```

因为这里的参数 f 是一个无参数、无返回值的函数，所以你可能会通过闭包的方式引用外面的参数。例如：

```
var addr = "baidu.com"

var conn net.Conn
var err error

once.Do(func() {
    conn, err = net.Dial("tcp", addr)
})
```

而且，在实际使用中，在绝大多数情况下，你会使用闭包的方式初始化外部的一个资源。你看，Once 的使用场景很明确，所以在标准库内部的实现中也常常能看到 Once 的身影。比如在标准库内部 cache 的实现中，就使用了 Once 初始化 cache 资源，包括 defaultDir 值的获取：

```
func Default() *Cache { // 获取默认的 cache
    defaultOnce.Do(initDefaultCache) // 初始化 cache
    return defaultCache
}

// 定义一个全局的 cache 变量，使用 Once 初始化，所以也定义了一个 Once 变量
```

```
var (
    defaultOnce  sync.Once
    defaultCache *Cache
)

func initDefaultCache() { // 初始化 cache，也就是 Once.Do 使用的函数 f
    ......
    defaultCache = c
}

// Once 初始化的其他变量，比如 defaultDir
var (
    defaultDirOnce sync.Once
    defaultDir     string
    defaultDirErr  error
)
```

标准库中还有一些在测试的时候用于初始化测试的资源（export_windows_test）：

```
// 测试 Windows 系统调用时区相关函数
func ForceAusFromTZIForTesting() {
    ResetLocalOnceForTest()
    // 使用 Once 执行一次初始化
    localOnce.Do(func() { initLocalFromTZI(&aus) })
}
```

除此之外，还有保证只调用一次 copyenv 的 envOnce，strings 包下的 Replacer，time 包中单元测试的 localOnce，Go 拉取库时的 proxy、net.pipe、crc64、Regexp……数不胜数。这里重点介绍很值得我们学习的 math/big/sqrt.go 中实现的一个数据结构 threeOnce，它通过 Once 封装了一个只初始化一次的值：

```
// 值是 3.0 或者 0.0 的一个数据结构
var threeOnce struct {
    sync.Once
    v *Float
}

// 返回此数据结构的值。如果还没有初始化为 3.0，则初始化
func three() *Float {
    threeOnce.Do(func() { // 使用 Once 初始化
        threeOnce.v = NewFloat(3.0)
    })
    return threeOnce.v
}
```

这个数据结构将 sync.Once 和 *Float 封装成一个对象，提供了只初始化一次的值 v。

你看它的 three 方法的实现，虽然每次都调用了 threeOnce.Do 方法，但是其参数只会被调用一次。

在 2023 年 8 月发布的 Go 1.21.0 版本中，又新增加了 OnceFunc、OnceValue、OnceValues 三个辅助函数，可以帮助我们更方便地使用 sync.Once。

使用 Once 的时候，你也可以尝试采用这种结构，将值和 Once 封装成一个新的数据结构，提供只初始化一次的值。

总结：Once 常常用来初始化单例资源，或者并发访问只需要初始化一次的共享资源，或者在测试时初始化一次测试资源。

6.2 Once 的实现

很多人认为实现一个如 Once 一样的同步原语很简单，只需要使用一个 flag 标记是否初始化过即可，最多是使用 atomic 原子操作这个 flag。比如下面的实现：

```
type Once struct {
    done uint32
}

func (o *Once) Do(f func()) {
    // 虽然控制只有一个 goroutine 执行 f，但是可能会导致一些 goroutine 以为初始化完成了
    if !atomic.CompareAndSwapUint32(&o.done, 0, 1) {
        return
    }
    f()
}
```

这确实是一种实现方式，但是这种实现有一个很大的并发问题。

如果 f 执行得很慢，还没来得及返回，另一个 goroutine 就调用了 Do 方法，虽然这个 goroutine 看到 done 已经被设置为 1，但是在获取某些初始化资源时可能会得到空的资源，因为 f 还没有执行完。

我们使用下面这段代码来测试这个 Once 的实现：

```
func main() {
    var o Once

    initM := func() {
        time.Sleep(2 * time.Second)
        m = make(map[int]int)
    }
    go o.Do(initM) // 并发初始化
```

```
    time.Sleep(time.Second)
    o.Do(initM)
    m[1] = 1

}
```

结果发现，虽然我们信心满满地调用 Do 方法，但实际变量 m 还是没有被初始化，从而导致 panic（为一个值为 nil 的 map 设置键值对）（见图 6.1）。

```
 smallnest@colobu  mnt > ▹ > ▹ > ▹ > ▹ > issue1  ᚴmaster  go run main.go
panic: assignment to entry in nil map

goroutine 1 [running]:
main.main()
        /mnt/e/2022book/concurrency-programming-via-go-code/ch6/issue1/main.go:22 +0×e5
exit status 2
 smallnest@colobu  mnt > ▹ > ▹ > ▹ > ▹ > issue1  ᚴmaster  |
```

图 6.1　在并发情况下，map 可能还没有被初始化

Go 官方的 Once 实现如下（寥寥几行代码）：

```
type Once struct {
    done uint32
    m    Mutex
}
func (o *Once) Do(f func()) {
    if atomic.LoadUint32(&o.done) == 0 { // ① 如果还没有初始化，则进入 doSlow，否则直接返回
        o.doSlow(f)
    }
}
func (o *Once) doSlow(f func()) {
    o.m.Lock()  // ② 加锁
    defer o.m.Unlock() // ③ 最后释放锁
    if o.done == 0 { // ④ 双重检查，获取到锁后检查是否同时已经有 goroutine 初始化了
        defer atomic.StoreUint32(&o.done, 1) // ⑤ 最后更改 done 的值，表明已经初始化
        f() // 调用初始化函数
    }
}
```

当然，与其他同步原语的套路一样，在 Once 的实现中，Do 方法只保留了简单的快速路径（也就是初始化完成的逻辑），把慢速路径（第一次初始化）的逻辑抽取成 doSlow，这样方便内联，提高性能。

Once 使用一个互斥锁，这样在初始化时如果有并发的 goroutine，它就会利用互斥锁的机制保证只有一个 goroutine 进行初始化，同时利用双重检查（double-checking）机制，再次判断 o.done 的值是否为 0；如果为 0，则表示是第一次执行，执行完毕后，就将 o.done

的值设置为 1，然后释放锁。即使此时有多个 goroutine 同时进入了 Do 方法，因为存在双重检查机制，后续的 goroutine 会看到 o.done 的值为 1，也不会再次执行 f。这样既保证了并发的 goroutine 会等待 f 完成，又不会多次执行 f。

6.3 Once 的使用陷阱

虽然 Once 的实现简单，但是有时候也会出现意想不到的陷阱，下面就介绍两个。

6.3.1 死锁

你已经知道了 Do 方法会执行一次 f，但是如果在 f 中再次调用这个 Once 的 Do 方法，就会导致死锁的出现。这还不是无限递归的情况，而是 Lock 的一次递归调用导致的死锁。

```
func main() {
    var once sync.Once
    once.Do(func() {
        once.Do(func() { // 不要递归调用！不要递归调用！不要递归调用！
            fmt.Println(" 初始化 ")
        })
    })
}
```

当然，想要避免这种情况的出现，就不要在参数 f 中调用当前的这个 Once，不管是直接调用还是间接调用。

6.3.2 未初始化

如果函数 f 执行的时候出现了 panic，或者 f 执行初始化资源的时候失败了，此时 Once 还是会认为初次执行已经成功，即使再次调用 Do 方法，也不会再次执行 f。

比如下面的例子，由于一些防火墙的原因，googleConn 并没有被正确地初始化，后面如果想当然地认为既然执行了 Do 方法，那么 googleConn 就已经初始化的话，则会抛出空指针的错误。

```
func main() {
    var once sync.Once
    var googleConn net.Conn // 到 Google 网站的一个连接

    once.Do(func() {
        // 建立到 google.com 的连接，有可能因为网络的原因，googleConn 并没有建立成功，
此时它的值为 nil
```

```
        googleConn, _ = net.Dial("tcp", "google.com:80")
    })
    // 发送 HTTP 请求
    googleConn.Write([]byte("GET / HTTP/1.1\r\nHost: google.com\r\n Accept:
*/*\r\n\r\n"))
    io.Copy(os.Stdout, googleConn)
}
```

即使执行过 Once.Do 方法，也可能会因为函数执行失败而未初始化资源，并且以后也没有机会再次初始化资源了，这种初始化未完成的问题该怎么解决呢？

这里告诉你一招，你可以自己实现一个类似于 Once 的同步原语，它既可以返回当前调用 Do 方法是否正确完成的信息，也可以在初始化失败后调用 Do 方法再次尝试初始化，直到初始化成功。

```
// 一个功能更加强大的 Once
type Once struct {
    done uint32
    m    sync.Mutex
}
// 传入的函数 f 有返回值 error，如果初始化失败，则需要返回失败的 error
// Do 方法会把这个 error 返回给调用者
func (o *Once) Do(f func() error) error {
    if atomic.LoadUint32(&o.done) == 1 { // 快速路径
        return nil
    }
    return o.doSlow(f)
}
// 如果还没有初始化
func (o *Once) doSlow(f func() error) error {
    o.m.Lock()
    defer o.m.Unlock()
    var err error
    if o.done == 0 { // 双重检查，还没有初始化
        err = f()
        if err == nil { // 只有初始化成功了，才会将标记置为已初始化
            atomic.StoreUint32(&o.done, 1)
        }
    }
    return err
}
```

这里所做的改变就是 Do 方法和函数 f 都会返回 error，如果 f 执行失败，则会返回这个错误信息。

对 doSlow 方法也做了调整，如果 f 调用失败，则不会更改 done 的值，这样后面的 goroutine 还会继续调用 f。只有 f 执行成功了，才会修改 done 的值为 1。

经过一番操作，我们使用 Once 得心应手多了。等等，还有一个问题，该如何查询是否初始化过呢？

目前的 Once 实现可以保证我们调用任意次数的 once.Do 方法，它只会执行这个方法一次。但是，有时候需要打上标记。如果在初始化后就去执行其他操作，标准库中的 Once 并不会告诉我们是否初始化完成了，只是让我们放心大胆地去执行 Do 方法。所以，我们还需要一个辅助变量，自己来检查是否初始化过了。比如通过下面代码中的 inited 字段：

```
type AnimalStore struct {
    once   sync.Once
    inited uint32
}
func (a *AnimalStore) Init() // 可以被并发调用
    a.once.Do(func() {
        longtimeOperation()
        atomic.StoreUint32(&a.inited, 1)
    })
}
func (a *AnimalStore) CountOfCats() (int, error) { // 另一个 goroutine
    if atomic.LoadUint32(&a.inited) == 0 { // 只有在初始化后才会执行真正的业务逻辑
        return 0, NotYetInitedError
    }
    // 一些业务
    ......
}
```

当然，通过这段代码，我们可以解决相关问题。但是，如果 Go 官方的 Once 类型有 Done 这样一个方法的话，我们就可以直接使用了。这是有人在 Go 代码库中提出的一个 issue（go#41690）。对于这类问题，一般都会建议采用其他类型，或者自己扩展来解决。我们可以尝试扩展这个同步原语：

```
// Once 是一个扩展的 sync.Once 类型，提供了一个 Done 方法
type Once struct {
    sync.Once
}

// Done 返回此 Once 是否执行过
// 如果执行过，则返回 true
// 如果没有执行过或者正在执行，则返回 false
func (o *Once) Done() bool {
    return atomic.LoadUint32((*uint32)(unsafe.Pointer(&o.Once))) == 1
```

```
}

func main() {
    var flag Once
    fmt.Println(flag.Done()) // false

    flag.Do(func() {
        time.Sleep(time.Second)
    })

    fmt.Println(flag.Done()) // true
}
```

我们还可以扩展 Once，把对初始化资源的读取和标准库中的 Once 类型结合起来：

```
func Once[T any](initializer func() T) func() T {
    var once sync.Once
    var t T // 初始化器返回的结果
    f := func() {
        t = initializer()
    }
    return func() T {
        once.Do(f)
        return t
    }
}
```

这里定义了一个 Once 函数，它提供了首次初始化资源的能力，并返回一个函数，这个函数会返回初始化的资源，也就是初始化资源的函数保证只执行一次，而且初始化后的资源还能返回供使用。

这是 carlmjohnson/syncx 提供的一种方式，有点烧脑，我们通过一个例子就容易理解了。

```
package main

import (
    "fmt"
    "sync"

    "github.com/carlmjohnson/syncx"
)

func main() {
    count := 42
    var getMoL = syncx.Once(func() int {
        count++
        return count
    })
```

```
    var wg sync.WaitGroup
    for i := 0; i < 5; i++ {
        wg.Add(1)
        go func() {
            fmt.Println(getMoL())
            wg.Done()
        }()
    }
    wg.Wait()
}
```

运行这个程序，可以看到 syncx.Once 传入的函数只被执行了一次，这一次执行导致的结果就是 count 被永久设置为 43。尽管我们多次调用 getMoL 方法，但是这个函数的返回结果都是第一次返回的值（见图 6.2）。

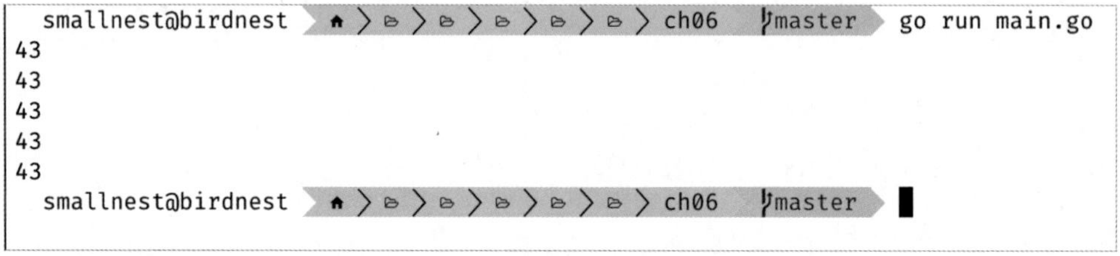

```
  smallnest@birdnest  ~ > … > ch06  master  go run main.go
43
43
43
43
43
  smallnest@birdnest  ~ > … > ch06  master  █
```

图 6.2　syncx 的例子，返回初始化的结果

这里提出一个思考题：你能为 Once 提供一个线程安全的 Reset 方法吗？

第7章 并发 map

本章内容包括：

- 内建的map
- 内建map的使用陷阱
- 使用读写锁实现线程安全的map
- sync.Map的使用方法
- sync.Map的实现
- 以分片方式实现高性能的map
- 两个lock-free map库

对于哈希表（hash table）这种数据结构，我们已经非常熟悉了。它实现的就是 key-value 之间的映射关系，主要提供的方法包括 Add、Lookup、Delete 等。因为哈希表是一种基础的数据结构，每个 key 都会有一个唯一的索引值，通过索引可以很快地找到对应的值，所以使用它进行数据的插入和读取是很快的。Go 语言本身就内建了这样一个数据结构，也就是 map 数据类型。

这一章我们先来学习 Go 语言内建的 map 类型，了解它的基本使用方法和使用陷阱，然后学习如何实现线程安全的 map 类型，最后介绍 Go 标准库中线程安全的 sync.Map 类型以及第三方库。

7.1 线程安全的 map

Go 语言内建的 map 类型如下：

```
map[K]V
```

其中，key 类型的 K 必须是可比较的（comparable），也就是可以通过 == 和 != 操作符进行比较；V 的值和类型无所谓，它可以是任意类型，或者为 nil。在 Go 语言中，bool、整数、浮点数、复数、字符串、指针、Channel、接口都是可比较的，包含可比较元素的 struct 和数组也是可比较的，而 slice、map、函数值都是不可比较的。

那么，上面这些可比较的数据类型都适合作为 map 的 key 的类型吗？答案是否定的。在通常情况下，我们会选择内建的基本类型，比如整数、字符串作为 key 的类型，因为这样最方便，值不可变，也不容易出错。而使用 struct 作为 key 的类型，如果 struct 的某个字段值被修改了，那么在查询 map 时将无法获取它添加的值。比如下面的例子：

```
type mapKey struct {
    key int
}

func main() {
    var m = make(map[mapKey]string)
    var key = mapKey{10}

    m[key] = "hello"
    fmt.Printf("m[key]=%s\n", m[key])

    // 修改 key 的字段值后再次查询 map，将无法获取刚才添加的值
    key.key = 100
    fmt.Printf("再次查询 m[key]=%s\n", m[key])
}
```

那该怎么办呢？如果使用 struct 作为 key 的类型，则要保证 struct 对象在逻辑上是不

可变的，这样才能保证 map 的逻辑没有问题。以上就是在选择 key 的类型时需要注意的地方。

接下来，我们看一下使用 map[key] 函数时需要注意的一个知识点。在 Go 语言中，map[key] 函数的返回结果可以是一个值，也可以是两个值，这是容易让人迷惑的地方。原因在于：如果获取一个不存在的 key 对应的值，则会返回零值。为了区分真正的零值和 key 不存在这两种情况，可以根据第二个返回值来判断，比如下面代码中的①行和②行：

```
func main() {
    var m = make(map[string]int)
    m["a"] = 0
    fmt.Printf("a=%d; b=%d\n", m["a"], m["b"])

    av, aexisted := m["a"] // ①
    bv, bexisted := m["b"] // ②
    fmt.Printf("a=%d, existed: %t; b=%d, existed: %t\n", av, aexisted, bv, bexisted)
}
```

将对 map 的遍历故意设置成无序的，即使同一个 map 没有发生改变，每次遍历时顺序也可能不一样。所以在遍历一个 map 对象时，迭代的元素的顺序是不确定的，这就无法保证两次遍历的顺序是一样的，也不能保证遍历的顺序和插入的顺序一致。那怎么办呢？如果想要按照 key 的顺序获取 map 的值，则需要先取出所有的 key 进行排序，然后按照排序后的 key 依次获取对应的值。而如果想要保证元素有序，比如按照元素插入的顺序进行遍历，则可以使用辅助的数据结构，比如 orderedmap，来记录插入顺序。golang/x/exp/maps 则提供了一些支持泛型的操作 map 的辅助方法。

7.1.1　使用 map 的两种常见错误

使用 map 的两种常见错误分别是未初始化和并发读 / 写。

常见错误一：未初始化

与 slice 或者 Mutex、RWMutex 等 struct 类型不同，map 对象必须在使用之前初始化。如果不初始化就直接赋值的话，则会出现 panic 异常。比如下面的例子，m 实例还没有被初始化就直接进行操作会导致 panic：

```
func main() {
    var m map[int]int // m没有被初始化
    m[100] = 100
}
```

解决办法就是在第 2 行初始化这个实例（m := make(map[int]int)）。从一个值为 nil 的 map 对象中获取值不会导致 panic，而是会得到零值，所以下面的代码不会报错：

```
func main() {
    var m map[int]int
    fmt.Println(m[100]) // 从未被初始化的 map 或者值为 nil 的 map 对象中查找 key 的值，
不会导致 panic
}
```

这个例子很简单，我们可以意识到 map 的初始化问题。但有时候 map 作为一个 struct 字段时，就很容易忘记将其初始化了：

```
type Counter struct {
    Website      string
    Start        time.Time
    PageCounters map[string]int
}

func main() {
    var c Counter //没有初始化它的字段 PageCounters
    c.Website = "baidu.com"

    c.PageCounters["/"]++
}
```

常见错误二：并发读 / 写

使用 map 类型，很容易出现的另一种错误就是并发问题。这个易错点，相当令人烦恼，如果没有注意到并发问题，程序在运行的时候就有可能出现并发读 / 写导致的 panic。

Go 内建的 map 对象不是线程（goroutine）安全的，并发读 / 写的时候运行时会有检测，遇到并发问题就会导致 panic。

我们来看一个并发访问 map 实例导致 panic 的例子。

```
func main() {
    var m = make(map[int]int,10) // 初始化一个 map
    go func() {
        for {
            m[1] = 1 //设置 key，并发写
        }
    }()

    go func() {
        for {
            _ = m[2] //访问这个 map，并发读
        }
    }()
    select {}
}
```

虽然这段代码看起来是读 / 写 goroutine 各自操作不同的元素，貌似 map 也没有扩容的问题，但是运行时检测到对 map 对象有并发访问，于是就会直接报出 panic。panic 信息会告诉我们代码中哪一行有读 / 写问题，根据这个错误信息就能快速定位到哪一个 map 对象在哪里出了问题。图 7.1 显示了对 map 并发读 / 写导致的 panic。

```
 smallnest@birdnest > ... > map_err1  master  go run main.go
fatal error: concurrent map read and map write

goroutine 34 [running]:
main.main.func2()
        /Users/smallnest/go/src/github.com/smallnest/concurrency-programming-via-go-code/ch07/map_err1/main.go:13 +0x30
created by main.main
        /Users/smallnest/go/src/github.com/smallnest/concurrency-programming-via-go-code/ch07/map_err1/main.go:11 +0x90

goroutine 1 [select (no cases)]:
main.main()
        /Users/smallnest/go/src/github.com/smallnest/concurrency-programming-via-go-code/ch07/map_err1/main.go:16 +0x94

goroutine 33 [runnable]:
main.main.func1()
        /Users/smallnest/go/src/github.com/smallnest/concurrency-programming-via-go-code/ch07/map_err1/main.go:7 +0x30
created by main.main
        /Users/smallnest/go/src/github.com/smallnest/concurrency-programming-via-go-code/ch07/map_err1/main.go:5 +0x60
exit status 2
 smallnest@birdnest > ... > map_err1  master  ERROR
```

图 7.1　并发读 / 写 map 导致的 panic

对 map 的并发迭代访问和写也会导致 panic：

```go
package main

func main() {
    var m = make(map[int]int, 10) // 初始化一个 map
    go func() {
        for {
            m[1] = 1 // 设置 key，并发写
        }
    }()

    go func() {
        for {
            for k, v := range m { // 遍历，并发读
                _, _ = k, v
            }
        }
    }()

    select {}
}
```

运行这段代码，报出的错误和上面的那个例子是不同的，这里提示有并发的 map 遍历和写，但它也属于对 map 并发读 / 写导致的问题（见图 7.2）。

```
smallnest@birdnest  map_err2  master  go run main.go
fatal error: concurrent map iteration and map write

goroutine 18 [running]:
main.main.func2()
        /Users/smallnest/go/src/github.com/smallnest/concurrency-programming-via-go-code/ch07/map_err2/main.go:13 +0x68
created by main.main
        /Users/smallnest/go/src/github.com/smallnest/concurrency-programming-via-go-code/ch07/map_err2/main.go:11 +0x90

goroutine 1 [select (no cases)]:
main.main()
        /Users/smallnest/go/src/github.com/smallnest/concurrency-programming-via-go-code/ch07/map_err2/main.go:19 +0x94
```

图 7.2　并发迭代访问和写 map 导致的 panic

这种错误非常常见，是几乎每个人都会踩到的坑。其实，不只是我们在写代码时容易犯这种错误，在一些知名项目中也屡次出现这个问题，比如 **docker#40772**，在删除 map 对象的元素时忘记了加锁（见图 7.3）。

```
2 builder/builder-next/builder.go
@@ -240,7 +240,9 @@ func (b *Builder) Build(ctx context.Context, opt backend.BuildConfig) (*builder.
240 240                 }
241 241
242 242                 defer func() {
    243 +                       b.mu.Lock()
243 244                         delete(b.jobs, buildID)
    245 +                       b.mu.Unlock()
244 246                 }()
245 247         }
246 248
```

图 7.3　没有加锁导致的并发读 / 写 bug

Docker issue 40772，以及 Docker issue 35588、34540、39643 等，也都有并发读 / 写 map 的问题。除了在 Docker 中，Kubernetes issue 84431、72464、68647、64484、48045、45593、37560 等，以及 TiDB issue 14960、17494 等，也出现了这种错误。这么多人都会踩到的坑，有解决方案吗？肯定有。接下来，我们就继续介绍如何解决内建 map 的并发读 / 写问题。

7.1.2　加读写锁：扩展 map，支持并发读 / 写

避免 map 并发读 / 写 panic 的方法之一就是加锁。考虑到读 / 写性能，可以使用读写锁以提高性能。

下面实现了一个支持泛型的线程安全的 map，读 / 写通过读写锁进行保护。

```
type RWMap[K comparable, V any] struct { // 一个读写锁保护的线程安全的 map
    sync.RWMutex // 读写锁保护下面的 map 字段
    m            map[K]V
}
```

```
// 新建一个 RWMap
func NewRWMap[K comparable, V any](n int) *RWMap[K, V] {
    return &RWMap[K, V]{
        m: make(map[K]V, n),
    }
}

func (m *RWMap[K, V]) Get(k K) (V, bool) { // 从 map 中读取一个值
    m.RLock()
    defer m.RUnlock()
    v, existed := m.m[k] // 在锁的保护下从 map 中读取
    return v, existed
}

func (m *RWMap[K, V]) Set(k K, v V) { // 设置一个键值对
    m.Lock() // 锁保护
    defer m.Unlock()
    m.m[k] = v
}

func (m *RWMap[K, V]) Delete(k K) { // 删除一个键
    m.Lock() // 锁保护
    defer m.Unlock()
    delete(m.m, k)
}

func (m *RWMap[K, V]) Len() int { // map 的长度
    m.RLock() // 锁保护
    defer m.RUnlock()
    return len(m.m)
}

func (m *RWMap[K, V]) Each(f func(k K, v V) bool) { // 遍历 map
    m.RLock() // 在遍历期间一直持有读锁
    defer m.RUnlock()

    for k, v := range m.m {
        if !f(k, v) {
            return
        }
    }
}
```

正如这段代码所示，对 map 对象的操作，无非就是增删改查和遍历等几种常见操作。我们可以把这些操作分为读和写两类，其中查询和遍历可以被看作读操作，增加、修改和删除可以被看作写操作。正如例子所示，我们可以通过读写锁对相应的操作进行保护。

唯一让人不太爽的地方就是不能使用 for-range 进行遍历，但是它提供了 Each 方法进行安全的遍历。

在不考虑性能的情况下，这个 map 提供了很好的线程保护能力，而且通过读写锁，对于多读少写的场景也能进行性能优化，只不过每次操作都要请求锁，着实让人对性能担心。

Go 官方在 Go 1.9 中增加了一个线程安全的 map，也就是 sync.Map，在一些场景中使用它可以提高性能。

7.2 sync.Map 的使用方法

sync.Map 并不是用来替换内建的 map 类型的，它只能被应用在一些特殊的场景中。这些特殊的场景是什么呢？官方文档中指出，在以下两个场景中使用 sync.Map，会比使用 map+RWMutex 的方式性能好得多：

- 在只会增长的缓存系统中，一个 key 只被写入一次而被读很多次。
- 多个 goroutine 为不相交（disjoint）的键集读、写和重写键值对。

这两个场景说得都比较笼统，而且其中还包含了一些特殊情况。所以，官方建议你针对自己的场景做性能评测，如果确实能够显著提高性能，则再使用 sync.Map。

这么来看，我们能用到 sync.Map 的场景确实不多。即使是 sync.Map 的作者 Bryan C. Mills，也很少使用 sync.Map。即便在使用 sync.Map 的时候，也是需要临时查询它的 API，才能清楚地记住它的功能的。所以，我们可以把 sync.Map 看成一个在生产环境中很少使用的同步原语。

sync.Map 提供了 9 个方法，我们可以把它们归为三类。

- 读操作
  - Load(key any) (value any, ok bool)：读取一个键对应的值。
  - Range(f func(key, value any) bool)：遍历 map。
- 写操作
  - Store(key, value any)：存储或者更新一个键。
  - Delete(key any)：删除一个键。
  - Swap(key, value any) (previous any, loaded bool)：替换一个键，并把以前的结果返回。如果这个键不存在，则 loaded 返回 false，但新值还是设置成功了。
- 读 / 写操作
  - CompareAndDelete(key, old any) (deleted bool)：如果所提供的值和旧值相等，则删除这个键。

- CompareAndSwap(key, old, new any) bool：CAS 操作，如果所提供的值和旧值相等，则设置新值。
- LoadAndDelete(key any) (value any, loaded bool)：返回并删除一个键，如果这个键不存在，则 loaded 返回 false。
- LoadOrStore(key, value any) (actual any, loaded bool)：返回一个键，如果这个键不存在，则 loaded 返回 false，并返回所提供的值，否则返回以前的值。

下面是一个测试 sync.Map 的例子。

```
package main

import (
    "fmt"
    "sync"
)

func main() {
    var wg sync.WaitGroup
    var m sync.Map

    // 并发写
    wg.Add(5)
    for i := 0; i < 5; i++ {
        i := i
        go func() {
            m.Store(i, fmt.Sprintf("test #%d", i))
            wg.Done()
        }()
    }
    wg.Wait()
    fmt.Println("store done.")

    // 并发读
    wg.Add(5)
    for i := 0; i < 5; i++ {
        i := i
        go func() {
            t, _ := m.Load(i)
            fmt.Println("for loop: ", t)
            wg.Done()
        }()
    }
    wg.Wait()

    // 遍历，也是线程安全的
```

```
    m.Range(func(k, v interface{}) bool {
        fmt.Println("range (): ", v)
        return true
    })
}
```

7.3 sync.Map 的实现

sync.Map 是怎么实现的呢？它是如何解决并发问题，提升性能的呢？其实 sync.Map 的实现有几个优化点，这里先列出来，我们后面慢慢分析。

- 以空间换时间。通过冗余的两个数据结构（只读的 read 字段、可写的 dirty 字段），来减少加锁对性能的影响。
- 对只读字段（read）的操作不需要加锁。优先从 read 字段读取、更新、删除，因为对 read 字段的读取不需要加锁。
- 动态调整。未命中次数多了之后，将 dirty 数据提升为 read 数据，避免总是从 dirty 中加锁读取。
- 双重检查。加锁之后，还要再检查 read 字段，确定所查询的键值真的不存在，才操作 dirty 字段。
- 延迟删除。删除一个键值只是打上标记，只有在创建 dirty 字段的时候才释放这个键，然后，只有在 dirty 数据被提升为 read 数据的时候，read 字段才释放这个键。

要理解 sync.Map 的这些优化点，我们还是得深入探讨它的设计和实现，学习它的处理方式。我们先看一下 map 的数据结构。

```
type Map struct {
    mu Mutex // 万不得已才使用的锁

    // 实际上是一个“只读”的 map，访问它的元素不需要加锁，所以很快
    read atomic.Pointer[readOnly]

    // 包含 map 中所有的元素，包括新增的元素
    // 访问 dirty 字段必须加锁，当未命中达到一定的次数后会把它转为 read 字段
    dirty map[any]*entry

    // 未命中次数表示有多少次是未命中的，即使是不存在的元素
    misses int
}

type readOnly struct {
```

```
    m          map[any]*entry
    amended bool // 如果有dirty数据，则返回true(有些数据只在dirty字段中，不在这个m中)
}

// expunged 标记一个键值对已经从 dirty 字段中删除了，将它的值暂时设置为 expunged 这个值
// 标识出来
var expunged = new(any)

// entry 代表一个键值
type entry struct { p unsafe.Pointer}
```

注意，在上面的代码注释中，对“只读”是加了引号的，以充分显示我们的严谨和智慧，避免抬杠。其实更新或者删除 readonly 元素也是可以的，都不涉及锁。

如果 dirty 字段非 nil 的话，map 的 read 字段和 dirty 字段将会包含相同的非 expunged 的项。所以，如果通过 read 字段更改了这个项的值，从 dirty 字段中也会读取到这个项的新值，因为本来它们指向的就是同一个地址。

dirty 字段包含重复项的好处就是，一旦未命中次数达到阈值，需要将 dirty 数据提升为 read 数据的话，只需简单地把 dirty 对象设置为 read 对象即可。不好的一点就是，当创建新的 dirty 对象时，需要逐条遍历 read 数据，把非 expunged 的项复制到 dirty 对象中。

接下来，我们就深入源码来看看 sync.Map 的实现。在看这部分源码的过程中，只要重点关注 Swap、Load 和 Delete 这三个核心方法就可以了。Swap、Load 和 Delete 这三个核心方法都是从 read 字段开始处理的，因为读取 read 字段不用加锁。本来我们更应该关注 Store 方法，但它只是对 Swap 方法的一个封装：

```
func (m *Map) Store(key, value any) {
    _, _ = m.Swap(key, value)
}
```

7.3.1 Swap 方法

我们先来看 Swap 方法，它用来设置一个键值对，或者更新一个键值对。

```
func (m *Map) Swap(key, value any) (previous any, loaded bool) {
    read := m.loadReadOnly() // ①
    if e, ok := read.m[key]; ok { // ②
        if v, ok := e.trySwap(&value); ok { // ③
            if v == nil {
                return nil, false
            }
            return *v, true
        }
    }
```

```
    m.mu.Lock() // ④
    read = m.loadReadOnly() // ⑤
    if e, ok := read.m[key]; ok { // ⑥
        if e.unexpungeLocked() {
            m.dirty[key] = e
        }
        if v := e.swapLocked(&value); v != nil {
            loaded = true
            previous = *v
        }
    } else if e, ok := m.dirty[key]; ok { // ⑦
        if v := e.swapLocked(&value); v != nil {
            loaded = true
            previous = *v
        }
    } else { //⑧
        if !read.amended { // ⑨
            m.dirtyLocked() // ⑩
            m.read.Store(&readOnly{m: read.m, amended: true})
        }
        m.dirty[key] = newEntry(value)
    }
    m.mu.Unlock()
    return previous, loaded
}
```

①行读取 read 字段，原子操作，没有使用到锁 mu。

②行检查 read 字段是否包含这个 key，如果包含，则直接尝试交换（③行；如果键不存在，那就是新增了）。注意，这里还是对 read 字段的操作，虽然是写操作，但是不需要加锁。

如果 read 字段不存在，那么还要检查 dirty 字段。这个时候就需要在④行加锁了，一旦进入这里，性能可能就会受到影响。

⑤行再次读取 read 字段，要进行双重检查。

⑥行进行双重检查，如果此时 read 字段已经包含这个 key，则进行更新或者交换。

⑦行处理只存在于 dirty 字段中的键，这个时候交换就好。

⑧行是 read 字段和 dirty 字段都不存在的场景，这是新的键，直接加到 dirty 字段中就好。但这个时候 dirty 字段可能是空的，需要把 dirty 字段建立起来，也就是从 read 字段中读取现有的数据，包括删除的 key 要被标记成 expunged。dirty 字段建立好后，把 read.amended 设置为 true。之后，在 dirty 字段中加入这个键值对。

从实现来看，sync.Map 适合那些新增的键很少，但是查询和更新很频繁的缓存系统。

7.3.2 Load 方法

Load 方法用来读取一个 key 对应的值。它也是从 read 字段开始处理的，一开始并不需要加锁。

```
func (m *Map) Load(key any) (value any, ok bool) {
    read := m.loadReadOnly()
    e, ok := read.m[key]
    if !ok && read.amended { // ①
        m.mu.Lock()
        read = m.loadReadOnly()
        e, ok = read.m[key]
        if !ok && read.amended { // ②
            e, ok = m.dirty[key]
            m.missLocked() // ③
        }
        m.mu.Unlock()
    }
    if !ok {
        return nil, false
    }
    return e.load()
}

func (m *Map) missLocked() {
    m.misses++
    if m.misses < len(m.dirty) { // ④
        return
    }
    m.read.Store(&readOnly{m: m.dirty}) // ⑤
    m.dirty = nil
    m.misses = 0
}
```

①行是键不在 read 字段中的场景，否则直接读取出来返回。

如果键不在 read 字段中，则需要检查 dirty 字段，这个时候就要加锁。这时还要进行双重检查。再次检查 read 字段，如果其中存在键的话，则直接读取出来返回；否则，在②行进行检查。

如果 dirty 字段中存在键，那么也是读取出来返回，否则就的确不存在了。只要进入 dirty 字段中，misses 就会加 1。

misses 增加后，需要看它是否达到了阈值，如果达到了 dirty 字段的数量，则认为未命中次数太多了，会影响性能，就在⑤行处把 dirty 数据提升为 read 数据，然后将 dirty 字段置为 nil，将 misses 置为 0，重新开始。

7.3.3 Delete 方法

sync.Map 的第三个核心方法是 Delete。在 Go 1.15 中，欧长坤博士提供了一个 LoadAndDelete 的实现（go#issue 33762），所以 Delete 方法的核心改在 LoadAndDelete 中实现了。

同样地，LoadAndDelete 方法也是从 read 字段开始处理的，原因我们已经知道了，就是不需要加锁。

```
func (m *Map) LoadAndDelete(key any) (value any, loaded bool) {
    read := m.loadReadOnly()
    e, ok := read.m[key]
    if !ok && read.amended {
        m.mu.Lock()
        read = m.loadReadOnly()
        e, ok = read.m[key]
        if !ok && read.amended {
            e, ok = m.dirty[key]
            delete(m.dirty, key)
            m.missLocked()
        }
        m.mu.Unlock()
    }
    if ok {
        return e.delete()
    }
    return nil, false
}
```

这个方法的实现几乎和 Load 方法一样，处理流程完全一致，只不过它把先前的读取数据改成了删除数据。

最后，补充一点，sync.Map 还有 LoadAndDelete、LoadOrStore、Range 等辅助方法，但是没有像 Len 这样的查询 sync.Map 包含的项目数量的方法，并且官方也不准备提供。如果你想得到 sync.Map 的项目数量的话，则可能不得不通过 Range 逐个计数。

7.4 分片加锁：更高效的并发 map

虽然使用读写锁可以提供线程安全的 map，但是在有大量并发读 / 写的情况下，对锁的竞争会非常激烈。锁是性能下降的“万恶之源”之一。

在并发编程中，我们遵循的一条原则就是尽量减少锁的使用。一些单线程的应用（比如 Redis 等），基本上不需要使用锁来解决并发线程访问的问题，所以可以获得很好的性能。但是对于使用 Go 语言开发的应用程序来说，并发是常用的一个特性，我们能做的就是尽量减小锁的粒度和减少对锁的持有时间。

你可以优化业务处理代码，以此来减少对锁的持有时间，比如将串行的操作变成并行的子任务执行。不过，这就是另外的故事了，这里还是主要讲解对同步原语的优化，所以重点讲解如何减小锁的粒度。

减小锁的粒度常用的方法就是分片（shard），将一个锁分成多个锁，每个锁都控制一个分片。Go 比较知名的分片并发 map 的实现是 orcaman/concurrent-map。

这个库最新的版本已经支持泛型了。

它默认采用 32 个分片，GetShard 是一个关键的方法，能够根据 key 计算出分片索引。

```
var SHARD_COUNT = 32

type Stringer interface {
    fmt.Stringer
    comparable
}

// 分成 SHARD_COUNT 个分片的 map
type ConcurrentMap[K comparable, V any] struct {
    shards   []*ConcurrentMapShared[K, V]
    sharding func(key K) uint32
}

// 每个分片
type ConcurrentMapShared[K comparable, V any] struct {
    items        map[K]V
    sync.RWMutex
}

// 创建一个新的 ConcurrentMap
func create[K comparable, V any](sharding func(key K) uint32) ConcurrentMap[K, V] {
    m := ConcurrentMap[K, V]{
        sharding: sharding,
        shards:   make([]*ConcurrentMapShared[K, V], SHARD_COUNT),
    }
    // 初始化每个分片
    for i := 0; i < SHARD_COUNT; i++ {
        m.shards[i] = &ConcurrentMapShared[K, V]{items: make(map[K]V)}
    }
    return m
}

// 键类型是字符串
func New[V any]() ConcurrentMap[string, V] {
    return create[string, V](fnv32)
}

func NewStringer[K Stringer, V any]() ConcurrentMap[K, V] {
    return create[K, V](strfnv32[K])
}
```

```
// 键可以是任意comparable，但是需要提供一个分片方法，决定将key落到哪个分片上
func NewWithCustomShardingFunction[K comparable, V any](sharding func(key K)
uint32) ConcurrentMap[K, V] {
    return create[K, V](sharding)
}
```

不过，目前的实现有一个小小的缺陷：要么 key 只能是字符串，要么需要提供一个分片方法。其实可以加强一下，学习标准库中的 map 处理方式，只提供一种简单的创建方式就好了，且更易于使用。

在增加或者查询的时候，首先根据分片索引得到分片对象，然后对分片对象加锁进行操作。

```
func (m ConcurrentMap[K, V]) Set(key K, value V) {
    // 先得到分片
    shard := m.GetShard(key)
    shard.Lock() // 获取这个分片的锁
    shard.items[key] = value
    shard.Unlock()
}

func (m ConcurrentMap[K, V]) Get(key K) (V, bool) {
    // 先得到分片
    shard := m.GetShard(key)
    shard.RLock()
    // 从这个分片中查找
    val, ok := shard.items[key]
    shard.RUnlock()
    return val, ok
}

// 把每个分片的数量累加起来，就是当前元素的数量
// 当然，元素的数量是动态变化的，当你得到返回结果的时候数量可能已经改变了
func (m ConcurrentMap[K, V]) Count() int {
    count := 0
    for i := 0; i < SHARD_COUNT; i++ {
        shard := m.shards[i]
        shard.RLock()
        count += len(shard.items)
        shard.RUnlock()
    }
    return count
}
```

当然，除了 GetShard 方法，ConcurrentMap 还提供了很多其他方法，这些方法都是通

过计算相应的分片实现的，目的是保证把锁的粒度控制在分片上。

7.5 lock-free map

cornelk/hashmap 提供了一个 lock-free 线程安全的 map，其声称要提供最快的读访问。

这个 lock-free map 现在也支持泛型，而且官方也说了，它被使用在特定的场景中，在写很繁忙的情况下，写的性能是比较差的。

它的使用也很简单：

```
m := New[uint8, int]()
m.Set(1, 123)
value, ok := m.Get(1)
```

比如，使用它在 HTTP 服务端统计 URL 的请求数：

```
m := New[string, *int64]()
var i int64
counter, _ := m.GetOrInsert("api/123", &i) // 读取此 api 的统计数
atomic.AddInt64(counter, 1) // 统计数加 1
...
count := atomic.LoadInt64(counter) // 读取这个统计数
```

alphadose/haxmap 提供了另一个 lock-free 线程安全的 map，也支持泛型，号称最快、最节省内存的 map 实现（这两个库都说自己是最快的，验证就交给你了。如果你准备使用这两个 map 或者其他的 map 实现，那么必做的一件事情就是根据自己的场景编写基准测试）。

下面的例子演示了这个库的使用。

```
package main

import (
    "fmt"

    "github.com/alphadose/haxmap"
)

func main() {
    // 初始化一个 haxmap
    mep := haxmap.New[int, string]()

    // 设置一个键值对
    mep.Set(1, "one")

    // 读取一个键
    val, ok := mep.Get(1)
```

```
    if ok {
        println(val)
    }

    mep.Set(2, "two")
    mep.Set(3, "three")
    mep.Set(4, "four")

    // 遍历
    mep.ForEach(func(key int, value string) bool {
        fmt.Printf("Key -> %d | Value -> %s\n", key, value)
        return true
    })

    mep.Del(1) // 删除一个键
    mep.Del(0) // 再删除一个键

    // 批量删除
    mep.Del(2, 3, 4)

    // 元素数量
    if mep.Len() == 0 {
        println("cleanup complete")
    }
}
```

它也提供了一些其他的辅助方法，你可以通过 go doc 查看文档来了解。

第8章　池Pool

本章内容包括：

- sync.Pool的使用方法
- sync.Pool的实现
- sync.Pool的使用陷阱
- 连接池
- goroutine/worker池

Go 是一种有自动垃圾回收机制的编程语言，采用三色并发标记算法标记对象并回收。和其他没有自动垃圾回收机制的编程语言不同，使用 Go 语言创建对象时，我们没有回收/释放的心理负担，想创建对象就创建，想用对象就用。

但是，如果想使用 Go 语言开发一个高性能的应用程序，就必须考虑垃圾回收给性能带来的影响，毕竟 Go 的自动垃圾回收机制有一个 STW（stop-the-world，程序暂停）的时间，而且在堆上大量地创建对象，也会影响垃圾回收标记的时间。所以，我们在做性能优化时，通常会采用对象池的方式，把不用的对象回收起来，避免被垃圾回收，这样使用时就不必在堆上重新创建对象了。

不仅如此，像数据库连接、TCP 的长连接等，这些连接的创建也是一个非常耗时的操作。如果每次使用时都创建一个新的连接，则很可能整个业务的很多时间都花在了创建连接上。所以，如果能把这些连接保存下来，避免每次使用时都重新创建，则不仅可以大大减少业务的耗时，还能提高应用程序的整体性能。

这种模式被称为对象池设计模式（object pool pattern）。一个对象池包含一组已经初始化过且可以重复使用的对象，池的用户可以从池子中获得对象，对其进行操作处理，并在不需要的时候归还给池子，而非直接销毁它。

若初始化对象的代价很高，且经常需要实例化对象，但实例化的对象数量较少，那么使用对象池可以显著提升性能。从池子中获得对象的时间是可预测的且时间花费较少，而新建一个实例所需的时间是不确定的，可能时间花费较多。

Go 标准库中提供了一个通用的 Pool 数据结构，也就是 sync.Pool，我们使用它可以创建池化的对象。本章将详细介绍 sync.Pool 的使用方法、实现以及使用陷阱，帮助你全方位掌握 Pool 类型。

不过，Pool 类型也有一些使用起来不太方便的地方，比如它**池化的对象可能会被垃圾回收**，这对于数据库长连接等场景是不合适的。所以在这一章中，将会专门介绍一些其他的池，包括 TCP 连接池、数据库连接池等。

此外，本章还会专门介绍一个池的应用场景：worker 池，或者叫作 goroutine 池。这也是常用的一种并发模式，可以使用有限的 goroutine 资源来处理大量的业务数据。

8.1 sync.Pool 的使用方法

首先，我们来介绍 Go 标准库中提供的 sync.Pool 数据类型。

sync.Pool 数据类型用来保存一组可独立访问的“临时”对象。请注意这里加引号的“临时”两个字，它说明了 sync.Pool 这个数据类型的特点——其池化的对象会在未来某个时候被毫无预兆地移除。而且，如果没有别的对象引用这个要被移除的对象，该对象就会被垃圾回收。

因为 Pool 可以有效地减少对新对象的申请，从而提高程序性能，所以 Go 内部库中也用到了 sync.Pool。比如 fmt 包，它会使用一个动态大小的 buffer 池做输出缓存，当大量的 goroutine 并发输出的时候，就会创建比较多的 buffer，并且在不需要的时候被回收。

有两个知识点你需要记住：

- sync.Pool 本身就是线程安全的，多个 goroutine 可以并发地调用它的方法存取对象。
- sync.Pool 不可在使用之后再复制使用。这和对大部分同步原语的要求是一样的，因为它们都是有状态的对象。

其实，这个数据类型学习起来也不难，它只提供了三个对外的方法：New、Get 和 Put。

1. New：创建对象

这里的 New 不是创建 Pool 类型的对象的方法，而是 Pool 对象创建其池化对象的方法。因为只有定义了创建池化对象的方法，它才能在需要的时候创建对象。

Pool struct 包含一个 New 字段，这个字段的类型是函数 func() interface{}。当调用 Pool 的 Get 方法从池中获取对象时，如果没有更多空闲的对象可用，就会调用 New 方法创建新的对象。如果没有设置 New 字段，当没有更多空闲的对象可返回时，Get 方法将返回 nil，表明当前没有可用的对象。

Pool 不需要初始化，你可以使用它的零值。

2. Get：获取对象

如果调用 Get 方法，就会从池子中取走一个对象。这就意味着这个对象会被从池子中移除，返回给调用者。不过，除了返回值是正常实例化的对象，Get 方法的返回值还可能是 nil（Pool.New 字段没有设置，又没有空闲的对象可返回），所以在使用的时候可能需要判断。

3. Put：返还对象

Put 方法用于将一个对象返还给 Pool，Pool 会把这个对象保存到池子中，并且可以复用。但如果返还的是 nil，Pool 就会忽略这个值。

如果你想弃用一个对象，不再重用它，很简单，不要再调用 Put 方法返还即可。

下面的代码是一个池化 http.Client 的例子。

```
package main

import (
    "fmt"
```

```
    "net/http"
    "sync"
    "time"
)

func main() {
    var p sync.Pool // 创建一个对象池
    p.New = func() interface{} { //对象创建的方法
        return &http.Client{
            Timeout: 5 * time.Second,
        }
    }

    var wg sync.WaitGroup
    wg.Add(10) // 使用 10 个 goroutine 测试从对象池中获取对象和放回对象
    go func() {
        for i := 0; i < 10; i++ {
            go func() {
                defer wg.Done()
                c := p.Get().(*http.Client) // 获取一个对象，如果不存在，就新创建一个
                defer p.Put(c) // 使用完毕后放回池子，以便重用

                resp, err := c.Get("https://bing.com")
                if err != nil {
                    fmt.Println("failed to get bing.com:", err)
                    return
                }

                resp.Body.Close()
                fmt.Println("got bing.com")
            }()
        }
    }()

    wg.Wait()
}
```

在这个例子中，我们为 New 定义了创建 http.Client 的方法，然后启动 10 个 goroutine 使用 http.Client 来访问一个网址。在访问网址时，首先从池子中获取一个 http.Client 对象，使用完毕后再放回池子。实际上，这个 Pool 可能创建了 10 个 http.Client，也可能创建了 8 个，还可能创建了 3 个，就看用户从它那里请求时是否有空闲的 http.Client，以及其他 goroutine 能不能及时把 http.Client 放回去。

这里没有检查从池子中获取的 http.Client 是否为空，原因是我们为 New 字段复制了创建 http.Client 的方法，并且确保它能返回一个 http.Client。如果没有为 New 字段定义方法，那么就需要检查 Get 方法返回的结果是否为 nil。

你也许会问，为什么不设置 New 字段呢？因为可能会有这样的场景：要求最多使用 5

个 http.Client，超过 5 个是不允许的，那么就需要预先初始化 5 个 http.Client，不设置 New 字段，就能保证不会超过 5 个 http.Client。比如下面的例子：

```
func main() {
    var p sync.Pool
    for i := 0; i < 5; i++ {
        p.Put(&http.Client{ // 没有设置 New 字段，初始化时就放入了 5 个可重用对象
            Timeout: 5 * time.Second,
        })
    }

    var wg sync.WaitGroup
    wg.Add(10)
    go func() {
        for i := 0; i < 10; i++ { // 使用 10 个 goroutine 测试
            go func() {
                defer wg.Done()
                c, ok := p.Get().(*http.Client)
                if !ok { // 可能从池子中获取不到对象
                    fmt.Println("got client is nil")
                    return
                }
                defer p.Put(c)

                resp, err := c.Get("https://bing.com")
                if err != nil {
                    fmt.Println("failed to get bing.com:", err)
                    return
                }

                resp.Body.Close()
                fmt.Println("got bing.com")
            }()
        }
    }()

    wg.Wait()
}
```

在这个例子中没有设置 p.New 字段，只是一开始初始化了 5 个 http.Client。运行这个程序，大概率没有什么问题，可能 10 次 HTTP 请求都能成功。但是不设置 New 字段风险很大，因为池化的对象如果长时间没有被调用，可能就会被回收。这和垃圾回收的时机相关，所以无法预测什么时候池化的对象会被回收。比如上面的例子，在初始化池化的对象后，连续调用两次 runtime.GC，强制进行两次垃圾回收，你就会发现后面的 10 个 goroutine 获得的都是值为 nil 的对象。

```
var p sync.Pool
for i := 0; i < 10; i++ {
    p.Put(&http.Client{
        Timeout: 5 * time.Second,
```

```
    })
}

runtime.GC()
runtime.GC() // 垃圾回收后对象全被释放了
```

不设置 New 字段，可能总是会获取到值为 nil 的对象，所以这种方式很少使用。

有趣的是，New 是可变字段。这就意味着，你可以在程序运行时改变创建对象的方法。当然，很少有人会这么做。因为一般创建对象的逻辑都是一致的，要创建的也是同一类对象，所以在使用 Pool 时没必要玩一些“花活”——在程序运行时更改 New 的值。

使用 sync.Pool 可以池化任意的对象，我们经常使用它来池化 byte slice（字节切片），创建一个字节池，避免频繁地创建 byte slice。

比如在 Vitess（诞生于 YouTube 的一个横向扩展 MySQL 的集群系统）中使用 sync.Pool 构建了一个多级的 byte slice 池，之所以采用多级，就是为了节省内存空间。如果所有场景都使用很大的 byte slice，则着实是一种浪费。

```
type Pool struct { // 一个分级的 Pool
    minSize int
    maxSize int
    pools   []*sizedPool
}
```

这个 Pool 可以返回如 32KB、64KB 和 128KB 大小的 byte slice，按照调用者的需求选择相应的 sizedPool：

```
func (p *Pool) findPool(size int) *sizedPool { // 选择特定大小的池子
    if size > p.maxSize {
        return nil
    }
    div, rem := bits.Div64(0, uint64(size), uint64(p.minSize))
    idx := bits.Len64(div)
    if rem == 0 && div != 0 && (div&(div-1)) == 0 {
        idx = idx - 1
    }
    return p.pools[idx]
}

func (p *Pool) Get(size int) *[]byte { // 获取对象
    sp := p.findPool(size) // 先找到对应的池子
    if sp == nil {
        return makeSlicePointer(size)
    }
    buf := sp.pool.Get().(*[]byte)
    *buf = (*buf)[:size]
    return buf
}
```

调用者在获取 byte slice 时，需要传入一个期望的大小，Pool 会根据这个大小找到一个合适的 sizedPool，然后调用 sizedPool.Get 方法。

放回 byte slice 的时候也是先找到对应的 sizedPool：

```
func (p *Pool) Put(b *[]byte) { // 将对象放回池子
    sp := p.findPool(cap(*b)) // 先找到对应的池子
    if sp == nil {
        return
    }
    *b = (*b)[:cap(*b)]
    sp.pool.Put(b)
}
```

这有点类似于第 7 章中介绍的 ConcurrentMap，只不过 ConcurrentMap 是对 key 哈希找到分片的，而这个 Pool 是根据大小找到对应的 sizedPool 的。

sizedPool 的实现其实就是利用了 sync.Pool：

```
type sizedPool struct { // sizedPool 包含对应的大小和 sync.Pool
    size int
    pool sync.Pool
}

func newSizedPool(size int) *sizedPool {
    return &sizedPool{
        size: size,
        pool: sync.Pool{
            New: func() any { return makeSlicePointer(size) },
        },
    }
}
```

sizedPool 的定义就这么简单，包含一个 size 和一个 sync.Pool。

除为了节省内存空间而采用分级的 buffer 设计外，其他的一些第三方库也会提供 buffer 池的功能。下面就介绍几个常用的第三方库。

（1）bytebufferpool

bytebufferpool 是 fasthttp 的作者 valyala 提供的一个 buffer 池，其基本功能和 sync.Pool 相同。它的底层也是使用 sync.Pool 实现的，它会检测放入的 buffer 的大小，如果 buffer 过大，那么此 buffer 就会被丢弃。

valyala 一向擅长挖掘系统的性能，这个库也不例外。它提供了校准（calibrate，用来动态调整创建对象的权重）的机制，可以“智能”地调整 Pool 的 defaultSize 和 maxSize。一般来说，我们使用 buffer 的场景比较固定，所用 buffer 的大小会位于某个范围内。有了校准的特性，bytebufferpool 就能够偏重于创建这个范围大小的 buffer，从而节省内存空间。

（2）oxtoacart/bpool

oxtoacart/bpool 也是比较常用的 buffer 池，它提供了以下几种类型的 buffer。

- bpool.BufferPool：提供一个对象数量固定的 buffer 池，对象类型是 bytes.Buffer。如果超过这个数量，返还的时候就丢弃。如果池子中的对象都被取走了，则会新建一个 buffer 返还。返还的时候不会检测 buffer 的大小。
- bpool.BytesPool：提供一个对象数量固定的 byte slice 池，对象类型是 byte slice。返还的时候不会检测 byte slice 的大小。
- bpool.SizedBufferPool：提供一个对象数量固定的 buffer 池，如果超过这个数量，返还的时候就丢弃。如果池子中的对象都被取走了，则会新建一个 buffer 返还。返还的时候会检测 buffer 的大小。如果超过指定的大小，则会创建一个新的满足条件的 buffer 放回去。

bpool 最大的特色就是能够保持池子中对象的数量，一旦返还时数量大于它的阈值，就会自动丢弃；而 sync.Pool 是一个没有限制的池子，只要返还就会收进去。

bpool 是基于 channel 实现的，不像 sync.Pool 为提高性能而做了很多优化，所以，它在性能上比不过 sync.Pool。不过，它提供了限制 Pool 容量的功能，如果你想控制 Pool 的容量，则可以考虑使用这个库。

8.2 sync.Pool 的实现

在 Go 1.13 之前，sync.Pool 的实现有如下两大问题。

（1）每次垃圾回收时都会回收创建的对象。

如果缓存的对象数量太多，就会导致 STW 的时间变长；缓存的对象都被回收后，则会导致 Get 命中率下降，Get 方法不得不新创建很多对象。

（2）底层实现使用了 Mutex，对这个锁并发请求竞争激烈的时候，会导致性能的下降。

在 Go 1.13 中，sync.Pool 做了大量的优化。前面几章中也提到过，提高并发程序性能的优化点是尽量不要使用锁，如果不得已使用了锁，则要把锁的粒度降到最低。Go 团队对 Pool 的优化就是避免使用锁，同时将加锁的队列改成 lock-free 队列的实现，以及给即将移除的对象再多一次“复活”的机会，来提高 sync.Pool 的性能。

目前，sync.Pool 的数据结构如图 8.1 所示。

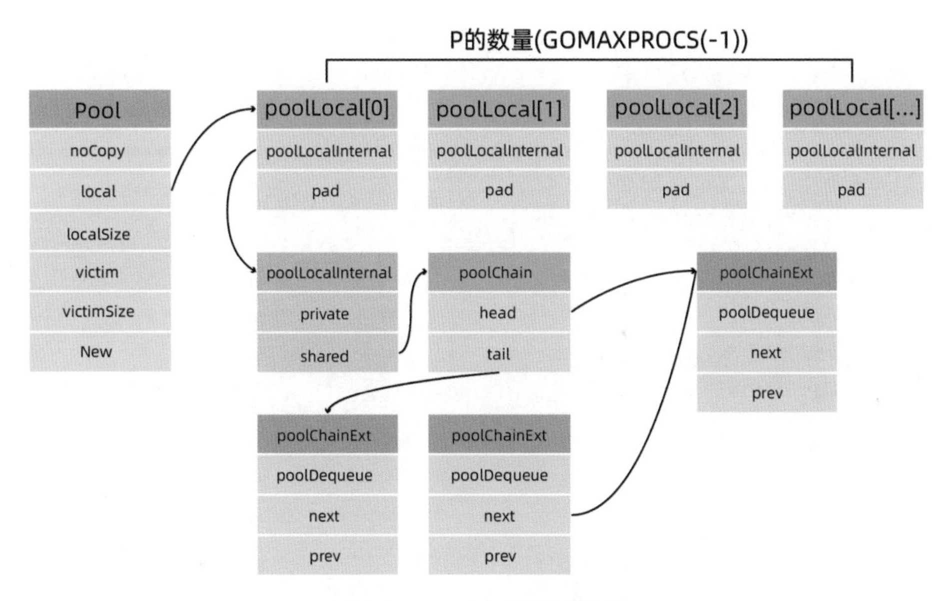

图 8.1　sync.Pool 的数据结构

Pool 最重要的两个字段是 local 和 victim，它们主要用来存储空闲的对象。只要清楚了这两个字段的处理逻辑，你就能完全掌握 sync.Pool 的实现。下面我们来看看这两个字段的关系。

每次垃圾回收的时候，Pool 都会把 victim 中的对象移除，然后把 local 的数据给 victim。这样一来，local 就会被清空，而 victim 就像一个垃圾分拣站，以后它里面的东西可能会被当作垃圾丢弃，但是里面有用的东西也可能会被捡回来重新使用。

victim 中对象的命运有两种：一种是如果对象被 Get 取走，那么这个对象就很幸运，因为它又“活”过来了；另一种是如果 Get 的并发量不是很大，对象没有被 Get 取走，那么它就会被移除，因为没有其他对象引用它，它就会被垃圾回收。

下面的代码是垃圾回收时 sync.Pool 的处理逻辑。

```
var (
    allPoolsMu Mutex

    // allPools 是一组 Pool 对象，它们拥有非空的主缓存（non-empty primary
    // caches），可以由 allPoolsMu / pinning 或者 STW 保证并发安全
    allPools []*Pool

    // oldPools 是一组 Pool 对象，它们拥有非空的 victim 缓存（non-empty victim
    // caches），可以由 STW 保证并发安全
    oldPools []*Pool
)

func init() {
```

```
    runtime_registerPoolCleanup(poolCleanup)
}

func poolCleanup() {
    // 丢弃当前的 victim，所以 STW 不用加锁
    for _, p := range oldPools {
        p.victim = nil
        p.victimSize = 0
    }

    // 将 local 复制给 victim，并将原 local 设置为 nil
    for _, p := range allPools {
        p.victim = p.local
        p.victimSize = p.localSize
        p.local = nil
        p.localSize = 0
    }

    oldPools, allPools = allPools, nil
}
```

在这段代码中，我们需要关注 local 字段，因为当前所有主要空闲的可用对象都被存放在 local 字段中，在请求对象时，也是优先从 local 字段中查找可用对象的。local 包含一个 poolLocalInternal 字段，并提供了 CPU 缓存对齐，从而避免伪共享（false sharing）。

poolLocalInternal 则包含两个字段：private 和 shared。private 代表一个缓存的对象，而且只能由相应的那个 P（GPM 模型中的 P）存取。因为一个 P 同时只能执行一个 goroutine，所以不会有并发问题。shared 可以由任意的 P 访问，但是只有本地的 P 才能调用 pushHead/popHead，其他的 P 可以调用 popTail，相当于只有一个本地的 P 作为生产者（producer），多个 P 作为消费者（consumer）。shared 是使用一个 local-free 队列列表实现的。

8.2.1 Get 方法的实现

我们来看看 Get 方法的具体实现原理。

```
func (p *Pool) Get() any {
    l, pid := p.pin() // ①
    x := l.private // ②
    l.private = nil
    if x == nil { // ③
        // 尝试弹出 local 分片的头
        x, _ = l.shared.popHead()
        if x == nil { // ④
            x = p.getSlow(pid)
        }
    }
```

```go
    runtime_procUnpin()
    if x == nil && p.New != nil { // ⑤
        x = p.New()
    }
    return x
}

func indexLocal(l unsafe.Pointer, i int) *poolLocal {
    lp := unsafe.Pointer(uintptr(l) + uintptr(i)*unsafe.Sizeof(poolLocal{}))
    return (*poolLocal)(lp)
}

func (p *Pool) getSlow(pid int) any {
    size := runtime_LoadAcquintptr(&p.localSize) // load-acquire
    locals := p.local                            // load-consume
    // 尝试从 proc 获取一个对象
    for i := 0; i < int(size); i++ { // ⑥
        l := indexLocal(locals, (pid+i+1)%int(size))
        if x, _ := l.shared.popTail(); x != nil {
            return x
        }
    }

    // 尝试从 victim 中获取对象
    size = atomic.LoadUintptr(&p.victimSize) // ⑦
    if uintptr(pid) >= size {
        return nil
    }
    locals = p.victim
    l := indexLocal(locals, pid)
    if x := l.private; x != nil {
        l.private = nil
        return x
    }
    for i := 0; i < int(size); i++ {
        l := indexLocal(locals, (pid+i)%int(size))
        if x, _ := l.shared.popTail(); x != nil {
            return x
        }
    }

    // 标记当前的 victim 为空，方便以后的调用可以快速检查
    atomic.StoreUintptr(&p.victimSize, 0)

    return nil
}
```

①把当前的 goroutine 固定在当前的 P 上，这样一来，在操作与这个 P 相关的对象时就不用加锁了，因为每个 P 都只有一个活动的 goroutine 在运行。之所以要介绍这个复杂的 sync.Pool 的实现，关键就在于这个 pin P 模式的实现。每个 P 都有自己的缓存，优先从

这个缓存中读 / 写对象，不需要加锁，如果没有再去其他的 P 中获取对象。你可以看到这基本是一个高效的任务获取模式的实现。timer、goroutine 任务调度都是采用相同的原理。

②检查此 P 的 local 的 private 字段，如果存在，就使用这个对象，否则进入③。这是一个快速检查，碰巧或者并发量不大时能够快速获取和返回对象。

③在 local.private 为空的情况下，检查本地的其他缓存队列。如果本地队列中有缓存的对象，则返回该对象，否则进入④ getSlow 的逻辑。

④进入复杂的获取对象的逻辑，Get 方法首先尝试从其他的 P 中获取对象，如果获取失败，则从 victim 中"复活"一个对象；如果还不成功，就创建一个新的对象（⑤）。

⑥从其他的 P 中获取对象，从下一个 P 开始依次检查，看看有没有缓存的对象，如果有，则返回该对象，否则进入⑦，检查 victim。

⑦检查 victim 和检查 local 的方式一样，毕竟它们是相同的类型，而且 victim 中的对象是上次调用 poolCleanup 时从 local 转过来的。看起来唯一不同的是，getSlow 方法先从本地 victim 开始依次检查，看看有没有缓存的对象可用。

如果都没有缓存的对象可用，那么就会调用 p.New 创建一个新的对象；如果连 p.New 都没有定义，那么就只能返回 nil 了。

8.2.2 Put 方法的实现

我们来看看 Put 方法的具体实现原理。

```
func (p *Pool) Put(x any) {
    if x == nil { // ①
        return
    }
    l, _ := p.pin() // ②
    if l.private == nil { // ③
        l.private = x
    } else { // ④
        l.shared.pushHead(x)
    }
    runtime_procUnpin()
}
```

Put 方法的逻辑相对简单。

①首先检查待放入的对象是否为 nil，如果是 nil 就直接返回，因为放入 nil 没什么意义。

②把 goroutine 和 P 绑定，避免其他的 goroutine 把该 P 抢去。

③一个快速模式，如果 private 为 nil，则直接赋值给它。private 无须像本地 local 一样需要加锁或者 local-free，可以更高效。

④如果 private 不为 nil，则将对象压入本地的共享队列中。共享队列是一个 lock-free 双向队列。

8.3　sync.Pool 的使用陷阱

常见的 sync.Pool 使用陷阱就是内存浪费（当对象是 byte slice 或者类似的类型时）。

上面提到，可以使用 sync.Pool 做 buffer 池，比如在知名的静态网站生成工具 Hugo 中，就包含这样的实现 bufpool。我们来看下面这段代码：

```
var buffers = sync.Pool{
    New: func() interface{} {
        return new(bytes.Buffer)
    },
}

func GetBuffer() *bytes.Buffer {
    return buffers.Get().(*bytes.Buffer)
}

func PutBuffer(buf *bytes.Buffer) {
    buf.Reset()
    buffers.Put(buf)
}
```

这段 buffer 池的代码非常常用，除了 Hugo，你在阅读其他项目的代码时可能也碰到过，或者你自己也会这么去实现 buffer 池。但是请注意，这段代码是有问题的，可能存在内存泄漏。

我们来分析一下。在使用取出来的 bytes.Buffer 时，我们可以往这个元素中添加大量的 byte 数据，这会导致底层的 byte slice 容量可能会变得很大。这个时候，即使调用 bytes.Buffer 的 Reset 方法将其再放回池子中，底层的 byte slice 容量也不会改变，所占的空间依然很大。而且，因为 Pool 的回收机制，这些大的 buffer 可能不被回收，而是会一直占用很大的空间，从而造成内存泄漏。

即使是 Go 标准库，在内存泄漏这个问题上也栽了几次跟头，比如 go#23199 提供了一个简单的可重现的例子，演示了内存泄漏的问题。再比如 encoding/json 包中也存在类似的问题：将容量变得很大的 buffer 再放回池子中，导致内存泄漏。

解决办法就是在将元素放回时，增加检查逻辑，如果要放回的元素超过一定大小的 buffer，就直接丢弃，不再放回池子中。如图 8.2 所示，如果要放回的元素大小超过 64KiB，就丢弃。

```
288 func putEncodeState(e *encodeState) {
289 »       // Proper usage of a sync.Pool requires each entry to have approximately
290 »       // the same memory cost. To obtain this property when the stored type
291 »       // contains a variably-sized buffer, we add a hard limit on the maximum buffer
292 »       // to place back in the pool.
293 »       //
294 »       // See https://golang.org/issue/23199
295 »       const maxSize = 1 << 16 // 64KiB
296 »       if e.Cap() > maxSize {
297 »       »       return
298 »       }
299 »       encodeStatePool.Put(e)
300 }
301
302 // jsonError is an error wrapper type for internal use only
```

图 8.2　encoding/json 包中的 bug 修复

fmt 包中也有这个问题，修复方法是一样的，超过一定大小的 buffer 就直接丢弃了（见图 8.3）。

```
141 func (p *pp) free() {
142 »       // Proper usage of a sync.Pool requires each entry to have approximately
143 »       // the same memory cost. To obtain this property when the stored type
144 »       // contains a variably-sized buffer, we add a hard limit on the maximum buffer
145 »       // to place back in the pool.
146 »       //
147 »       // See https://golang.org/issue/23199
148 »       if cap(p.buf) > 64<<10 {
149 »       »       return
150 »       }
151
152 »       p.buf = p.buf[:0]
153 »       p.arg = nil
154 »       p.value = reflect.Value{}
155 »       ppFree.Put(p)
156 }
```

图 8.3　fmt 包中的 bug 修复

在使用 sync.Pool 回收 buffer 的时候，一定要检查 buffer 的大小。如果 buffer 太大，就不要回收了，否则会造成内存泄漏，或者更严谨地说，会造成内存浪费。

8.4　连接池

Pool 的另一个很常用的场景就是保持 TCP 的连接。创建一个 TCP 连接，需要三次握手等过程；如果使用的是 TLS（传输层安全协议），则需要更多的步骤；如果再加上身份认证等逻辑，耗时会更长。所以，为了避免每次通信时都新建连接，我们一般会建立一个连接池，预先创建好连接，或者逐步把连接放在连接池中，以减少连接创建过程的耗时，从而提高系统的性能。

事实上，我们很少会使用 sync.Pool 来池化连接对象。原因在于：sync.Pool 会无通知地在某个时候就把连接移除，被垃圾回收了。而我们的场景是需要长久保持这个连接的，所以一般会使用其他方法来池化连接，比如下面介绍的几种需要保持长连接的 Pool。

8.4.1　标准库中的 HTTP Client 池

Go 标准库中的 http.Client 是一个 HTTP Client 库，可以用来访问 Web 服务器。为了提高访问性能，这个 Client 的实现也是通过池的方法来缓存一定数量的连接的，以便后面重用这些连接。http.Client 实现连接池的代码在 Transport 类型中，它使用 idleConn 保存持久化的可重用的连接，如图 8.4 所示。

```
95 ∨   type Transport struct {
96             idleMu        sync.Mutex
97             closeIdle     bool
98             idleConn      map[connectMethodKey][]*persistConn
99             idleConnWait  map[connectMethodKey]wantConnQueue
100            idleLRU       connLRU
```

图 8.4　http 包中的 Transport 使用 idleConn 保存持久化的可重用的连接

idleConn 为同一个 key（proxy、scheme、addr、onlyH1 等组成的类型）生成一个连接的 slice，这个连接的 slice 相当于一个池子，在获取对象时，优先从这个 slice 中获取可重用的连接。

8.4.2　数据库连接池

Go 标准库中的 sql.DB 还提供了一个通用的数据库连接池，通过 MaxOpenConns 和 MaxIdleConns 控制最大的连接数和最大空闲的连接数。MaxIdleConns 的默认值是 2，这个值对于与数据库相关的应用来说太小了，我们一般都会调整它。

```
func (db *DB) SetConnMaxIdleTime(d time.Duration)
func (db *DB) SetConnMaxLifetime(d time.Duration)
func (db *DB) SetMaxIdleConns(n int)
func (db *DB) SetMaxOpenConns(n int)
```

DB 的 freeConn 中保存的是空闲的连接，当我们获取数据库连接的时候，它就会优先尝试从 freeConn 中获取已有的连接（conn）。

```
func (db *DB) conn(ctx context.Context, strategy connReuseStrategy) (*driverConn, error) {
    db.mu.Lock()
    ......
    numFree := len(db.freeConn)
    if strategy == cachedOrNewConn && numFree > 0 { // 使用可重用的策略，并且有可重用的连接
        conn := db.freeConn[0] // 使用第一个连接
        copy(db.freeConn, db.freeConn[1:]) // 把所选择的这个连接从 freeConn 中剔除
        db.freeConn = db.freeConn[:numFree-1]
        conn.inUse = true // 标记此连接在使用中
        if conn.expired(lifetime) { // 如果此连接已经过期
            db.maxLifetimeClosed++
```

```
            db.mu.Unlock()
            conn.Close()
            return nil, driver.ErrBadConn
        }
        db.mu.Unlock()

        ......

        return conn, nil //返回这个可重用的连接
    }

    ......

    return dc, nil
}
```

不像其他编程语言，如 Java，我们在开发 Go 应用程序的时候，很少会再使用到数据库连接池之类的东西，因为标准库本身就内置了。我们做得最多的就是调用 DB 的四个方法调整数据库连接池的参数。

8.4.3 TCP 连接池

我们最常用的一个 TCP 连接池是 fatih 开发的 fatih/pool，虽然这个项目已经被 fatih 归档（archived），不再维护，但是因为它相当稳定，可以开箱即用。即使我们有一些特殊的需求，也可以 fork 它，然后自己再做修改。它的使用方式如下：

```
// 工厂模式，提供创建连接的工厂方法
factory := func() (net.Conn, error) { return net.Dial("tcp", "127.0.0.1:4000") }

// 创建一个 TCP 连接池，提供初始容量、最大容量以及工厂方法
p, err := pool.NewChannelPool(5, 30, factory)

// 获取一个连接
conn, err := p.Get()

// Close 并不会真正关闭这个连接，而是把它放回池子中，所以不必显式地调用 Put 方法返还这个对象
conn.Close()

// 通过调用 MarkUnusable，Close 就会真正关闭底层的 TCP 连接了
if pc, ok := conn.(*pool.PoolConn); ok {
    pc.MarkUnusable()
    pc.Close()
}

//关闭池子就会关闭池子中所有的 TCP 连接
p.Close()

// 当前池子中连接的数量
current := p.Len()
```

虽然这里一直在讲 TCP 连接，但是 fatih/pool 管理的是更通用的 net.Conn，并不局限于 TCP 连接。

fatih/pool 通过把 net.Conn 包装成 PoolConn，实现了拦截 net.Conn 的 Close 方法，避免了真正地关闭底层连接，而是把这个连接放回池子中。

```
type PoolConn struct {
    net.Conn
    mu       sync.RWMutex
    c        *channelPool
    unusable bool
}

// 拦截 Close，如果连接可重用，则不应该关闭它，而是将它放回池子中
  func (p *PoolConn) Close() error {
    p.mu.RLock()
    defer p.mu.RUnlock()

    if p.unusable {
        if p.Conn != nil {
            return p.Conn.Close()
        }
        return nil
    }
    return p.c.put(p.Conn)
}
```

fatih/pool 的 Pool 是通过 channel 实现的，将空闲的连接放入 channel 中，这也是 channel 的一个应用场景。

```
type channelPool struct {
    // 存储连接池的 channel
    mu    sync.RWMutex
    conns chan net.Conn

    // net.Conn 的产生器
    factory Factory
}
```

8.4.4 Memcached Client 连接池

Brad Fitzpatrick 是知名缓存库 Memcached 的原作者，前 Go 团队成员。gomemcache 是他使用 Go 语言开发的 Memcached 的客户端，其中采用了连接池的方式来池化 Memcached 的连接。接下来，让我们看看它的连接池的实现。

gomemcache Client 有一个 freeconn 字段，用来保存空闲的连接。当一个请求使用完连接之后，gomemcache Client 会调用 putFreeConn 将这个连接放回池子中。请求连接的

时候，调用 getFreeConn 优先查询 freeConn 中是否有可用的连接。gomemcache Client 采用 Mutex+slice 实现 Pool：

```
// 放回一个待重用的连接
func (c *Client) putFreeConn(addr net.Addr, cn *conn) {
    c.lk.Lock()
    defer c.lk.Unlock()
    if c.freeconn == nil { // 如果对象为空，则创建一个 map 对象
        c.freeconn = make(map[string][]*conn)
    }
    freelist := c.freeconn[addr.String()] //得到此地址的连接列表
    if len(freelist) >= c.maxIdleConns() {// 如果连接池已满，则关闭，不再放入连接
        cn.nc.Close()
        return
    }
    c.freeconn[addr.String()] = append(freelist, cn) // 加入空闲列表中
}

// 得到一个空闲的连接
func (c *Client) getFreeConn(addr net.Addr) (cn *conn, ok bool) {
    c.lk.Lock()
    defer c.lk.Unlock()
    if c.freeconn == nil {
        return nil, false
    }
    freelist, ok := c.freeconn[addr.String()]
    if !ok || len(freelist) == 0 { // 没有此地址的空闲列表，或者列表为空
        return nil, false
    }
    cn = freelist[len(freelist)-1] // 取出尾部的空闲的连接
    c.freeconn[addr.String()] = freelist[:len(freelist)-1]
    return cn, true
}
```

这和标准库中的 HTTP Client 对象池类似。

8.4.5 net/rpc 中的 Request/Response 对象池

在 Go 标准库的 rpc 包中，服务端为了减少 Request/Response 的创建，采用了池化 Request/Response 的方式，以减少对象的分配。它使用了另外一种方式，即它的池子是通过链表的数据结构实现的：

```
type Request struct { // rpc 请求对象
    ServiceMethod string
    Seq           uint64
    next          *Request // Request 链表结构，指向下一个请求
}

type Response struct { // rpc 响应对象
```

```
    ServiceMethod string
    Seq           uint64
    Error         string
    next          *Response // Response 链表结构，指向下一个响应
}

type Server struct { // rpc server
    serviceMap sync.Map

    reqLock    sync.Mutex
    freeReq    *Request // Request 链表

    respLock   sync.Mutex
    freeResp   *Response // Response 链表
}
```

我们以 Request 为例，看看服务端是如何获取和返还对象的：

```
func (server *Server) getRequest() *Request { // 获取请求对象
    server.reqLock.Lock() // 加锁
    req := server.freeReq
    if req == nil { // 没有可重用的对象，创建一个新的对象
        req = new(Request)
    } else {
        server.freeReq = req.next // 从链表中摘下链表头
        *req = Request{} // 清空这个对象的值
    }
    server.reqLock.Unlock()
    return req
}

func (server *Server) freeRequest(req *Request) { // 放回这个请求对象
    server.reqLock.Lock()
    req.next = server.freeReq // 放到链表的头部
    server.freeReq = req
    server.reqLock.Unlock()
}
```

在获取对象和返还对象时都需要使用锁。

在获取 Request 对象时，如果 Request 链表为空，则新创建一个对象；否则，从链表中弹出链表头部的对象。

在返还 Request 对象时，把对象放到 Request 链表的头部。

8.5　goroutine/worker 池

还有一个很常见的池化应用场景就是 goroutine 池，或者叫 worker 池，一个 worker 就是一个 goroutine。

我们已经知道，goroutine 是一个轻量级的“纤程”，在一台服务器上可以创建十几万个甚至几十万个 goroutine。但是“可以”和“合适”之间还是有区别的，我们会在应用中让几十万个 goroutine 一直跑吗？基本上是不会的。

一个 goroutine 初始的栈大小是 2048 字节（最新的 goroutine 改成根据历史数据评估了），并且在需要的时候可以扩展到 1GB（**不同的架构最大的大小会不同**），所以，大量的 goroutine 是很耗费资源的。同时，大量的 goroutine 对于调度和垃圾回收的耗时还是会有影响的，因此，goroutine 并不是越多越好。有的时候，我们会创建一个 worker 池来减少 goroutine 的使用。比如实现一个 TCP 服务器，如果每一个连接都要由一个独立的 goroutine 来处理的话，在存在大量连接的情况下，就会创建大量的 goroutine，这个时候，我们就可以创建一组数量固定的 goroutine（worker），由这一组 worker 来处理连接，比如 fasthttp 中的 worker 池。

最简单的 goroutine 例子就是使用 channel 作为一个共享的任务队列，然后创建一组 goroutine 来消费它，执行相应的任务。我们可以简单实现它：

```go
import "sync"

type Pool[T any] struct {
    taskQueue chan T // 任务队列
    taskFn    func(T) // 任务的执行函数
    workers   int // worker 的数量
    wg        sync.WaitGroup
}

// 创建一个新的 worker 池
func NewPool[T any](workers, capacity int, taskFn func(T)) *Pool[T] {
    pool := &Pool[T]{
        taskQueue: make(chan T, capacity),
        taskFn:    taskFn,
        workers:   workers,
    }
    pool.wg.Add(workers)

    return pool
}

// 使用 Start 方法启动 worker 池
func (p *Pool[T]) Start() {
    for i := 0; i < p.workers; i++ {
        go func() {
            defer p.wg.Done()

            for {
                task, ok := <-p.taskQueue // 从任务队列中读取一个任务
                if !ok { // channel 已关闭，并且任务都已经处理完了
                    return
```

```
                }
                p.taskFn(task)

            }
        }()
    }
}

// 使用 Submit 方法提交一个任务
func (p *Pool[T]) Submit(task T) {
    p.taskQueue <- task
}

// 使用 Close 方法关闭 worker 池
func (p *Pool[T]) Close() {
    close(p.taskQueue)
    p.wg.Wait()
}
```

这里实现了一个简单的 worker 池，用户可以指定 goroutine 的数量和任务处理方法。用户可以使用 Submit 方法随时提交待执行的任务，它是线程安全的。如果不再使用这个 worker 池，则可以随时关闭，它会等待所有的任务都执行完成后才返回。

这个 worker 池是没有保护的，如果任务处理方法发生了 panic，则由调用者负责处理这类情况，或者提供一个处理 panic 的包装方法，把 taskFn 包装起来。

worker 池的实现也五花八门：

- 有些是在后台默默执行的，不需要等待返回结果。
- 有些需要等待一批任务执行完成。
- 有些 worker 池的生命周期和程序一样长。
- 有些只是临时使用，执行完毕后，worker 池就被销毁了。

大部分的 worker 池都是通过 channel 来缓存任务的，因为 channel 能够比较方便地实现并发保护。而有些 worker 池是多个 worker 共享同一个任务 channel，有些是每个 worker 都有一个独立的 channel。

这里介绍几种常见的 worker 池，大家可以评估它们是否适合自己的场景。

- **gammazero/workerpool**：gammazero/workerpool 可以无限制地提交任务，它提供了更便利的 Submit 和 SubmitWait 方法来提交任务，还提供了当前的 worker 数量和任务数量，以及关闭 Pool 的功能。
- **ivpusic/grpool**：ivpusic/grpool 在创建 Pool 的时候需要提供 worker 数量和等待执行的任务的最大数量，任务的提交是直接往 channel 中放入任务。

- **dpaks/goworkers**：dpaks/goworkers 提供了更便利的 Submit 方法来提交任务，还提供了查询 worker 数量和任务数量的方法、关闭 Pool 的方法。它的任务的执行结果需要从 ResultChan 和 ErrChan 中获取，它没有提供阻塞的方法，但是可以在初始化的时候设置 worker 数量和任务数量。

类似的 worker 池的实现非常多，比如还有 panjf2000/ants、Jeffail/tunny、benmanns/goworker、go-playground/pool、Sherifabdlnaby/gpool 等第三方库。pond 也是一个非常不错的 worker 池。

就像 Go 的 Web 框架一样，很多人都会实现自己的框架和库，这么多 worker 池的库该怎么选择呢？我建议从如下几个方面来评估：

- 功能是否适合自己。我们肯定要挑选一个能满足自己需求的库，不需要额外再做封装。
- 代码 star 数是否高。代码 star 数高，在一定程度上说明了用户数或者研究它的 Gopher 人数多，大家踩的坑可能都被填了。
- 代码活跃度是否高。代码活跃度高，说明开发者还在维护这个库。
- 代码可读性是否高。代码可读性高，说明你可以驾驭这个库，即使将来这个库有问题，你也能处理。
- 代码是否简洁。复杂的代码既影响可读性，还难以维护。有时候我们只需要一些简单的功能，不想代码过于复杂，有些特性根本不会用到。

第9章　不止是上下文：Context

本章内容包括：

- Context的发展历史
- Context的使用方法
- Context实战
- Context的使用陷阱
- Context的实现

假设有一天你走进办公室，突然同事们都围住你，然后大喊“小王小王你最帅”，此时你可能一头雾水，只能尴尬地笑笑，甚至以为是同事的恶作剧。为什么呢？因为你缺少上下文信息，不知道之前发生了什么。

但是，如果同事告诉你，由于你业绩突出，一周之内就把云服务化的主要架构写好了，因此被评为 9 月份的“工作之星”，总经理还要特意给你发 1 万元的奖金，那么你心里就很清楚了，原来同事恭喜你，是因为你的工作被表扬了，还获得了奖金。同事告诉你的这些前因后果，就是上下文信息。同事把上下文传递给你，你接收后，就可以获取之前不了解的信息。你看，上下文（Context）就是这么重要。

在开发场景中，有时候上下文也是不可或缺的，因为缺少了它，我们就不能获取完整的程序信息。

那到底什么是上下文呢？其实，上下文就是指在 API 之间或者方法调用之间，所传递的除业务参数之外的额外信息。比如，服务端接收到客户端的 HTTP 请求之后，可以把客户端的 IP 地址和端口号、客户端的身份信息、请求接收的时间、Trace ID 等信息放入上下文中，这个上下文可以在后端的方法调用中传递，后端的业务方法除了利用正常的参数做一些业务处理（如订单处理），还可以从上下文中读取到消息请求的时间、Trace ID 等信息，把服务处理的时间推送到 Trace 服务中。Trace 服务可以把同一 Trace ID 的不同方法的调用顺序和调用时间展示成流程图，方便跟踪。

不过，Go 标准库中的 Context 功能不止于此，它还提供了超时（Timeout）和撤销的功能，非常适合并发编程任务的编排、goroutine 的控制等。

9.1 Context 的发展历史

在学习 Context 的功能之前，我们先来介绍 Go 标准库中 Context 类型诞生的前因后果。毕竟，只有知道了它的来龙去脉，我们才能应用得更加得心应手。

在 Go 1.7 版本中，正式把 Context 加入标准库中。在这之前，很多 Web 框架在定义自己的 handler（处理程序）时，都会传递一个自定义的 Context，把客户端的信息和客户端的请求信息放入 Context 中。Go 最初提供了 golang.org/x/net/context 库来提供上下文信息，但最终还是在 Go 1.7 中把此库提升到标准库的 context 包中。

在 Go 1.7 之前，有很多库都依赖 golang.org/x/net/context 中的 Context 实现，这就导致 Go 1.7 发布之后，出现了标准库中的 Context 和 golang.org/x/net/context 并存的状况。新的代码使用标准库中的 Context 时，没有办法调用旧有的使用 golang.org/x/net/context 实现的方法。所以，在 Go 1.9 中，还专门实现了一个叫作 type alias 的新特性，然后把 golang.org/x/net/context 中的 Context 定义成标准库中的 Context 的别名，以解决新旧

Context 类型冲突的问题。请看下面这段代码：

```
// +build go1.9
package context

import "context"

type Context = context.Context // 定义别名
type CancelFunc = context.CancelFunc // 定义别名
```

这段代码在 golang.org/x/net/context 包中定义了 Context 和 CancelFunc 两个类型，它们和标准库中的 Context 和 CancelFunc 类型是等价的，golang.org/x/net/context 和标准库中的 context 这两个包下的类型是同一个类型。

```
package main

import (
    "context"
    "fmt"

    xcontext "golang.org/x/net/context"
)

// 使用标准库中的 Context
func foobar(ctx context.Context) {
    fmt.Println("define as context.Context but use xcontext.Context")
}

func main() {
    var ctx xcontext.Context = xcontext.Background()
    foobar(ctx) // 传入扩展库中的 Context，是被允许的
}
```

这样原来使用 golang.org/x/net/context 的一些框架和库也能兼容新版本标准库中的 Context。

你可以看到，Context 起源于 golang.org/x/net 这个项目，为什么在 net 下呢？这和 Context 使用的最大场景有关。Context 经常被应用在 Web 框架中传递上下文信息，以及被应用在 rpc 和微服务框架的上下文传递中。比如现在流行的 Go Web 框架，在处理 HTTP 请求时或者在插件中基本都会使用 Context 传递额外信息——无论是使用标准库中的 Context 还是自定义的 Context。比如 gin、echo、iris、fasthttp 框架，它们使用自定义的 Context：

```
package main
```

```
import (
    "net/http"

    "github.com/gin-gonic/gin"
)

func main() {
    r := gin.Default()
    r.GET("/ping", func(c *gin.Context) { // gin 框架自定义
        c.JSON(http.StatusOK, gin.H{
            "message": "pong",
        })
    })
    r.Run() // 监听本地的 8080 端口
}
```

也许你会联想到，标准库中的 http 框架是不是也使用 Context？请看下面的代码，根本没有 Context 的影子，为什么？

```
http.HandleFunc("/bar", func(w http.ResponseWriter, r *http.Request) {
// 这里怎么没有 Context
    fmt.Fprintf(w, "Hello, %q", html.EscapeString(r.URL.Path))
})

log.Fatal(http.ListenAndServe(":8080", nil))
```

这是因为 context 是后来才添加的一个包。标准库中 http 框架的 handler 最开始设计时并没有 Context 参数，当 context 包被添加进来时，为了保持向下的兼容性，就不适合对 http 框架再做修改了。

但是，这并不意味着标准库中的 http 框架并没有使用到 Context，Go 团队采用了一种非标准的方式，就是在 http 框架中，以类似于其他 Web 框架使用的方式来使用 Context：

```
func (r *Request) Context() context.Context // 通过这个方法从 Request 得到 Context
func (r *Request) WithContext(ctx context.Context) *Request
                                           // 通过这个方法让 Request 关联到 Context
```

也就是为 Request 提供了 Context() 方法来获取 Context 对象，而不是像有的 Web 框架那样将其作为 handler 的第一个参数，历史使然。

比如，我们可以在调用 HTTP Client 库时为 Request 增加 Context 的功能：

```
package main

import (
    "context"
    "fmt"
```

```
    "log"
    "net/http"
    "time"
)

func main() {
    req, err := http.NewRequest("GET", "http://www.bing.com", nil) // 一个 HTTP 请求
    if err != nil {
        log.Fatalf("%v", err)
    }

    ctx, cancel := context.WithTimeout(req.Context(), 1*time.Millisecond)
    // 生成一个 Context
    defer cancel()

    req = req.WithContext(ctx) // 关联 req 和 Context，其实是生成了一个新的 Request

    client := http.DefaultClient
    res, err := client.Do(req) // 执行请求
    if err != nil {
        log.Fatalf("%v", err)
    }

    fmt.Printf("%v\n", res.StatusCode)
}
```

上面这个例子就提供了主动撤销请求的能力。关于具体的 Context，我们将在下面的章节中介绍。

我们也可以在 HTTP 服务端通过 Context 访问一些上下文信息，比如启动 handler 的服务器信息、本地地址信息等：

```
package main

import (
    "fmt"
    "net"
    "net/http"
)

func main() {
    http.HandleFunc("/", func(w http.ResponseWriter, r *http.Request) {
        ctx := r.Context() // 服务端读取到 Context

        srv := ctx.Value(http.ServerContextKey).(*http.Server)
        // 标准库中的 Context 已经设置了这个值
```

```
        fmt.Printf("server: %v\n", srv.Addr)

        local := ctx.Value(http.LocalAddrContextKey).(net.Addr)
        // 标准库中的 Context 也已经设置了这个值
        fmt.Printf("local: %s\n", local)
    })

    go http.ListenAndServe(":8080", nil)

    resp, _ := http.Get("http://localhost:8080/")
    resp.Body.Close()
}
```

9.2 Context 的使用方法

虽然 Context 的本意是上下文，但是 Go 标准库中的 Context 不仅提供了上下文传递的信息，还提供了 cancel、timeout 等其他信息。这些信息貌似和 context 包没有关系，但是却得到了广泛应用，甚至其应用范围还超过了传递上下文的功能。

同时，也有一些批评者针对 Context 提出了批评，其中 faiface blog 上的“Context should go away for Go 2”这篇文章把 Context 比作病毒，病毒会传染，结果把所有的方法都传染上了病毒（加上 Context 参数），绝对是视觉污染。

Go 的开发者也注意到了“关于 Context，存在一些争议”这件事，所以，Go 的核心开发者 Ian Lance Taylor 专门开了一个 issue（Issue #28342），用来记录当前 Context 的问题：

- context 包名导致使用的时候重复，ctx context.Context。
- Context.WithValue 可以接收任何类型的值，非类型安全。
- context 包名容易误导人，实际上，Context 最主要的功能是撤销 goroutine 的运行。
- Context 漫天飞，函数污染。

尽管有很多争议，但是在很多场景中使用 Context 其实会很方便。所以，现在它已经在 Go 生态圈中传播开来，很多库都主动或者被动地使用标准库中的 Context。标准库中的 database/sql、os/exec、net、net/http 等包中都使用到了 Context。而且，如果遇到如下一些场景，则也可以考虑使用 Context：

- 上下文信息传递（request-scoped），比如处理 HTTP 请求、在请求处理链路上传递信息。
- 控制子 goroutine 的运行。
- 超时控制的方法调用。

- 可以撤销的方法调用。

所以，我们需要掌握 Context 的具体用法，这样才能在不影响主要业务流程的情况下，实现一些通用的信息传递，或者能够和其他 goroutine 协同工作，提供 timeout、cancel 等机制。

9.2.1 基本用法

我们先来看一下 Context 接口包含了哪些方法，以及这些方法都是做什么用的。

context 包定义了 Context 接口，Context 的具体实现包括 4 个方法，分别是 Deadline、Done、Err 和 Value，如下所示：

```
type Context interface {
    Deadline() (deadline time.Time, ok bool)
    Done() <-chan struct{}
    Err() error
    Value(key any) any
}
```

Deadline 方法会返回这个 Context 被完成（done）的截止时间。如果没有设置截止时间，则 ok 的值是 false。后面每次调用这个对象的 Deadline 方法时，都会返回和第一次调用相同的结果。

Done 方法返回一个 channel 对象。在 Context 被撤销时，此 channel 会被关闭（close）；如果 Context 没有被撤销，Done 方法可能会返回 nil。后面的 Done 调用总是返回相同的结果。当 Done 被关闭时（严格来说，是 Done 返回的 channel 被关闭时），你可以通过 ctx.Err 获取错误信息。Done 这个方法名其实起得并不好，因为名字太过笼统，不能明确地反映出 Done 被关闭的原因——cancel、timeout、deadline 都可能导致 Done 被关闭。不过，目前还没有一个更合适的方法名。

关于 Done 方法，你必须要记住的知识点就是：如果 Done 没有被关闭，Err 方法将返回 nil；如果 Done 被关闭，Err 方法将返回原因。

Value 方法返回此 Context 中与指定的 key 相关联的 value。

Context 中实现了两个常用的生成顶层 Context 的方法。

- **context.Background()**：返回一个非 nil、空的 Context，没有任何值，不会被撤销，不会超时，没有截止时间。一般该方法在主函数中，以及初始化、测试和创建根 Context 的时候使用。

- **context.TODO():** 返回一个非 nil、空的 Context，没有任何值，不会被撤销，不会超时，没有截止时间。当你不清楚是否该用 Context，或者目前还不知道要传递一些什么上下文信息的时候，就可以使用这个方法。

官方文档是这么讲的，你可能会觉得像没讲一样，因为它们的界限并不是很明显。其实，你根本不用费脑子去考虑，可以直接使用 context.Background。事实上，这两个方法底层的实现是一样的：

```
var (
    background = new(emptyCtx) // 两个预定义的对象，相当于一个空壳，一般用来做最初始的 Context 对象
    todo       = new(emptyCtx)
)
```

Err 方法返回使用 Context 时是否正常返回的信息。如果 Done 没有被关闭，那么 Err 将返回 nil；否则，返回一个非 nil 的 error，说明被关闭的原因。

- 如果 Context 是被撤销的，那么 error 为 context.Canceled。
- 如果 Context 达到了截止时间，那么 error 为 context.DeadlineExceeded。

如果 Err 返回一个非 nil 的 error，那么后面对 Err 的调用都将返回相同的 error。

如果你是首次接触 Context，则可能会有很多困惑，但没关系，接下来我们看几个例子，再剖析它们的具体实现，你就完全明白了。

在使用 Context 的时候，有一些约定俗成的规则。

- 一般函数使用 Context 的时候，会把这个参数放在第一个参数的位置。
- 从来不把 nil 当作 Context 类型的参数值，可以使用 context.Background() 创建一个空的上下文对象，但不要使用 nil。
- Context 只用来临时做函数之间的上下文透传，不能持久化 Context 或者长久保存 Context。把 Context 持久化到数据库、本地文件、全局变量、缓存中都是错误的用法。
- key 的类型不应该是字符串类型或者其他内建类型，否则在包之间使用 Context 的时候容易产生冲突。使用 WithValue 时，key 的类型应该是自定义的。
- 通常使用 struct{} 作为底层类型来定义 key 的类型。exported key 的静态类型通常是接口或者指针，这样可以尽量减少内存分配。

context.Context 是一个接口，创建一个具体的 Context 类型需要使用 context 包提供的特定的方法。根据这些方法的功能的不同，我们可以把它们分成传递上下文、可撤销的上下文和带超时功能的上下文三类。下面分别进行介绍。

9.2.2　传递上下文

Context 最初的功能就是传递上下文，在传递上下文的时候，我们一般使用 WithValue 方法。

WithValue 基于父 Context 生成一个新的 Context，保存了一个 key-value 对（键值对）。WithValue 方法其实是创建了一个类型为 valueCtx 的 Context，它的类型定义如下：

```
type valueCtx struct {
    Context
    key, val interface{}
}
```

该 Context 持有一个 key-value 对，还持有父 Context。它覆盖了 Value 方法，优先从自己的存储中查找 key。Go 标准库中的 Context 还实现了链式查找的功能。如果 Context 自己没有持有这个 key，它就在其父 Context 中查找；如果还是没有找到，则继续往上找，直到找到 key 或父 Context 不存在。

比如下面的例子，调用 ctx4.Value("key1") 查找 key1 的值，它会依次查找 ctx4 → ctx3 → ctx2 → ctx1，最终在 ctx1 中找到了 key1 的值，如图 9.1 所示。

```
package main

import (
    "context"
    "fmt"
)

func main() {
    ctx1 := context.WithValue(context.Background(), "key1", "0001")
    ctx2 := context.WithValue(ctx1, "key2", "0002")
    ctx3 := context.WithValue(ctx2, "key3", "0003")
    ctx4 := context.WithValue(ctx3, "key4", "0004")

    fmt.Println(ctx4.Value("key1"))
}
```

图 9.1　Context 查找值的顺序

9.1 节我们介绍了在标准库的 http handler 中获取服务器信息和本地地址信息的方式，ServerContextKey 和 LocalAddrContextKey 这两个值分别在服务器启动时和建立连接时设置：

```
func (srv *Server) Serve(l net.Listener) error {
```

```
        ......
        ctx := context.WithValue(baseCtx, ServerContextKey, srv)
    }
    func (c *conn) serve(ctx context.Context) {
        c.remoteAddr = c.rwc.RemoteAddr().String()
        ctx = context.WithValue(ctx, LocalAddrContextKey, c.rwc.LocalAddr())
        ......
    }
```

这样在编写 http handler 的时候，就可以通过 Context 获取这两个信息了（和上面的 HTTP 服务端的例子相同）。

在很多的 rpc 框架中也使用了 Context，并且尤其要求在服务方法的签名中第一个参数是 context.Context。这里以字节跳动的 kitex 框架为例，看看其微服务的方法签名：

```
    type EchoImpl struct{}

    func (s *EchoImpl) Echo(ctx context.Context, req *api.Request) (resp *api.Response,
 err error) { // kitex服务的方法签名
        return &api.Response{Message: req.Message}, nil
    }
```

再比如 grpc 的服务定义，也要求第一个参数是 context.Context：

```
    type server struct {
        pb.UnimplementedGreeterServer
    }

    func (s *server) SayHello(ctx context.Context, in *pb.HelloRequest)
(*pb.HelloReply, error) { // grpc服务的方法签名
        log.Printf("Received: %v", in.GetName())
        return &pb.HelloReply{Message: "Hello " + in.GetName()}, nil
    }
```

这些 rpc 框架之所以这么做，是因为在框架处理阶段，它们自己或者插件可以向 Context 中放入一些特定的数据，也就是上下文数据，用户在实现服务的时候，可以读取这些额外的上下文数据，辅助实现一些业务逻辑。

很多 Go Web 框架并没有使用 context.Context 来传递上下文，而是实现了自己的 Context，主要是因为它们想在 Context 上提供更丰富的功能，毕竟标准库中的 Context 的功能还是更纯粹、更简单一些。比如 gin 框架，专门定义了一个复杂的 Context struct：

```
    type Context struct {// gin之所以使用自定义的Context，是因为它要保存很多信息，并且为
    Context提供了很多便利方法
        writermem responseWriter
        Request   *http.Request
```

```
    Writer    ResponseWriter
    Params   Params
    handlers HandlersChain
    index    int8
    fullPath string
    engine       *Engine
    params       *Params
    skippedNodes *[]skippedNode
    mu sync.RWMutex
    Keys map[string]any
    Errors errorMsgs
    Accepted []string
    queryCache url.Values
    formCache url.Values
    sameSite http.SameSite
}
```

gin 框架定义了几十个方法。它的 Context 已经不仅仅用来传递上下文了，还提供了 HTTP 处理的便利方法，比如图 9.2 中的一些方法。

```
type Context
    func CreateTestContextOnly(w http.ResponseWriter, r *Engine) (c *Context)
    func (c *Context) Abort()
    func (c *Context) AbortWithError(code int, err error) *Error
    func (c *Context) AbortWithStatus(code int)
    func (c *Context) AbortWithStatusJSON(code int, jsonObj any)
    func (c *Context) AddParam(key, value string)
    func (c *Context) AsciiJSON(code int, obj any)
    func (c *Context) Bind(obj any) error
    func (c *Context) BindHeader(obj any) error
    func (c *Context) BindJSON(obj any) error
    func (c *Context) BindQuery(obj any) error
```

图 9.2　gin.Context 提供的便利方法（部分）

9.2.3　可撤销的上下文

context 包不但提供了传递上下文的功能（见 9.2.2 节），而且还提供了其他额外的功能，比如可以用来传递撤销命令等，这些功能比传递上下文的功能更常用。

当需要主动撤销长时间执行的任务时，我们常常创建这种类型的 Context，然后把这个 Context 传给长时间执行任务的子 goroutine。当需要中止任务时，我们就可以在主 goroutine 中撤销这个 Context，这样长时间执行任务的子 goroutine 就可以通过检查这个 Context，知道 Context 已经被撤销了。

这段话隐含两个意思：

- 撤销动作一般都是主 goroutine 主动执行的。

- 子 goroutine 需要主动检查上下文，才能获知主 goroutine 是否下发了撤销命令。

接下来，我们通过一个简单的例子来说明如何使用撤销功能。

大家知道，比特币最近几年非常火，比特币挖矿就是找到一个随机数（nonce）参与哈希运算，使最后得到的 hash 值符合难度要求，用公式表示就是 Hash(Block Header)<=target。下面就是一个简单的模拟“挖矿”的算法。

```
package main

import (
    "context"
    "crypto/sha256"
    "log"
    "math/big"
    "os"
    "strconv"
    "time"
)

func main() {
    targetBits, _ := strconv.Atoi(os.Args[1])
    log.SetFlags(log.Ldate | log.Ltime | log.Lmicroseconds)

    // 消耗算力的挖矿算法
    pow := func(ctx context.Context, targetBits int, ch chan string) {
        target := big.NewInt(1)
        target.Lsh(target, uint(256-targetBits)) // 除了前 targetBits 位，其余位都是 1

        var hashInt big.Int
        var hash [32]byte
        nonce := 0 // 随机数

        // 寻找一个满足当前难度的数
        for {
            select {
            case <-ctx.Done():
                log.Println("context is canceled")
                ch <- ""
                return
            default:
                data := "hello world " + strconv.Itoa(nonce)
                hash = sha256.Sum256([]byte(data)) // 计算 hash 值
                hashInt.SetBytes(hash[:])           // 将 hash 值转换为 big.Int

                if hashInt.Cmp(target) < 1 { // hashInt <= target，找到一个不大
```

```
于目标值的数，也就是至少前 targetBits 位都为 0
                    ch <- data
                    return
                } else { // 没找到，继续找
                    nonce++
                }
            }

        }
    }

    // 生成一个可撤销的 Context
    ctx, cancel := context.WithCancel(context.Background())

    ch := make(chan string, 1)
    go pow(ctx, targetBits, ch) // 子 goroutine 去挖矿

    time.Sleep(time.Second) // 等待 1s

    select {
    case result := <-ch: // 挖到
        log.Println(" 找到一个比目标值小的数：", result)
    default: // 没有挖到，其实这里也可以使用 WithTimeout 生成的 Context
        cancel() // 取消 pow 的计算。TODO: fixme
        log.Println(" 没有找到比目标值小的数 :", ctx.Err())
    }

}
```

pow 函数就是一个“挖矿”算法，输入的参数 targetBits 指定了挖出来的数据 hash 值的前 targetBits 位都要为 0，这样才算挖出来了。具体实现时，它根据这个值生成目标值 target，这个目标值的前 targetBits 位都为 0，后 256-targetBits 位全为 1。

接下来，执行一个循环，不停地计算数据的 hash 值，并与目标值 target 做比较。如果 hash 值小于或等于目标值，则表示“矿”已经找到，把结果写入 channel 中返回。如果没有找到“矿”，则随机数 nonce 加 1，以便生成不同的 hash 值，继续找。

如果 targetBits 的值很小，则“矿”很容易找到；但是，如果 targetBits 的值变大，“挖矿”的难度将呈指数级增加，耗时会越来越长。如果时间太长，我们就不想“挖矿”了，于是主动撤销挖矿的任务，然后返回。

这个时候，可撤销的 Context 就派上用场了。

主 goroutine 通过 WithCancel 生成一个新的 ctx，以及一个撤销函数 cancel。主 goroutine 把 ctx 传给 pow 函数，pow 函数以子 goroutine 的方式执行。

主 goroutine 等待 1s，如果在返回结果的 channel 中没有挖出来的“矿”，它就主动调用撤销函数 cancel，把 ctx 标记为已撤销。

主 goroutine 调用 cancel 函数并不会把子 goroutine“杀掉”，Go 语言也不允许这么“粗鲁”地“干掉”goroutine，否则程序将处于失控的状态——万一 goroutine 在执行某个重要的业务逻辑时，强制中断它，重要的业务逻辑可能就执行了一半，业务处于不可知的状态。所以，在 Go 语言中，子 goroutine 的执行在启动后是不受主 goroutine 控制的，如果想控制的话，则可以使用 Context 或者 channel。

在子 goroutine 中，为了检查父 goroutine 是否撤销了“挖矿”任务，它需要在每次循环时都检查 ctx.Done() 返回的 channel 是否有值。如果 ctx 被撤销，这个 channel 将会返回一个 struct{} 类型的值，这时候我们就知道任务已经被撤销了。我们需要关注这个 channel 返回的值，因为只要它有值就是 struct{} 类型的；如果你想知道为什么被撤销，则可以访问 ctx.Err()，它会告诉你任务撤销的原因。

子 goroutine 发现任务被撤销了，它就可以主动地退出业务处理。当然，你也可以忽略这个撤销命令，但是这就失去了使用可撤销的 Context 的意义了。一般情况下，我们都会在收到撤销命令后，收拾一下“战场”，然后结束 goroutine 的使命。

运行这个例子，在 mac mini M2 的机器上运行的话，如果目标位数是 10 和 20，那么很快就“挖”到“矿”了；如果目标位数是 30，则需要进行大量的计算，超过了 1s，任务就被撤销了，如图 9.3 所示。

```
 smallnest@birdnest > withcancel  master  go run main.go 10
2023/02/12 12:37:20.769774 开始寻找一个数，使得hash值小于目标值
2023/02/12 12:37:21.770677 找到一个比目标值小的数:  hello world 4
 smallnest@birdnest > withcancel  master  go run main.go 20
2023/02/12 12:37:25.379696 开始寻找一个数，使得hash值小于目标值
2023/02/12 12:37:26.380667 找到一个比目标值小的数:  hello world 613551
 smallnest@birdnest > withcancel  master  go run main.go 30
2023/02/12 12:37:38.247749 开始寻找一个数，使得hash值小于目标值
2023/02/12 12:37:39.248610 context is canceled
2023/02/12 12:37:39.248619 没有找到比目标值小的数：context canceled
 smallnest@birdnest > withcancel  master
```

图 9.3　不同“挖矿”难度下的程序运行情况

但是，上面的代码并不完美，还遗留了一个问题，在注释为“TODO: fixme”的那一行。正确的做法是使用如下处理方式：

```
defer cancel()

select {
case result := <-ch:
    log.Println("找到一个比目标值小的数：", result)
    return
```

```
default:
    log.Println("没有找到比目标值小的数：", ctx.Err())
}
```

有什么区别呢？对于上面的程序，没有什么区别，但如果是下面的程序，就有可能造成内存泄漏：

```
ctx, _ := context.WithCancel(context.Background()) // 忽略了 cancel 函数
ch := make(chan struct{}, 1)
n := int64(0)
for i := 0; i < 10; i++ {
    go foo(ctx, &n, ch)
}

<-ch
```

Go 官方文档中也提到了，撤销 Context 可以释放与它相关的资源，所以最佳实践就是一旦这个 Context 完成，就要尽快地调用 cancel 函数。很多人认为自己正常完成了业务逻辑，就无须调用 cancel 函数了。这是不对的，不管是正常完成业务逻辑，还是主动撤销任务，最好的方式都是要调用 cancel 函数，这样就可以把与 Context 相关的资源尽早地释放。如果释放资源没有那么迫切，在很多情况下，在 WithCancel 调用的下一行，我们都可以使用 defer cancel() 来保证撤销函数会被调用。还有的人担心调用 cancel 函数会不会导致异常的情况，其实，只要主要业务逻辑执行完了，再怎么调用 cancel 函数也没有关系。

比如下面的代码，如果不调用 cancel 函数，则会导致其他 9 个 goroutine 无法退出。

```
foo := func(ctx context.Context, n *int64, ch chan struct{}) {
    for {
        select {
        case <-ctx.Done():
            log.Panicln("context is canceled")
        default:
            if atomic.AddInt64(n, 1) == 100 {
                ch <- struct{}{}
                return
            }
        }
    }
}

ctx, _ := context.WithCancel(context.Background())
ch := make(chan struct{}, 1)
n := int64(0)
for i := 0; i < 10; i++ {
    go foo(ctx, &n, ch)
```

```
    }

    <-ch

    log.Println("n:", n)
```

在有些场景中，不调用 cancel 函数虽然不会导致 goroutine 泄漏，但是有可能导致 goroutine 不能及时地返回，goroutine 所占用的资源不能及时被释放。

Go 标准库中就有这样的例子，修改方法就是简单地加上 defer cancel()，如图 9.4 所示。

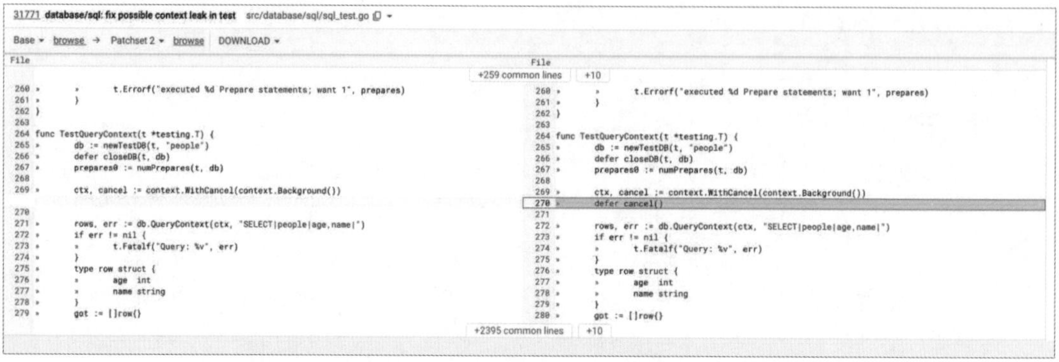

31771 **database/sql: fix possible context leak in test** src/database/sql/sql_test.go

Base ▾ browse → Patchset 2 ▾ browse DOWNLOAD ▾

File

```
260 »   »   t.Errorf("executed %d Prepare statements; want 1", prepares)
261 »   }
262 }
263
264 func TestQueryContext(t *testing.T) {
265 »   db := newTestDB(t, "people")
266 »   defer closeDB(t, db)
267 »   prepares0 := numPrepares(t, db)
268
269 »   ctx, cancel := context.WithCancel(context.Background())

270
271 »   rows, err := db.QueryContext(ctx, "SELECT|people|age,name|")
272 »   if err != nil {
273 »   »   t.Fatalf("Query: %v", err)
274 »   }
275 »   type row struct {
276 »   »   age  int
277 »   »   name string
278 »   }
279 »   got := []row{}
```

File

+259 common lines +10

```
260 »   »   t.Errorf("executed %d Prepare statements; want 1", prepares)
261 »   }
262 }
263
264 func TestQueryContext(t *testing.T) {
265 »   db := newTestDB(t, "people")
266 »   defer closeDB(t, db)
267 »   prepares0 := numPrepares(t, db)
268
269 »   ctx, cancel := context.WithCancel(context.Background())
270 »   defer cancel()
271
272 »   rows, err := db.QueryContext(ctx, "SELECT|people|age,name|")
273 »   if err != nil {
274 »   »   t.Fatalf("Query: %v", err)
275 »   }
276 »   type row struct {
277 »   »   age  int
278 »   »   name string
279 »   }
280 »   got := []row{}
```

+2395 common lines +10

图 9.4 Go 标准库中未调用 cancel 函数导致 goroutine 泄漏

另一个常见的问题就是子 goroutine 并没有真正使用到 ctx.Done，比如下面的例子：

```
ctx, cancel := context.WithCancel(context.Background())

go func() {

    select {
    case <-ctx.Done():
        return
    default:
        for {
            // 一段长时间运行，无法中途中止的代码
        }
    }

}()

cancel()
```

这段代码貌似使用了可撤销的 Context，但是由于子 goroutine 第一次检查了 ctx.Done 后，就进入了 default 分支，在 default 分支中执行一个耗时的逻辑。在这段逻辑中，如果不检查 ctx.Done，子 goroutine 是无法知道撤销信号的，即使主 goroutine 调用了 cancel 函数，

它也无法及时地退出。所以，正常的方式是，一定要在子 goroutine 中留出检查 ctx.Done 的检查点，以便它能及时地获取信号。

我们使用 WithCancel 很多年，也慢慢熟悉了它的使用方式，但在使用的过程中，有一点令人不是特别满意，就是当撤销一个 Context 的时候，通过 ctx.Err() 得到的都是 context.Canceled，而有时候我们想知道一个明确的撤销原因，并不是笼统的 Canceled。Go 1.20 提供了一个新的函数 WithCancelCause(parent Context) (ctx Context, cancel CancelCauseFunc)，可以实现这样的功能。它类似于 WithCancel 函数，只不过 CancelCauseFunc 可以传入一个明确的 error 值，如果传入 nil，就和 WithCancel 一样了。

举一个例子：

```
func main() {
    ctx, cancel := context.WithCancelCause(context.Background())
    cancel(io.EOF)

    fmt.Println(ctx.Err())              // 返回 context.Canceled
    fmt.Println(context.Cause(ctx)) // 返回 io.EOF
}
```

WithCancelCause 返回的 cancel 函数需要传入一个 error 参数：

```
type CancelCauseFunc func(cause error)
```

接下来，我们撤销这个 Context，使用明确的原因 io.EOF，该 Context 就被撤销了。

ctx.Err() 向下兼容，依然返回 context.Canceled，但是 Context 又提供了一个 Cause 函数，可以返回具体的原因。在上面的例子中，具体的原因就是 io.EOF。

运行上面的程序，显示 err 是 context.Canceled，但根因是 io.EOF。我们看到这个根因的时候，会更清楚地知道为什么这个 Context 被撤销了，如图 9.5 所示。

```
smallnest@birdnest > with_cancel_cause  master > go run main.go
context canceled
EOF
smallnest@birdnest > with_cancel_cause  master >
```

图 9.5　返回 cancel 的原因

如果传给 cancel 的参数为 nil，那么 Cause 函数返回的值为 context.Canceled。

类似的改造也会被应用于 WithTimeout 和 WithDeadline，但在 Go 1.20 中已经来不及了，可能会在 Go 1.21 中实现。

9.2.4 带超时功能的上下文

超时（Timeout）控制是 Context 的另一个重要功能。当然，你也可以使用 time.Timer（或者 time.After）实现，但是 time.Timer 只有超时功能，没有上下文通知功能，所以有时候需要使用 time.Timer 加上 channel 才能实现 Context 的超时功能。

Timeout 和 Deadline 本质上是一样的。Timeout 是当前时间再加上一段时间，最终还是会计算到未来的某个时间点，而 Deadline 是直接指明未来的某个时间点。从具体实现上看，WithTimeout 也是对 WithDeadline 的一个包装：

```
func WithTimeout(parent Context, timeout time.Duration) (Context, CancelFunc) {
    return WithDeadline(parent, time.Now().Add(timeout))
}
```

所以，接下来我们讲 WithDeadline 就好了。

WithDeadline 的方法签名如下：

```
func WithDeadline(parent Context, d time.Time) (Context, CancelFunc)
```

它返回父 Context 的副本，同时加上（或者调整）一个截止时间 d。如果父 Context 已经有了一个更早的截止时间，那么此函数的调用以最早的截止时间为准。这个返回的 Context 的 Done 方法返回的 channel 会在以下三种情况下被关闭：

- 当达到截止时间时。
- 当返回的 cancel 函数被调用时。
- 当父 Context 的 Done channel 被关闭时。

下面的例子演示了这三种情况。

```
    // case1: 超时
    log.Println("case1: expire")
    ctx, cancel := context.WithDeadline(context.Background(), time.Now().Add
(5*time.Second))
    <-ctx.Done()
    log.Println("err:", ctx.Err())
    cancel()

    // case2: 主动撤销
    log.Println("case2: cancel")
    ctx, cancel = context.WithDeadline(context.Background(), time.Now().Add
(5*time.Second))
    cancel()
    <-ctx.Done()
    log.Println("err:", ctx.Err())
```

```
    // case3: 父 Context 撤销
    log.Println("case3: parent cancel")
    pCtx, pCancel := context.WithCancel(context.Background())
    ctx, cancel = context.WithDeadline(pCtx, time.Now().Add(5*time.Second))
    pCancel()
    <-ctx.Done()
    log.Println("err:", ctx.Err())
    cancel()
```

运行这个程序，可以看到，输出结果中第一个 Context 是因为超时被撤销的；第二个 Context 是主动撤销的；第三个 Context 是父 Context 撤销导致它被撤销的，如图 9.6 所示。

```
 smallnest@birdnest  > > > > > > with_deadline_close  master  go run main.go
2023/02/12 18:18:56 case1: expire
2023/02/12 18:19:01 err: context deadline exceeded
2023/02/12 18:19:01 case2: cancel
2023/02/12 18:19:01 err: context canceled
2023/02/12 18:19:01 case3: parent cancel
2023/02/12 18:19:01 err: context canceled
timeout: -4.999994208s
 smallnest@birdnest  > > > > > > with_deadline_close  master
```

图 9.6　超时、主动撤销或者父 Context 撤销导致三个 Context 被撤销

如果是因为超时导致的 Context 被撤销，Context 的 Err() 方法将返回 context.DeadlineExceeded。

上面提到，WithDeadline 的截止时间不会超过父 Context 的截止时间，使用下面的例子来验证：

```
    pCtx, pCancel := context.WithDeadline(context.Background(), time.Now().Add
(5*time.Second))
    defer pCancel()
    ctx, cancel := context.WithDeadline(pCtx, time.Now().Add(time.Minute))
    defer cancel()

    deadline, _ := ctx.Deadline()
    fmt.Println("timeout:", time.Since(deadline)) // timeout: -5s 左右
```

可以看到，虽然子 Context 的截止时间设置的是 1 分钟，但是由于父 Context 设置的截止时间是 5s，所以子 Context 的截止时间不会超过 5s，最终输出的结果接近 5s。

另外，和撤销 Context 的原因相同，使用 WithTimeout 和 WithDeadline 的最佳实践也是在任务完成后或者要撤销任务时调用撤销函数 cancel，虽然还没有到达截止时间，但只要任务完成了，就撤销 Cancel，目的是尽早释放与这个 Context 关联的资源。

9.3　Context 实战

由于 Go 标准库的 http 包的精巧设计，我们很容易通过扩展它来实现一套自己的 Web

框架。它的使用是如此容易，以至于网上存在几十个 Go 的框架，可谓“百花齐放”。但这未必是好事，因为使用者挑花了眼，反而不知道该用哪个框架了。

下面我们使用不到 100 行的代码，实现一个支持中间件的 Web 框架——暂且把它叫作 Birdnest（鸟窝）框架。这个框架和 Go 标准库的 http 包相比，具有以下特性：

- 支持中间件。
- 兼容 Go 标准库的 http handler。
- 中间件之间可以通过 Context 传递上下文。
- Go 标准库的 handler 可以读取 Context，获得上下文信息。

当然，这只是用来演示 Context 功能的一个 Web 框架，并没有进一步的功能开发。

为了方便在中间件中设置和读取上下文信息，需要有写入上下文的功能，所以一开始需要往上下文中放入一个对象，这个对象在上下文中的 key 为 BirdnestCtxKey，值的类型为 ContextInfo，它包含一个 map 字段，可以用来读 / 写信息。

```go
// Context 是一个保存上下文信息的对象
type ContextInfo struct {
    Params map[string]any
}

// 上下文中的 key 的类型
type contextKey struct {
    name string
}

// BirdnestCtxKey 是一个上下文中的 key
var BirdnestCtxKey = contextKey{"BirdnestCtxKey"}

// 使用 NewContext 创建一个新的上下文
func NewContext() context.Context {
    return context.WithValue(context.Background(), BirdnestCtxKey, &ContextInfo{
        Params: make(map[string]any),
    })
}
```

接下来设计中间件。中间件会在用户的 http handler 之前执行，它的设计参考了 http handler 的设计，只不过增加了一个参数 context.Context，以便中间件自己可以读 / 写上下文，并且可以传递给下一个中间件和 http handler。

```go
// Handler 是中间件类型，定义了插件的方法签名
type Handler interface {
    ServeHTTP(c context.Context w http.ResponseWriter, r *http.Request)
}
```

```
// HandlerFunc 也是一个中间件类型，以接口的形式提供
type HandlerFunc func(ctx context.Context, w http.ResponseWriter, r *http.Request)

func (fn HandlerFunc) ServeHTTP(ctx context.Context, w http.ResponseWriter,
r *http.Request) {
    fn(ctx, w, r)
}
```

接下来就是 Birdnest 框架的部分了。这里定义了 Birdnest struct，其包含中间件和 mux，默认使用 http.DefaultServeMux，你也可以通过 SetMux 支持其他高性能的 router，比如 httprouter 等。

Use 和 UseFunc 用来增加程序所使用的中间件。

```
// Birdnest 是一个 HTTP 服务的中间件框架
type Birdnest struct {
    middleware []Handler
    mux        http.Handler
}

// 使用 New 创建一个新的 Birdnest 实例
func New() *Birdnest {
    return &Birdnest{
        mux: http.DefaultServeMux,
    }
}

// 使用 Use 增加一个中间件
// 运行之后就不能再增加了，否则会出现非预期的现象
func (b *Birdnest) Use(handler Handler) {
    b.middleware = append(b.middleware, handler)
}

// 使用 UseFunc 增加一个中间件
func (b *Birdnest) UseFunc(handleFunc HandlerFunc) {
    b.Use(HandlerFunc(handleFunc))
}

// SetMux 使用定制化的 mux，比如 httprouter
func (b *Birdnest) SetMux(mux http.Handler) {
    b.mux = mux
}
```

最后，我们使用 ServeHTTP 来提供 Web 服务。

```
// 使用 ServeHTTP 实现 http.Handler 接口
func (b *Birdnest) ServeHTTP(w http.ResponseWriter, r *http.Request) {
    ctx := NewContext()

    for _, handler := range b.middleware {
```

```
        handler.ServeHTTP(ctx, w, r)
    }

    b.mux.ServeHTTP(w, r.WithContext(ctx))
}

// 运行 HTTP 服务
func (b *Birdnest) Run(addr string) error {
    return http.ListenAndServe(addr, b)
}
```

至此，一个简单的 Web 框架就开发完成了。这里 Context 实现了在中间件和 http handler 中传递上下文。

现在，是时候写一个程序来测试这个框架了。

```
package main

import (
    "context"
    "fmt"
    "net/http"

    "github.com/julienschmidt/httprouter"
)

func main() {
    var connHandler = func(ctx context.Context, w http.ResponseWriter, r *http.
Request) {
        ctx.Value(BirdnestCtxKey).(*ContextInfo).Params["LocalAddrContextKey"]
= r.Context().Value(http.LocalAddrContextKey)
    }
    var authHandler = func(ctx context.Context, w http.ResponseWriter, r *http.
Request) {
        token := r.URL.Query().Get("token")
        if token == "123456" {
            ctx.Value(BirdnestCtxKey).(*ContextInfo).Params["Valid"] = true
        }
    }

    var b = New()
    // 添加中间件
    b.UseFunc(connHandler)
    b.UseFunc(authHandler)

    // 添加 handler
    mux := httprouter.New()
    mux.GET("/", func(w http.ResponseWriter, r *http.Request, _ httprouter.
Params) {
        ctx := r.Context()
```

```
        params := ctx.Value(BirdnestCtxKey).(*ContextInfo).Params

        localAddr := params["LocalAddrContextKey"].(string)
        valid := params["Valid"].(bool)
        w.Write([]byte(fmt.Sprintf("hello world. localAddr: %s, valid: %t",
localAddr, valid)))
    })
    b.SetMux(mux)

    b.Run(":8080")
}
```

这里写了两个中间件，其中第一个中间件在上下文中设置了本地地址；第二个中间件检查用户的 token，如果 token 合法，就在上下文中设置 Valid=true。最后写了一个正常的 hello world handler。这里使用了高性能的 router 库：http router。运行这个程序，访问它的地址看看效果，我们可以从 Context 中读取到上下文信息，如图 9.7 所示。

```
  smallnest@birdnest  ~  curl http://localhost:8080/
hello world. localAddr: 127.0.0.1:8080, valid: <nil>
  smallnest@birdnest  ~  curl http://localhost:8080/\?token\=123456
hello world. localAddr: 127.0.0.1:8080, valid: true
  smallnest@birdnest  ~  █
```

图 9.7　实现中间件传递 Context

9.4　Context 的使用陷阱

在前文中，其实我们已经讲了两个 Context 的使用陷阱：

- 在使用 WithCancel、WithCancelCause、WithTimeout 和 WithDeadline 函数时，一定要调用 cancel 函数。
- 子 goroutine 一定要设置正确的检查点，及时检查 Context 是否已被撤销或者超时。

Context 本身没有太多的使用陷阱，还有一个注意一下就好了，就是关于 Context 中 Key 类型的设置。

在下面的例子中，key 的类型为 string，foo 函数设置了 myKey 的值，而 bar 函数也设置了 myKey 的值。当 fizz 函数在上下文中查找 myKey 的值时，根据 Context 查找值的顺序，fizz 得到 myKey 的值是 true，原始的 foo 函数设置的值被覆盖了。

```
func foo(ctx context.Context) {
    ctx = context.WithValue(ctx, "myKey", "123") // 键的名称为 myKey
    bar(ctx)
}

func bar(ctx context.Context) {
    ctx = context.WithValue(ctx, "myKey", true) // 键的名称也为 myKey，覆盖了上一
```

```
个 myKey
    fizz(ctx) // 读取到 myKey 的值为 true
}

func fizz(ctx context.Context) {
    fmt.Println(ctx.Value("myKey")) // 读取 myKey 的值
}

func main() {
    foo(context.Background())
}
```

在这个例子中，我们比较容易发现 key 值被覆盖的情况——换一个名称就解决问题了。如果在不同的包中定义了相同的 key，且都使用 string 类型，那么一起使用时就可能存在覆盖的问题。

解决覆盖问题很简单，一种方法是定义 key 的类型为 unexported，仅限于在本包中使用，那么在不同的包中即使 key 相同也不会发生冲突。例如：

```
package p1

type key struct{} // 定义一个 unexported 类型
var mykey1 key //将 key 的类型设置为这个类型
```

在万不得已的情况下，还可以通过提供便利方法的方式，把对此 key 的读 / 写暴露成方法提供：

```
type key int

var userKey key // 使用 unexported 类型，在其他包中无法访问此类型

//包装，以便在其他包中能生成包含此 key 的 Context
func NewContext(ctx context.Context, u any) context.Context {
    return context.WithValue(ctx, userKey, u)
}

//包装，以便在其他包中能读取到这个 key 的值
func FromContext(ctx context.Context) any {
    return ctx.Value(userKey)
}
```

另一种方法是使用每个包自定义的数据类型。比如下面的 p1 包和 p2 包中都有 Mykey1 这个 key，尽管它们的底层类型相同，但实际类型是不同的，所以不会发生冲突。

```
// p1 包文件
package p1

type key struct{}

var Mykey1 key // 使用 unexported 类型
```

```go
// p2 包文件
package p2

type key struct{}

var Mykey1 key // 使用 unexported 类型

// main 文件
package main

import (
    "context"
    "fmt"

    "github.com/smallnest/concurrency-programming-via-go-code/ch9/key2/p1"
    "github.com/smallnest/concurrency-programming-via-go-code/ch9/key2/p2"
)

func main() {
    ctx := context.WithValue(context.Background(), p1.Mykey1, "123") // 使用 p1.Mykey1
    ctx = context.WithValue(ctx, p2.Mykey1, true) // 使用 p2.Mykey1，不会覆盖 p1.MyKey1
    fmt.Println(ctx.Value(p1.Mykey1))
    fmt.Println(ctx.Value(p2.Mykey1))
}
```

运行这个程序，可以看到两个 key 不会相互覆盖，如图 9.8 所示。

```
  smallnest@birdnest  key2  master  go run  main.go
123
true
  smallnest@birdnest  key2  master
```

图 9.8　在不同的包中使用自定义的类型

注意，一定要把 key 设置为不同的类型，就像在上面的例子中，我们定义了一个 unexported 类型。在下面的例子中，我们会遇到覆盖的问题。

```go
// p1 包文件
package p1

var Mykey1 struct{} // 底层类型是 struct{}，并且是 exported

// p2 包文件
package p2

var Mykey1 struct{} // 底层类型也是 struct{}，并且也是 exported。如果使用这两个类型
作为 key 的类型，则会发生覆盖的问题
```

9.5 Context 的实现

9.5.1 WithValue 的实现

WithValue 方法实际上返回一个类型为 valueCtx 的对象，valueCtx 包含父 Context 的键值对。

```
func WithValue(parent Context, key, val any) Context {
    ......
    return &valueCtx{parent, key, val}
}

type valueCtx struct {
    Context // 父 Context
    key, val any // 此 Context 包含的 key 和 value
}
```

这里嵌入了父 Context，所以无须实现 Deadline、Done、Err 等方法，使用了父 Context 的方法。

在调用 Value 方法获取值时，valueCtx 首先和自己的 key 做比较，如果相等，则返回自己的值，否则就需要往上查找。

如果父 Context 的类型是 valueCtx，则按照相同的逻辑查找。

如果父 Context 的底层类型是 cancelCtx，并且 key 就是 &cancelCtxKey 这个对象的话，则说明在查找 cancelCtx 对象，直接返回父 Context 即可。如果 key 不是 &cancelCtxKey 这个对象，则继续往上查找。timerCtx 也是同样的处理逻辑。

如果父 Context 的类型是 emptyCtx，比如 context.Background 和 context.Todo，它们本身是没有值的，已经走到山穷水尽的地步，还是不知道对应的 key 值，那么返回 nil 即可。

如果是其他情况，比如是自己定义的 key 值，那么就调用 Context.Value 查找试试。

```
func (c *valueCtx) Value(key any) any {
    if c.key == key {
        return c.val
    }
    return value(c.Context, key)
}

func value(c Context, key any) any {
    for {
        switch ctx := c.(type) {
        case *valueCtx: // 如果还是此类型
```

```
            if key == ctx.key { // 并且就是要查找的 key，则返回此 key 对应的值
                return ctx.val
            }
            c = ctx.Context // 否则往上查找
        case *cancelCtx: // 如果是 cancel Context
            if key == &cancelCtxKey { // 如果 key 就是 cancelCtxKey，则直接返回此 Context
                return c
            }
            c = ctx.Context // 否则继续往上查找
        case *timerCtx: // 如果是 timer Context
            if key == &cancelCtxKey { // 如果 key 就是 cancelCtxKey，则直接返回此 Context
                return ctx.cancelCtx
            }
            c = ctx.Context // 否则继续往上查找
        case *emptyCtx: // 如果是 context.Background 或者 context.Todo，则返回 nil，
找不到对应的值
            return nil
        default: // 其他情况，比如自定义 Context，则调用 Value 查找，Value 的逻辑自己实现
            return c.Value(key)
        }
    }
}
```

总体来说，WithValue 就是一直往上找，找到一层就对比一下，不匹配就再往上找，找到尽头。

9.5.2　WithCancel 的实现

WithCancel 方法的实现如下。它返回一个 withCancel 的对象 c，以及一个 cancel 函数，这个 cancel 函数调用 c 的 cancel 方法。

```
func WithCancel(parent Context) (ctx Context, cancel CancelFunc) {
    c := withCancel(parent)
    return c, func() { c.cancel(true, Canceled, nil) }
}
```

重点是 withCancel 函数及它生成的对象：

```
func withCancel(parent Context) *cancelCtx {
    if parent == nil {
        panic("cannot create context from nil parent")
    }
    c := newCancelCtx(parent) // 基于父 Context 生成 Context
    propagateCancel(parent, c) // 向上传播，让父 Context 关联这个子 Context
    return c
}
```

使用 newCancelCtx 生成 cancelCtx 对象：

```
func newCancelCtx(parent Context) *cancelCtx {
    return &cancelCtx{Context: parent}
}
type cancelCtx struct {
    Context

    mu       sync.Mutex
    done     atomic.Value
    children map[canceler]struct{} // 此 Context 的子 Context 列表
    err      error // 撤销时设置的 error
    cause    error // 撤销的根因 error
}
```

cancelCtx 需要检查父子 Context 的撤销状态，所以需要 propagateCancel 处理一下。

cancelCtx 检查父 Context 是否支持 cancel，不支持就简单了，直接返回即可。

如果父 Context 支持 cancel，并且已被撤销，那么它会在撤销其子 Context 后返回。

如果父 Context 的类型是 cancelCtx，则需要建立父子关系（还加了一点逻辑，检查父 Context 是否被撤销）。

如果父 Context 的类型不是 cancelCtx，比如是使用 WithTimeout 或者 WithDeadline 等创建的 Context，则会创建一个 goroutine，等待父 Context 完成或者子 Context 完成。

```
func propagateCancel(parent Context, child canceler) {
    done := parent.Done()
    if done == nil {
        return // 如果父 Context 永远不会被撤销，比如 context.Background 和 context.Todo，
则不做处理，返回
    }

    select {
    case <-done:
        // 父 Context 已经被撤销了，这个子 Context 也要被撤销
        child.cancel(false, parent.Err(), Cause(parent))
        return
    default:
    }

    // 得到父 Context 的可撤销对象，或者往上查找，直到找到一个可撤销的 Context，或者不存在
    if p, ok := parentCancelCtx(parent); ok {
        p.mu.Lock()
        if p.err != nil {
            // 如果父 Context 已经被撤销了，则当前这个子 Context 也要被撤销
            child.cancel(false, p.err, p.cause)
        } else { // 否则，把自己加入父 Context 的子 Context 列表中
```

```
            if p.children == nil {
                p.children = make(map[canceler]struct{})
            }
            p.children[child] = struct{}{}
        }
        p.mu.Unlock()
    } else { // 如果父 Context 以上都不是可撤销的 Context，那么此 Context 自己启动一个
goroutine 监听
        goroutines.Add(1)
        go func() {
            select {
            case <-parent.Done():
                child.cancel(false, parent.Err(), Cause(parent))
            case <-child.Done():
            }
        }()
    }
}
```

Context 的撤销方法如下：

- 如果 Context 已经被撤销过，则直接返回上一次撤销的各种 error。
- 否则，关闭 done 这个 channel。同时撤销子 Context，清空子 Context 列表，从父 Context 的子 Context 列表中移除自己。

```
func (c *cancelCtx) cancel(removeFromParent bool, err, cause error) {
    if err == nil {
        panic("context: internal error: missing cancel error")
    }
    if cause == nil { // 如果没有设置 cause，则与 err 相同
        cause = err
    }
    c.mu.Lock()
    if c.err != nil {
        c.mu.Unlock()
        return // 已经被撤销过，直接返回即可
    }
    c.err = err
    c.cause = cause
    d, _ := c.done.Load().(chan struct{}) // 读取 done 这个 channel
    if d == nil {
        c.done.Store(closedchan) // 既然已经明确被撤销了，那么直接使用一个已关闭的
channel 即可
    } else {
        close(d) // 否则关闭它
    }
```

```
    for child := range c.children { // 子 Context 也都要被撤销
        child.cancel(false, err, cause)
    }
    c.children = nil
    c.mu.Unlock()

    if removeFromParent {
        removeChild(c.Context, c) // 清空子 Context 列表
    }
}
```

Done、Err 和 Value 方法就比较简单了，这里不再赘述。

```
func (c *cancelCtx) Value(key any) any {
    if key == &cancelCtxKey { // 如果是查询自己
        return c
    }
    return value(c.Context, key) // 否则往上查找
}

func (c *cancelCtx) Done() <-chan struct{} {
    d := c.done.Load()
    if d != nil { // 如果已经初始化了 done，则直接返回即可
        return d.(chan struct{})
    }
    c.mu.Lock()
    defer c.mu.Unlock()
    d = c.done.Load()
    if d == nil { // 双重检查，如果还没有初始化过，则初始化一个未关闭的 channel
        d = make(chan struct{})
        c.done.Store(d)
    }
    return d.(chan struct{})
}
func (c *cancelCtx) Err() error { //返回错误
    c.mu.Lock()
    err := c.err
    c.mu.Unlock()
    return err
}
```

总体来说，cancelCtx 需要向上管理和向下管理，它的撤销会影响父 Context 的子 Context 列表和子 Context 的撤销。

9.5.3 WithDeadline 的实现

WithDeadline 方法生成一个 timerCtx 对象，也像 cancelCtx 一样调用 propagateCancel

上下“慰问”一圈。

WithDeadline 方法首先检查父 Context 的截止时间，如果此 Context 的截止时间晚于父 Context 的截止时间，则使用 WithCancel(parent) 创建一个 Context 就好。

然后，看情况生成一个 timer，timer 过期后会调用 timerCtx 对象的 cancel 方法。

```
func WithDeadline(parent Context, d time.Time) (Context, CancelFunc) {
    if parent == nil {
        panic("cannot create context from nil parent")
    }
    if cur, ok := parent.Deadline(); ok && cur.Before(d) {
        // 如果父 Context 的截止时间在这个时间 d 之前，则应该使用父 Context 的截止时间
        return WithCancel(parent)
    }
    // 否则，创建一个与时间相关的 Context，内部使用 cancelCtx
    c := &timerCtx{
        cancelCtx: newCancelCtx(parent),
        deadline:  d,
    }
    propagateCancel(parent, c) // 向上传播
    dur := time.Until(d)
    if dur <= 0 { // 如果截止时间已过去
        c.cancel(true, DeadlineExceeded, nil) // 发生超时，撤销这个 Context
        return c, func() { c.cancel(false, Canceled, nil) }
    }
    c.mu.Lock()
    defer c.mu.Unlock()
    if c.err == nil { // 设置一个定时器，超过截止时间就撤销
        c.timer = time.AfterFunc(dur, func() {
            c.cancel(true, DeadlineExceeded, nil)
        })
    }
    return c, func() { c.cancel(true, Canceled, nil) }
}

type timerCtx struct {
    *cancelCtx
    timer *time.Timer

    deadline time.Time
}
```

timerCtx 的 cancel 方法比较简单，只是可能需要从父 Context 的子 Context 列表中移除自己，将 timer 停止即可。

```
func (c *timerCtx) cancel(removeFromParent bool, err, cause error) {
    c.cancelCtx.cancel(false, err, cause)
    if removeFromParent {
        // 从父 Context 的子 Context 列表中移除自己
        removeChild(c.cancelCtx.Context, c)
    }
    c.mu.Lock()
    if c.timer != nil { // 及时关闭定时器，否则有内存泄漏的风险
        c.timer.Stop()
        c.timer = nil
    }
    c.mu.Unlock()
}
```

注意，timerCtx 创建了 cancelCtx: newCancelCtx(parent)，cancelCtx 字段是嵌入字段，所以 timerCtx 的很多处理与 cancelCtx 的处理一样，包括调用 cancel 对父子关系进行维护，以及对子 Context 进行撤销处理等。

第10章　原子操作

本章内容包括：

- 原子操作的基础知识
- 原子操作的使用场景
- atomic提供的函数和类型
- uber的atomic库
- lock-free队列的实现
- 原子性和可见性

前面我们在学习 Mutex、RWMutex 等同步原语的实现时，可以看到，其底层是通过 atomic 包中的一些原子操作来实现的。当时，为了将你的注意力集中在这些同步原语的功能实现上，并没有展开介绍这些原子操作是做什么用的。你可能会说，这些同步原语已经可以应对大多数的并发场景了，为什么还要学习原子操作呢？其实，在很多场景中，使用同步原语实现起来比较复杂，而原子操作可以帮助我们更轻松地实现业务逻辑。

10.1 原子操作的基础知识

sync/atomic包实现了同步算法底层的原子内存操作原语，我们把它叫作原子操作原语，它提供了一些实现原子操作的函数和类型。它叫什么并不重要，重要的是我们要熟悉它的功能。

之所以叫原子操作，是因为一个原子在执行的时候，其他线程不会看到执行一半的操作结果。在其他线程看来，原子操作要么执行完了，要么还没有执行，就像一个最小的粒子——原子一样，不可分割。

CPU 提供了基础的原子操作，不过，不同架构系统的原子操作是不一样的。对于单处理器单核系统来说，如果一个操作是由一个 CPU 指令实现的，比如 XCHG 和 INC 等指令，那么它就是原子操作。如果一个操作是基于多条指令实现的，那么它在执行的过程中可能会被中断，并执行上下文切换，这样的话，原子性的保证就被打破了，因为这个时候操作可能只执行了一半。

在多处理器多核系统中，原子操作的实现就比较复杂了。由于缓存的存在，单个核上的单个指令进行原子操作时，要确保其他处理器或 CPU 核不访问此原子操作的地址，或者确保其他处理器或 CPU 核总是访问原子操作之后的最新的值。x86 架构中提供了指令前缀 LOCK，LOCK 保证了指令（如 LOCK CMPXCHG op1, op2）不会受其他处理器或 CPU 核的影响，有些指令（如 XCHG）本身就提供了锁机制。不同的 CPU 架构提供的原子操作指令是不同的，比如对于多核的 MIPS 和 ARM，提供了 LL/SC（Load Link/Store Conditional）指令，可以帮助实现原子操作。

因为不同的 CPU 架构甚至不同的版本提供的原子操作指令是不同的，所以要用一种编程语言实现支持不同架构的原子操作是相当有难度的。不过，这不需要我们操心，因为 Go 语言提供了一个通用的原子操作 API，将底层不同架构下的实现封装成 atomic 包，以及提供了一个修改类型的原子操作（Read-Modify-Write, RMW）API 和一个加载存储类型的原子操作（Load 和 Store）API。

有的代码也会因为架构的不同而不同。有时候一个操作看起来是原子操作，但实际上，对于不同的架构来说，情况是不一样的。比如下面代码的①行，将一个 64 位的值赋给变量 i：

```
const x int64 = 1 + 1<<33

func main() {
```

```
    var i = x // ①
    _ = i
}
```

如果在 x386 架构下编译这段代码，那么①行（图 10.1 中的 main.go:5）其实被拆分成两条指令，分别操作低 32 位和高 32 位的值（使用 GOARCH=386 go tool compile -N -l test.go 和 GOARCH=386 go tool objdump -gnu test.o 反编译试试）。

```
main.main STEXT size=41 args=0x0 locals=0x8 funcid=0x0 align=0x0
        0x0000 00000 (ch10/atomic1/main.go:5)   TEXT    main.main(SB), ABIInternal, $8-0
        0x0000 00000 (ch10/atomic1/main.go:5)   MOVL    (TLS), CX
        0x0007 00007 (ch10/atomic1/main.go:5)   CMPL    SP, 8(CX)
        0x000a 00010 (ch10/atomic1/main.go:5)   PCDATA  $0, $-2
        0x000a 00010 (ch10/atomic1/main.go:5)   JLS     34
        0x000c 00012 (ch10/atomic1/main.go:5)   PCDATA  $0, $-1
        0x000c 00012 (ch10/atomic1/main.go:5)   SUBL    $8, SP
        0x000f 00015 (ch10/atomic1/main.go:5)   FUNCDATA        $0, gclocals·g2BeySu+wFnoycgXfElmcg==(SB)
        0x000f 00015 (ch10/atomic1/main.go:5)   FUNCDATA        $1, gclocals·g2BeySu+wFnoycgXfElmcg==(SB)
        0x000f 00015 (ch10/atomic1/main.go:6)   MOVL    $1, main.i(SP)
        0x0016 00022 (ch10/atomic1/main.go:6)   MOVL    $2, main.i+4(SP)
        0x001e 00030 (ch10/atomic1/main.go:8)   ADDL    $8, SP
        0x0021 00033 (ch10/atomic1/main.go:8)   RET
        0x0022 00034 (ch10/atomic1/main.go:8)   NOP
        0x0022 00034 (ch10/atomic1/main.go:5)   PCDATA  $1, $-1
        0x0022 00034 (ch10/atomic1/main.go:5)   PCDATA  $0, $-2
        0x0022 00034 (ch10/atomic1/main.go:5)   CALL    runtime.morestack_noctxt(SB)
        0x0027 00039 (ch10/atomic1/main.go:5)   PCDATA  $0, $-1
        0x0027 00039 (ch10/atomic1/main.go:5)   JMP     0
        0x0000 65 8b 0d 00 00 00 00 3b 61 08 76 16 83 ec 08 c7  e......;a.v.....
        0x0010 04 24 01 00 00 00 c7 44 24 04 02 00 00 00 83 c4  .$.....D$.......
        0x0020 08 c3 e8 00 00 00 00 eb d7                       .........
        rel 3+4 t=15 TLS+0
```

图 10.1　在 x386 架构下 int64 类型的赋值被拆分成两条指令

注意：var i = x 是 int64 类型的赋值，在 x386 架构下它被编译成了两条 MOVL 指令，这就不是原子操作了。但是在 AMD64 架构下，编译的代码又是不同的，首先把常量赋给 R0 寄存器，然后真正通过 MOVD 指令一次赋值给 i 变量，如图 10.2 所示。

```
main.main STEXT nosplit size=48 args=0x0 locals=0x18 funcid=0x0 align=0x0 leaf
        0x0000 00000 (ch10/atomic1/main.go:5)   TEXT    main.main(SB), NOSPLIT|LEAF|ABIInternal, $32-0
        0x0000 00000 (ch10/atomic1/main.go:5)   MOVD.W  R30, -32(RSP)
        0x0004 00004 (ch10/atomic1/main.go:5)   MOVD    R29, -8(RSP)
        0x0008 00008 (ch10/atomic1/main.go:5)   SUB     $8, RSP, R29
        0x000c 00012 (ch10/atomic1/main.go:5)   FUNCDATA        $0, gclocals·g2BeySu+wFnoycgXfElmcg==(SB)
        0x000c 00012 (ch10/atomic1/main.go:5)   FUNCDATA        $1, gclocals·g2BeySu+wFnoycgXfElmcg==(SB)
        0x000c 00012 (ch10/atomic1/main.go:6)   MOVD    $8589934593, R0
        0x0014 00020 (ch10/atomic1/main.go:6)   MOVD    R0, main.i-8(SP)
        0x0018 00024 (ch10/atomic1/main.go:8)   ADD     $32, RSP
        0x001c 00028 (ch10/atomic1/main.go:8)   SUB     $8, RSP, R29
        0x0020 00032 (ch10/atomic1/main.go:8)   RET     (R30)
```

图 10.2　在 AMD64 架构下使用一条指令赋值

所以在 AMD64 架构下，并不会出现使用 x 对 int64 类型的 i 只赋值一半的情况，但是在 x386 架构下是有可能的。

10.2　原子操作的使用场景

本章开始时提到，使用 atomic 的一些函数可以实现底层的优化。如果使用 Mutex 等同步原语进行优化，虽然可以解决问题，但是这些同步原语的实现逻辑比较复杂，对性能会有一定的影响。

举一个例子：假设想在程序中使用标志（flag，比如一个 bool 类型的变量）来标识一个定时任务是否已经启动执行了。

我们先来看看加锁的方法。如果使用 Mutex 或 RWMutex，在读取和设置这个标志的时候加锁，是可以做到互斥的，保证同一时刻只有一个定时任务在执行。这是一种解决方案。

其实，这个场景不涉及对资源竞争的复杂逻辑，只是并发地读 / 写这个标志，因此适合使用 atomic 的原子操作。具体怎么做呢？我们可以使用一个 uint32 类型的变量，如果这个变量的值为 0，则表示没有任务在执行；如果它的值为 1，就表示已经有任务在执行了。你看，是不是很简单？

再来看一个例子。假设在开发应用程序的时候，需要从配置服务器中读取一个节点的配置信息；而且，当这个节点的配置发生变更时，需要重新从配置服务器中拉取一份新的配置并更新。应用程序中可能有多个 goroutine 都依赖这份配置，涉及对配置对象的并发读 / 写，我们可以使用读写锁实现对配置对象的保护。在大部分情况下，我们也可以利用 atomic 实现配置对象的更新和加载。

分析到这里，我们看到，这两个例子都可以使用基本同步原语来实现，只不过不需要这些基本同步原语里面的复杂逻辑，只需要其中的简单原子操作。所以，这些场景可以直接使用 atomic 包中的函数来实现。

有时候，我们也可以使用 atomic 实现自己定义的基本同步原语，比如在 Go issue 有人提议添加的 CondMutex、Mutex.LockContext、WaitGroup.Go 等，就可以使用 atomic 或者基于它的更高一级的同步原语来实现。前面讲的几种基本同步原语的底层（如 Mutex），就是通过 atomic 的方法实现的。

此外，atomic 的原子操作还是实现 lock-free 数据结构的基石。

在实现 lock-free 数据结构时，不使用互斥锁，线程就不会因为等待互斥锁而被阻塞休眠，而是会保持继续处理的状态。另外，不使用互斥锁的话，lock-free 数据结构还可以提升并发的性能。不过，lock-free 数据结构实现起来比较复杂，需要考虑很多东西，有兴趣的读者可以看一位微软专家的经验分享："Lockless Programming Considerations for Xbox 360 and Microsoft Windows"。在后面的 10.5 节中，我们会开发一个 lock-free 队列，来学习使用 atomic 的原子操作实现 lock-free 数据结构的方法，你可以将它和使用互斥锁实现的队列进行性能对比，看看它在性能上是否有所提升。

讲到这里，你是不是觉得 atomic 非常重要？相信答案是肯定的。但是，要想灵活地应用 atomic，你首先要知道 atomic 所提供的所有函数。

10.3　atomic 提供的函数和类型

在 Go 1.19 之前，atomic 提供了中规中矩的原子操作的函数。当时 Go 泛型的特性还没有发布，Go 标准库中的很多实现都显得非常啰唆，多个类型实现了很多类似的函数，尤其是 atomic 包，最为明显。相信支持泛型之后，atomic 的 API 会清爽得多。为了支持 int32、int64、uint32、uint64、uintptr、Pointer（Add 函数不支持）类型，atomic 分别提供了 AddXXX、CompareAndSwapXXX、SwapXXX、LoadXXX、StoreXXX 等函数。不过，在 Go 泛型的特性发布后，这些函数并没有使用泛型进行简化，这可能是出于向下兼容的考虑。尽管如此，Go 团队还是在 Go 1.19 中进行了大范围的改造，为上面提到的类型提供了对应的原子类型，以方便用户使用。

关于 atomic，还有一个地方一定要记住，即 atomic 操作的对象是一个地址，你需要把可寻址的变量的地址作为参数传递给函数，而不是把变量的值传递给函数。

下面采用通用的方式介绍 atomic 所提供的函数。可以说，掌握了这些函数，你就完全掌握了 atomic 包。

10.3.1　AddXXX 函数

我们来看 AddXXX 函数的签名，如图 10.3 所示。

```
func AddInt32(addr *int32, delta int32) (new int32)
func AddInt64(addr *int64, delta int64) (new int64)
func AddUint32(addr *uint32, delta uint32) (new uint32)
func AddUint64(addr *uint64, delta uint64) (new uint64)
func AddUintptr(addr *uintptr, delta uintptr) (new uintptr)
```

图 10.3　AddXXX 函数的签名

其实，AddXXX 函数就是给第一个参数地址中的值增加一个 delta 值，也就是原子地给一个值增加或者减去一个变化值。

对于有符号的整数来说，delta 值可以是一个正数，代表增加一个值；也可以是一个负数，代表减去一个值。

对于无符号的整数和 uinptr 类型来说，如何实现减去一个值呢？因为 atomic 没有提供单独的减法操作，所以，如果想对 uint32 类型的 x 原子地减去一个值 c，则可以使用下面的方法：

```
AddUint32(&x, ^uint32(c-1))
```

这种方法其实就是利用了计算机原理中的补码原理，变减法为加法。

如果是对 uint64 的值进行操作，那么就把上面代码中的 uint32 替换成 uint64。尤其是减 1 这种经常性的操作，可以简化为

```
AddUint32(&x, ^uint32(0))
```

下面是一个使用 AddXXX 函数的例子。

```
var x uint64 = 0
newXValue := atomic.AddUint64(&x, 100) // newXValue == 100
assert.Equal(t, uint64(100), newXValue)

newXValue = atomic.AddUint64(&x, ^uint64(0)) // newXValue == 99
assert.Equal(t, uint64(99), newXValue)

atomic.AddUint64(&x, ^uint64(10-1)) // x == 89
assert.Equal(t, uint64(89), x)
```

10.3.2 CompareAndSwapXXX 函数

以 int32 为例，我们来介绍 CompareAndSwapXXX 函数所提供的功能。在 CompareAndSwapXXX 函数的签名中，需要提供操作地址、旧值、新值，如下所示：

```
func CompareAndSwapInt32(addr *int32, old, new int32) (swapped bool)
```

这个函数会比较当前 addr 地址中的值与 old 是否相等，如果不相等，则返回 false；如果相等，则把此地址的值替换成 new，返回 true。这就相当于"判断为相等才替换"。如果使用伪代码来表示这个原子操作，则伪代码如下：

```
if *addr == old {
    *addr = new
    return true
}
return false
```

CompareAndSwapXXX 函数的签名如图 10.4 所示，它支持的类型包括整数和 Pointer。

```
func CompareAndSwapInt32(addr *int32, old, new int32) (swapped bool)
func CompareAndSwapInt64(addr *int64, old, new int64) (swapped bool)
func CompareAndSwapPointer(addr *unsafe.Pointer, old, new unsafe.Pointer) (swapped bool)
func CompareAndSwapUint32(addr *uint32, old, new uint32) (swapped bool)
func CompareAndSwapUint64(addr *uint64, old, new uint64) (swapped bool)
func CompareAndSwapUintptr(addr *uintptr, old, new uintptr) (swapped bool)
```

图 10.4　CompareAndSwapXXX 函数的签名

下面是一个使用 CompareAndSwapXXX 函数的例子。

```
var x uint64 = 0
ok := atomic.CompareAndSwapUint64(&x, 0, 100) // ok == true
assert.Equal(t, true, ok)

ok = atomic.CompareAndSwapUint64(&x, 0, 100) // ok == false, x 的旧值不是 0
assert.Equal(t, false, ok)
```

10.3.3 SwapXXX 函数

如果不需要比较旧值，只是比较粗暴地替换的话，则可以使用 SwapXXX 函数。使用 SwapXXX 函数替换后还可以返回旧值，伪代码如下：

```
old = *addr
*addr = new
return old
```

SwapXXX 函数的签名如图 10.5 所示。

```
func SwapInt32(addr *int32, new int32) (old int32)
func SwapInt64(addr *int64, new int64) (old int64)
func SwapPointer(addr *unsafe.Pointer, new unsafe.Pointer) (old unsafe.Pointer)
func SwapUint32(addr *uint32, new uint32) (old uint32)
func SwapUint64(addr *uint64, new uint64) (old uint64)
func SwapUintptr(addr *uintptr, new uintptr) (old uintptr)
```

图 10.5　SwapXXX 函数的签名

下面是一个使用 SwapXXX 函数的例子。

```
var x uint64 = 0
old := atomic.SwapUint64(&x, 100) // old == 0
assert.Equal(t, uint64(0), old)

old = atomic.SwapUint64(&x, 100) // old == 100
assert.Equal(t, uint64(100), old)
```

10.3.4 LoadXXX 函数

LoadXXX 函数会取出 addr 地址中的值，即使在多处理器、多核、有 CPU 缓存的情况下，也能保证 Load 是一个原子操作。LoadXXX 函数的签名如图 10.6 所示。

```
func LoadInt32(addr *int32) (val int32)
func LoadInt64(addr *int64) (val int64)
func LoadPointer(addr *unsafe.Pointer) (val unsafe.Pointer)
func LoadUint32(addr *uint32) (val uint32)
func LoadUint64(addr *uint64) (val uint64)
func LoadUintptr(addr *uintptr) (val uintptr)
```

图 10.6　LoadXXX 函数的签名

下面是一个使用 LoadXXX 函数的例子。

```
var x uint64 = 0
v := atomic.LoadUint64(&x) // v == 0
assert.Equal(t, uint64(0), v)
```

```
x = 100
v = atomic.LoadUint64(&x) // v == 100
assert.Equal(t, uint64(0), v)
```

10.3.5 StoreXXX 函数

StoreXXX 函数会把一个值存入指定的 addr 地址中，即使在多处理器、多核、有 CPU 缓存的情况下，也能保证 Store 是一个原子操作。其他的 goroutine 通过 LoadXXX 函数存取值时，不会看到只存取了一半的值。StoreXXX 函数的签名如图 10.7 所示。

```
func StoreInt32(addr *int32, val int32)
func StoreInt64(addr *int64, val int64)
func StorePointer(addr *unsafe.Pointer, val unsafe.Pointer)
func StoreUint32(addr *uint32, val uint32)
func StoreUint64(addr *uint64, val uint64)
func StoreUintptr(addr *uintptr, val uintptr)
```

图 10.7　StoreXXX 函数的签名

下面是一个使用 StoreXXX 函数的例子。

```
var x uint64 = 0
atomic.StoreUint64(&x, 100) // x == 100
assert.Equal(t, uint64(100), x)
```

10.3.6 Value 类型

上面提到的都是一些比较常见的类型，其实，atomic 还提供了一个特殊的类型：Value，如图 10.8 所示。使用 Value 类型，可以原子地存取对象，该类型通常被应用在配置变更等对一个 struct 原子操作的场景中。

```
type Value
    func (v *Value) CompareAndSwap(old, new any) (swapped bool)
    func (v *Value) Load() (val any)
    func (v *Value) Store(val any)
    func (v *Value) Swap(new any) (old any)
```

图 10.8　Value 类型

下面我们就通过一个配置变更的例子来演示 Value 类型的使用。这个例子定义了一个 Value 类型的变量 config，用来存储配置信息。

我们首先启动一个 goroutine，然后让它随机休眠一段时间，接下来变更配置，并通过前面学到的 Cond 同步原语，通知其他的 reader 来加载最新的配置。

我们再启动一个 goroutine 等待配置变更的信号，一旦有变更，它就会加载最新的配置。

通过这个例子，你可以了解到 Value 类型的使用。假定有一个 goroutine，定时拉取最新的配置，比如去配置中心读取最新的配置，或者通过 etcd 等监控节点的值，这里简化了这个逻辑，总是返回最新的配置。

拉取到最新的配置后，我们就可以使用 Store 函数原子地更新 config 值了。因为我们不关心旧值，总是希望使用最新拉取的值，所以这里并没有使用 CompareAndSwap 或者 Swap 来更新，而是非常直接地使用了 Store 函数。

当在程序中使用这个最新拉取的值时，我们通过 config.Load 来加载这个配置。

```
type Config struct { // 一个配置类型
    NodeName string
    Addr     string
    Count    int32
}

func loadNewConfig() Config { // 创建一个新的配置
    return Config{
        NodeName: "北京",
        Addr:     "10.77.95.27",
        Count:    rand.Int31(), // 每次读取都设置一个随机数
    }
}
func main() {
    var config atomic.Value
    config.Store(loadNewConfig()) // 保存一个新的配置

    // 设置新的 config 值
    go func() {
        for {
            time.Sleep(time.Duration(5+rand.Int63n(5)) * time.Second)
            config.Store(loadNewConfig()) //原子地存储
        }
    }()

    go func() {
            ......
            c := config.Load().(Config) // 原子地读取最新的配置
            fmt.Printf("new config: %+v\n", c)
            ......
        }
    }()

    ......
}
```

从上面的代码示例可以看到，使用 Value 类型时，有点面向对象编程的意思，所以在 Go 1.19 中又增加了几种类型，对基本类型做了封装，提供面向对象的函数。

10.3.7 Bool、Int32、Int64、Pointer、Uint32、Uint64、Uintptr

在 Go 1.19 中，Russ Cox 在 atomic 包中增加了几种包装类型，提供了对整数、Pointer、uintptr 和 bool 类型的包装。这里就不对它们进行一一介绍了，只重点介绍 Int64，相信你通过一个例子就能理解这几种类型的包装。

Int64 类型的定义如下：

```
type Int64 struct {
    _ noCopy
    _ align64 // 对齐标志
    v int64
}
```

noCopy，前面已经介绍过了，它是辅助 vet 等 lint 工具做检查用的，检查 Int64 有没有被复制使用，它不占用额外的字节。

align64，也不占用额外的字节，它告诉编译器要 64 位对齐，因为对 int64 的原子操作必须要求 64 位对齐。在 32 位的架构中，如果不对齐，则可能会导致 panic。编译器看到 atomic 下这种类型的字段会进行特殊处理，保证 v 字段是 64 位对齐的。

实际上，Int64 类型方法的操作就是对 v 的原子操作。

Int64 类型提供了以下方法，可以看到，其实现其实就是调用对应的原子操作函数，它只做了薄薄的一点封装：

```
func (x *Uint64) Load() uint64 { return LoadUint64(&x.v) }

func (x *Uint64) Store(val uint64) { StoreUint64(&x.v, val) }

func (x *Uint64) Swap(new uint64) (old uint64) { return SwapUint64(&x.v, new) }

func (x *Uint64) CompareAndSwap(old, new uint64) (swapped bool) {
    return CompareAndSwapUint64(&x.v, old, new)
}

func (x *Uint64) Add(delta uint64) (new uint64) { return AddUint64(&x.v, delta) }
```

其他几种类型的情况与此类似，基本包含相同的方法。

需要特殊说明的是，Bool 类型没有 Add 方法。这也是可以理解的，因为布尔类型没有算术操作。那么，Bool 类型的底层数据是用什么实现的？毕竟，原来的函数中并没有关于 Bool 类型的原子操作。请看如下代码：

```
type Bool struct {
    _ noCopy
```

```
    v uint32 // 底层使用了 uint32
}

func (x *Bool) Load() bool { return LoadUint32(&x.v) != 0 }

func (x *Bool) Store(val bool) { StoreUint32(&x.v, b32(val)) }

func (x *Bool) Swap(new bool) (old bool) { return SwapUint32(&x.v, b32(new)) != 0 }

func (x *Bool) CompareAndSwap(old, new bool) (swapped bool) {
    return CompareAndSwapUint32(&x.v, b32(old), b32(new))
}

func b32(b bool) uint32 {
    if b {
        return 1
    }
    return 0
}
```

其实，底层数据就是使用 Uint32 类型来实现的。

因为 unsafe.Pointer 类型也不支持加减操作，所以它也不提供 Add 方法。

总体来看，Go 1.19 新增加的这些类型只是对基本类型和函数做了一点封装，我们可以根据自己的习惯来使用。Go 标准库中原来使用 atomic 原子操作函数的很多地方，都使用新增加的类型替换了，如果你发现还有没替换的地方，则可以考虑提交一个 patch，为 Go 语言做一次贡献。

10.4　uber-go/atomic 库

如果 Go 1.19 的标准库没有新增加的类型，这里可能就要重点介绍 uber-go/atomic 这个库了。这个库的大部分功能都和 Go 1.19 的标准库新增加的类型重合。我们优先选择标准库，所以这个库就不重点介绍了。

当然，这个库还是可圈可点的。如果从为程序员提供便利的角度，以及从面向对象封装的友好的角度来评价的话，这个库的实现其实是优于标准库的实现的。例如：

- 针对 Bool 类型的封装，它提供了 Toggle 方法，对布尔类型的值做反转，是非常有用的。
- 它为 Uint32 等提供了“减”的方法 Sub，以及加 1 和减 1 的方法 Inc 与 Dec。
- 它提供了 Float32、Float64、Duration、String、Error 类型的封装。
- 更方便的是，它为上述类型提供了 MarshalJSON 和 UnmarshalJSON 方法，使这些类型方便在 JSON 中使用。

这样看来，标准库新增加的类型还不能完全代替 uber-go/atomic 库。如果你有这方面的使用需求，则可以关注这个库。

10.5 lock-free 队列的实现

atomic 通常用来实现 lock-free 数据结构，本节将展示一个 lock-free 队列的实现。lock-free 队列最有名的就是 Maged M. Michael 和 Michael L. Scott 于 1996 年发表的论文中的算法，此算法比较简单，容易实现，伪代码的每一行都提供了注释。这里就不贴出伪代码了，因为我们使用 Go 实现这个数据结构的代码几乎和伪代码一样。

```
package queue

import (
    "sync/atomic"
    "unsafe"
)

// LKQueue 是以 lock-free 方式实现的队列，它只需要 head 和 tail 两个字段
type LKQueue[T any] struct {
    head unsafe.Pointer
    tail unsafe.Pointer
}

// 队列中的每个节点，除自己的值外，还有 next 字段指向下一个节点
type node[T any] struct {
    value T
    next  unsafe.Pointer
}

func NewLKQueue[T any]() *LKQueue[T] {
    n := unsafe.Pointer(&node[T]{})
    return &LKQueue[T]{head: n, tail: n}
}

// Enqueue 表示入队
func (q *LKQueue[T]) Enqueue(v T) {
    n := &node[T]{value: v}
    for {
        tail := load[T](&q.tail)
        next := load[T](&tail.next)
        if tail == load[T](&q.tail) { // tail 和 next 是否一致
            if next == nil {
                if cas(&tail.next, next, n) {
                    cas(&q.tail, tail, n) // 入队完成。设置 tail
                    return
                }
            } else {
```

```
                cas(&q.tail, tail, next)
            }
        }
    }
}

// Dequeue 表示出队
func (q *LKQueue[T]) Dequeue() T {
    var t T
    for {
        head := load[T](&q.head)
        tail := load[T](&q.tail)
        next := load[T](&head.next)
        if head == load[T](&q.head) { // 检查 head、tail 和 next 是否一致
            if head == tail { // 队列为空，或者 tail 还未到队尾
                if next == nil { // 为空
                    return t
                }
                // 将 tail 往队尾移动
                cas(&q.tail, tail, next)
            } else {
                v := next.value
                if cas(&q.head, head, next) {
                    return v // 出队完成
                }
            }
        }
    }
}

// 读取节点的值
func load[T any](p *unsafe.Pointer) (n *node[T]) {
    return (*node[T])(atomic.LoadPointer(p))
}

// 原子地修改节点的值
func cas[T any](p *unsafe.Pointer, old, new *node[T]) (ok bool) {
    return atomic.CompareAndSwapPointer(
        p, unsafe.Pointer(old), unsafe.Pointer(new))
}
```

这个 lock-free 队列的实现使用了一个辅助 head（头）指针，head 指针不包含有意义的数据，它只是一个辅助的节点，这样的话，出队和入队的节点会更简单。

入队的时候，通过 CAS 操作将一个元素添加到队尾，并且移动 tail（尾）指针。

出队的时候，移除一个节点，并通过 CAS 操作移动 head 指针，同时在必要的时候移动 tail 指针。

10.6 原子性和可见性

在现代的系统中，写的地址基本上都是对齐的（aligned）。比如 32 位的操作系统、CPU 及编译器，write 的地址总是 4 的倍数，64 位系统的写的地址总是 8 的倍数（还记得 WaitGroup 针对 64 位系统和 32 位系统对 state1 字段的不同处理吗）。对齐地址的写，不会导致其他人看到只写了一半的数据，因为它通过一个指令就可以实现对地址的操作。如果地址不对齐，处理器就需要分成两个指令来处理；如果只执行了一个指令，其他人就会看到更新了一半的错误的数据，这被称作撕裂写（torn write）。所以，你可以认为赋值操作是一个原子操作，这个“原子操作”可以保证数据的完整性。

但是，对于现代的多处理器多核系统来说，由于缓存、指令重排，可见性等问题，我们对原子操作的意义有了更多的追求。在多核系统中，一个核更改的地址的值，在更新到主内存中之前，是在多级缓存中存放的。这时，其他的核看到的数据可能是不一样的，它们可能还没有看到更新的数据，还在使用旧的数据。

为了处理这类问题，多处理器多核系统使用了一种叫作内存屏障（memory fence 或 memory barrier）的方式。一个写内存屏障会告诉处理器，必须要等到其管道中的未完成操作（特别是写操作）都被刷新到内存中，再进行其他操作。此操作还会使相关处理器的 CPU 缓存失效，以便让它们从主存中拉取最新的值。

atomic 包的方法提供了内存屏障的功能，所以，atomic 不仅仅可以保证赋值的数据的完整性，还能保证数据的可见性。一旦一个核更新了某个内存地址的值，其他处理器就总是能读取到它的最新值。但需要注意的是，因为需要处理器之间保证数据的一致性，所以 atomic 的操作也会降低性能。

如果要了解 Go 语言对原子性和可见性的保证（或者叫作承诺），我们需要学习 Go 内存模型，请参见第 13 章。

第11章　channel 基础：另辟蹊径解决并发问题

本章内容包括：

- channel 的历史
- channel 的使用场景
- channel 的基本用法
- channel 的实现
- channel 的使用陷阱

channel 是 Go 语言内建的 first-class 类型，也是 Go 语言与众不同的特性之一。何为 first-class？你可以这样理解，channel 类型和 int、struct、func 等一样，是 Go 的基础类型。Go 语言的 channel 设计精巧、简单，以至于有人用其他语言编写了类似于 Go 风格的 channel 库，比如 docker/libchan、tylertreat/chan，但是并不像 Go 语言一样把 channel 内置到语言规范中。从这一点也可以看出，channel 在编程语言中的地位之高，比较罕见。

> 虽然有些文章和书籍把 channel 翻译成“通道”，但是作为一个 Gopher，大家都知道 channel 代表的含义，所以本书中就不翻译成“通道”了，而是保持英文叫法。

11.1 channel 的历史

如果想了解 channel 这种 Go 语言中特有的数据结构，则要追溯到 CSP 模型，了解它的历史，以及它对 Go 的创始人设计 channel 类型的影响。

CSP 是 Communicating Sequential Process 的简称，中文直译为“通信顺序进程”，或者叫作交换信息的循序进程，是用来描述并发系统中交互的一种模式。

CSP 最早出现于计算机科学家 Tony Hoare 在 1978 年发表的论文中（你可能不熟悉 Tony Hoare 这个名字，但是你一定很熟悉排序算法中的 Quicksort 算法，他就是 Quicksort 算法的作者，图灵奖的获得者）。最初，论文中提出的 CSP 版本在本质上不是一种进程演算，而是一种并发编程语言，但之后经过一系列的改进，最终发展并精炼出 CSP 理论。CSP 允许使用进程组件来描述系统，它们独立运行，并且只通过消息传递的方式通信。

就像 Go 的创始人之一 Rob Pike 所说的，“每一个计算机程序员都应该读一读 Tony Hoare 在 1978 年发表的关于 CSP 的论文。”他和 Ken Thompson 在设计 Go 语言时也深受此论文的影响，并将 CSP 理论真正应用于语言本身（Russ Cox 专门写了一篇文章记录这段历史），通过引入 channel 这个新的类型来实现 CSP 的思想。

channel 是 Go 语言内置的类型，你无须引入某个包，就能使用它。虽然 Go 也提供了传统的同步原语，但它们都是通过库的方式提供的，你必须要引入 sync 包或者 atomic 包才能使用它们。

channel 和 Go 的另一个独特的特性 goroutine 一起为并发编程提供了优雅的、便利的、与传统并发控制不同的方案，并演化出很多并发模式。接下来，我们就来看一看 channel 的应用场景。

11.2 channel 的应用场景

我先来看一条 Go 语言中流传很广的谚语：

Don't communicate by sharing memory, share memory by communicating.

Go Proverbs by Rob Pike

这是 Rob Pike 在 2015 年的一次 Gopher 会议上提到的一句话，虽然有一点绕，但也指出了使用 Go 语言的哲学，翻译过来就是："不要通过共享内存来进行通信，而是要通过通信来共享内存。"

"通过共享内存通信"和"通过通信共享内存"是两种不同的并发处理方式。其中，"通过共享内存通信"是传统的并发编程处理方式，是指共享的数据需要用锁进行保护，goroutine 需要获取到锁，才能并发访问数据。

"通过通信共享内存"则是类似于 CSP 模型的方式，通过通信的方式，一个 goroutine 可以把数据的"所有权"交给另一个 goroutine（虽然 Go 中没有"所有权"的概念，但是从逻辑上说，你可以把它理解为所有权的转移）。

从 channel 的历史和设计哲学上，我们就可以了解到，channel 类型和基本同步原语是有竞争关系的，它适用于并发场景，涉及 goroutine 之间的通信，可以提供并发保护等。综合起来，channel 的应用场景可以分为 5 种。这里先有一个印象，这样你就可以有目的地去学习 channel 的基本原理了。在第 12 章中，我们会借助具体的例子来介绍这几种场景。

- **信息交流：**我们把它当作并发的 buffer 或者队列，解决生产者 – 消费者问题。多个 goroutine 可以并发地作为生产者（producer）和消费者（consumer）。
- **数据传递：**一个 goroutine 将数据交给另一个 goroutine，相当于把数据的所有权（引用）交出去。
- **信号通知：**一个 goroutine 可以将信号（关闭中、已关闭、数据已准备好等）传递给另一个或者另一组 goroutine。
- **任务编排：**可以让一组 goroutine 按照一定的顺序并发或者串行地执行，这就是编排的功能。
- **互斥锁：**利用 channel 也可以实现互斥锁的机制。

接下来，我们来具体介绍 channel 的基本用法。

11.3 channel 的基本用法

你可以向 channel 中发送数据，也可以从 channel 中接收数据。所以，channel 类型（为了讲起来方便，下面把 channel 叫作 chan）分为只能接收、只能发送和既可以接收又可以发送三种。下面是它的语法定义。

```
ChannelType = ( "chan" | "chan" "<-" | "<-" "chan" ) ElementType
```

相应地，channel 的正确语法如下：

```
chan string          // 可以发送和接收 string 数据
chan<- struct{}      // 只能发送 struct{} 数据
<-chan int           // 只能从 chan 接收 int 数据
```

我们把既能接收又能发送的 chan 叫作双向的 chan，把只能发送和只能接收的 chan 叫作单向的 chan。其中，“<-”表示单向的 chan。如果记不住，这里告诉你一个简单的记忆方法：这个箭头总是指向左边；元素类型总在最右边。如果箭头指向 chan，则表示可以向 chan 中发送数据；如果箭头远离 chan，则表示可以从 chan 中接收数据。

chan 中的元素可以是任意类型，所以也可能是 chan 类型。比如，下面的 chan 类型是合法的：

```
chan<- chan int
chan<- <-chan int
<-chan <-chan int
chan (<-chan int)
```

但是，怎么判定箭头符号属于哪个 chan 呢？其实，“<-”有一个规则，它总是尽量和左边的 chan 结合。因此，上面的定义和下面使用括号划分的含义是一样的：

```
chan<- （chan int） // <- 和最左边的 chan 结合
chan<- （<-chan int） // 第一个 <- 和最左边的 chan 结合，第二个 <- 和左边第二个 chan 结合
<-chan （<-chan int） // 第一个 <- 和最左边的 chan 结合，第二个 <- 和左边第二个 chan 结合
chan (<-chan int) // 因为有括号，<- 和括号内的 chan 结合
```

通过 make，我们可以初始化一个 chan，未初始化的 chan 的零值是 nil。我们也可以设置 chan 的容量，比如下面的 chan 的容量是 8192，我们把这样的 chan 叫作 buffered chan；如果没有设置，则 chan 的容量是 0，我们把这样的 chan 叫作 unbuffered chan。

```
make(chan int, 8192)
```

如果 chan 中还有数据，那么从这个 chan 中接收数据时不会发生阻塞；如果 chan 还未满（“满”指达到其最大容量），那么给它发送数据时也不会发生阻塞；否则，就会发生阻塞。unbuffered chan 只有在读 / 写都准备好之后才不会发生阻塞，这也是使用 unbuffered chan 时常见的 bug。

还有一个知识点需要记住：nil 是 chan 的零值，它是一种特殊的 chan，针对值为 nil 的 chan 发送和接收的调用者总是会发生阻塞。

接下来，我们来具体介绍几种基本操作，分别是发送数据、接收数据和一些其他操作。学会了这几种操作，你就能真正地掌握 channel 的用法了。

1. 发送数据

向 chan 中发送数据使用“ch<-”，发送数据是一条语句：

```
ch <- 2000
```

这里的 ch 类型是 chan int 或者 chan <-int。

2. 接收数据

从 chan 中接收数据使用“<-ch”，接收数据也是一条语句：

```
x := <-ch // 把接收的数据赋值给变量 x
foo(<-ch) // 把接收的数据作为参数传递给函数
<-ch // 丢弃接收的数据
```

这里的 ch 类型是 chan T 或者 <-chan T。

在接收数据时，可以返回两个值。其中，第一个值是返回的 chan 中的元素；第二个值（很多人不太熟悉）是 bool 类型，代表是否成功地从 chan 中读取到一个值。如果第二个值是 false，则表示 chan 已经被关闭，而且 chan 中没有缓存的数据，这个时候，第一个值是零值。所以，如果从 chan 中读取到一个零值，则可能是 sender 真正发送的零值，也可能是 chan 已关闭（closed）并且没有缓存数据产生的零值。

3. 其他操作

Go 内建的 close、cap、len 函数都可以操作 chan 类型：close 关闭 chan，cap 返回 chan 的容量，len 返回 chan 中缓存的还未被取走的元素的数量。

有一种说法：channel 是 goroutine 的黏合剂，select 是 channel 的黏合剂。

多个 goroutine 可以通过 channel 传递消息，channel 把一组 goroutine 黏合起来。

多个 channel 可以使用一条 select 语句进行数据的发送和接收，这条 select 语句把一组 channel 黏合起来。

即使是同一个 channel，select 语句也可以把它的发送和接收黏合起来。

下面的例子演示了将同一个 channel 的发送和接收作为 select 语句的 case 子句。

```go
func main() {
    var ch = make(chan int, 10)
    for i := 0; i < 10; i++ {
        select {
        case ch <- i: // 发送数据
        case v := <-ch: // 接收数据
            fmt.Println(v)
        }
    }
}
```

chan 还可被应用在 for-range 语句中。比如：

```
for v := range ch {
    fmt.Println(v)
}

for v,ok := range ch {
    fmt.Println(v, ok)
}
```

或者忽略读取的值，只是清空 chan：

```
for range ch {}
```

至此，channel 的基本用法就介绍完了。下面我们从代码的角度来分析 chan 类型的实现。毕竟，只有掌握了 chan 的实现原理，才能真正地用好它。

11.4 channel 的实现

本节将介绍 channel 的数据结构、初始化方法，以及 send、recv 和 close 三个重要的操作方法。通过学习 channel 的底层实现，你会对 channel 的功能和异常情况有更深的理解。

11.4.1 channel 的数据结构

channel 的数据结构如图 11.1 所示，它的数据类型是 runtime.hchan。

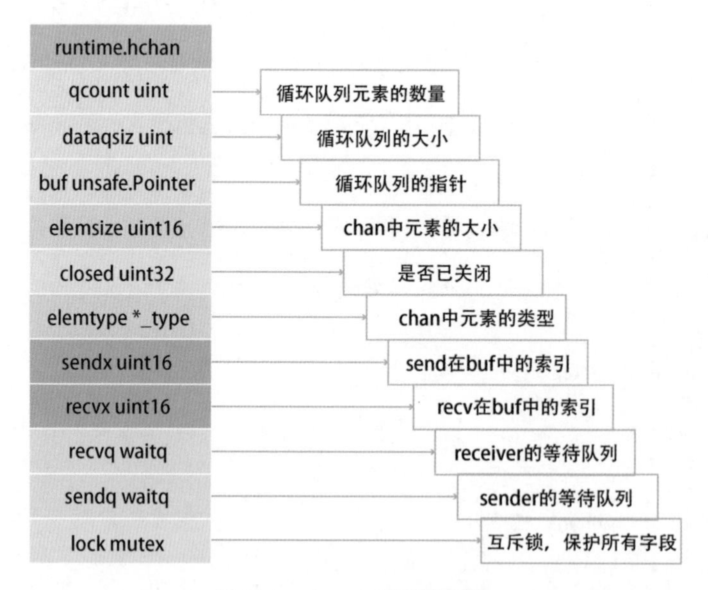

图 11.1　channel 的数据结构

下面具体解释一下各个字段的含义。

- **qcount**：代表 chan 中已经接收但还没有被取走的元素的数量。内建函数 len 可以返回这个字段的值。
- **dataqsiz**：队列的大小。chan 使用一个循环队列来存放元素，循环队列很适合这种生产者 - 消费者的场景（很奇怪，为什么这个字段的名称省略了 size 中的 e）。
- **buf**：存放元素的 buffer。在 channel 创建之时，buf 就创建好了，其包含固定大小的槽位，可以把它看成一个环形缓冲区，重复使用。
- **elemtype 和 elemsize**：chan 中元素的类型和大小。因为 chan 一旦声明，它的元素类型就会固定下来，即普通类型或者指针类型，所以元素大小也是固定的。
- **sendx**：处理发送数据的指针在 buf 中的位置。一旦接收新的数据，此指针就会加上 elemsize，移动到下一个位置。buf 的总大小是 elemsize 的整数倍，而且 buf 是一个循环列表。
- **recvx**：处理接收数据的指针在 buf 中的位置。一旦取出数据，此指针就会移动到下一个位置。
- **recvq**：chan 是多生产者、多消费者的模式，如果消费者因为没有数据可读而被阻塞，那么它就会被加入 recvq 队列中。
- **sendq**：如果生产者因为 buf 满了而被阻塞，那么它就会被加入 sendq 队列中。

11.4.2　初始化

Go 在编译的时候，会根据 chan 容量的大小选择是调用 makechan64 还是 makechan。

如图 11.2 所示的代码是 channel 创建时选择底层函数的逻辑，它会决定是使用 makechan 还是 makechan64 来实现 chan 的初始化。

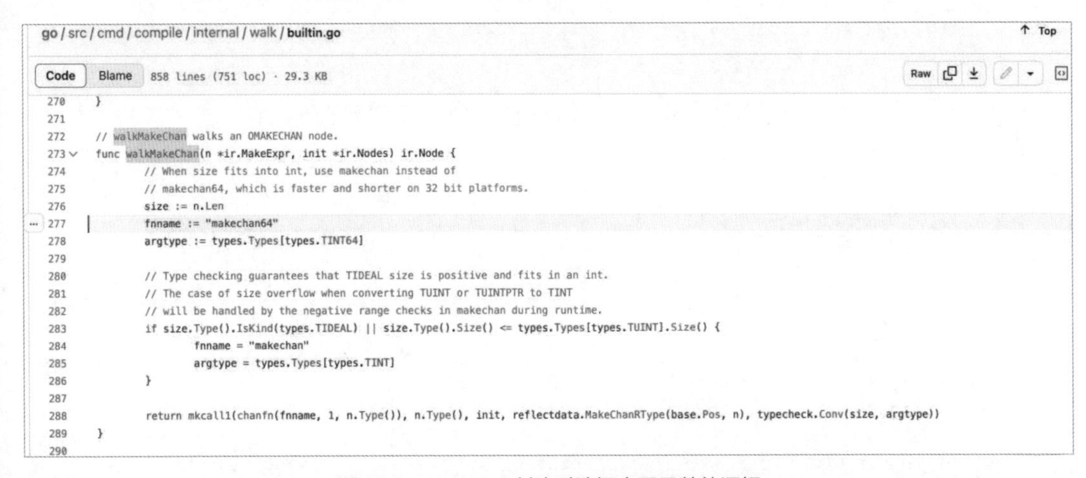

go / src / cmd / compile / internal / walk / builtin.go

```
270	}
271
272	// walkMakeChan walks an OMAKECHAN node.
273	func walkMakeChan(n *ir.MakeExpr, init *ir.Nodes) ir.Node {
274		// When size fits into int, use makechan instead of
275		// makechan64, which is faster and shorter on 32 bit platforms.
276		size := n.Len
277		fnname := "makechan64"
278		argtype := types.Types[types.TINT64]
279
280		// Type checking guarantees that TIDEAL size is positive and fits in an int.
281		// The case of size overflow when converting TUINT or TUINTPTR to TINT
282		// will be handled by the negative range checks in makechan during runtime.
283		if size.Type().IsKind(types.TIDEAL) || size.Type().Size() <= types.Types[types.TUINT].Size() {
284			fnname = "makechan"
285			argtype = types.Types[types.TINT]
286		}
287
288		return mkcall1(chanfn(fnname, 1, n.Type()), n.Type(), init, reflectdata.MakeChanRType(base.Pos, n), typecheck.Conv(size, argtype))
289	}
290
```

图 11.2　channel 创建时选择底层函数的逻辑

我们只关注 makechan 就行，因为 makechan64 只是做了大小检查，底层还是调用 makechan 实现的。makechan 的目标就是生成 hchan 对象。

接下来，让我们看一下 makechan 的主要逻辑。这里对主要逻辑都加上了注释，它会根据 chan 的容量大小和元素类型的不同，初始化不同的存储空间。

```
func makechan(t *chantype, size int) *hchan {
    elem := t.elem

    // 略去检查代码
    mem, overflow := math.MulUintptr(elem.size, uintptr(size))

    var c *hchan
    switch {
        case mem == 0:
            // chan 的容量大小或者元素大小是 0，不必创建 buf
            c = (*hchan)(mallocgc(hchanSize, nil, true))
            c.buf = c.raceaddr()
        case elem.ptrdata == 0:
            // 元素不是指针，分配一块连续的内存给 hchan 数据结构和 buf
            c = (*hchan)(mallocgc(hchanSize+mem, nil, true))
            // hchan 数据结构后面紧跟着的就是 buf
            c.buf = add(unsafe.Pointer(c), hchanSize)
        default:
            // 元素包含指针，单独分配 buf
            c = new(hchan)
            c.buf = mallocgc(mem, elem, true)
    }

    // 元素的大小、元素的类型、chan 的容量都被记录下来
    c.elemsize = uint16(elem.size)
    c.elemtype = elem
    c.dataqsiz = uint(size)
    lockInit(&c.lock, lockRankHchan)

    return c
}
```

最后，针对不同的容量和元素类型，这段代码分配了不同的对象来初始化 hchan 对象的字段，返回 hchan 对象。

11.4.3 发送数据

发送数据给 chan，Go 在编译时会把发送语句转换成 chansend1 函数，该函数会调用 chansend。我们来分段学习它的逻辑。

```
func chansend1(c *hchan, elem unsafe.Pointer) {
    chansend(c, elem, true, getcallerpc())
}
func chansend(c *hchan, ep unsafe.Pointer, block bool, callerpc uintptr) bool {
```

```
    // 第一部分
    if c == nil {
        if !block {
            return false
        }
        gopark(nil, nil, waitReasonChanSendNilChan, traceEvGoStop, 2)
        throw("unreachable") // ①
    }
    ......
}
```

第一部分是进行判断：如果 chan 的值为 nil，并且 block 参数的值为 true，则阻塞调用者 goroutine，使其处于休眠状态。所以，①行是不可能执行到的代码。

```
// 第二部分，如果 chan 没有被关闭，并且 chan 满了，则直接返回
if !block && c.closed == 0 && full(c) {
    return false
}
```

第二部分的逻辑是，当向一个已经满了的 chan 实例发送数据时，如果不阻塞当前的调用，则直接返回。chansend1 函数在调用 chansend 时设置了阻塞参数，所以不会执行到第二部分的分支。

```
// 第三部分，chan 已经被关闭的情景
lock(&c.lock) // 开始加锁
if c.closed != 0 {
    unlock(&c.lock)
    panic(plainError("send on closed channel"))
}
```

第三部分显示，如果 chan 已经被关闭了，那么再向这个 chan 中发送数据就会导致 panic。

```
// 第四部分，从接收队列中出队一个等待的 receiver
if sg := c.recvq.dequeue(); sg != nil {
    send(c, sg, ep, func() { unlock(&c.lock) }, 3)
    return true
}
```

第四部分表示，如果等待队列中有等待的 receiver，则把它从队列中弹出，然后直接把数据交给它（通过 memmove(dst, src, t.size)），而不需要放入 buf 中，这样速度可以更快一些。有 receiver，则说明 buf 中没有数据，否则 receiver 不需要等待，它直接就从 buf 中读取数据了。

```
// 第五部分，buf 还未满
if c.qcount < c.dataqsiz {
    qp := chanbuf(c, c.sendx)
    if raceenabled {
        raceacquire(qp)
        racerelease(qp)
    }
    typedmemmove(c.elemtype, qp, ep)
    c.sendx++
```

```
        if c.sendx == c.dataqsiz {
            c.sendx = 0
        }
        c.qcount++
        unlock(&c.lock)
        return true
    }
```

第五部分说明当前没有 receiver，需要把数据放入 buf 中，然后就成功返回了。

```
    // 第六部分，buf 满了
    // chansend1 不会进入 if 块，因为 chansend1 的 block=true
    if !block {
        unlock(&c.lock)
        return false
    }
    ......
```

第五部分是处理 buf 不满的情况，第六部分则是处理 buf 满的情况。如果 buf 满了，那么 sender 的 goroutine 就会被加入 sender 的等待队列中，直到被唤醒。这个时候，数据或者被取走了，或者 chan 被关闭了。

我们可以查看 chansend 来了解发送的代码。

接下来有一个问题：在什么情况下 block 参数的值为 false 呢？在下面的 select 语句中，向 chan 中发送数据时 block 参数就被编译成 false 了。

```
package main

func main() {
    ch := make(chan int)

    select {
    case ch <- 1: // ①
    default:
    }
}
```

反编译，可以看到①行代码被编译成 runtime.selectnbsend，如图 11.3 所示。

```
0x0024 00036 (chan/main.go:4)   CALL    runtime.makechan(SB)
0x0028 00040 (chan/main.go:4)   MOVD    R0, main.ch-16(SP)
0x002c 00044 (chan/main.go:7)   MOVD    R0, main..autotmp_1-8(SP)
0x0030 00048 (chan/main.go:7)   MOVD    $1, R2
0x0034 00052 (chan/main.go:7)   MOVD    R2, main..autotmp_2-24(SP)
0x0038 00056 (chan/main.go:7)   MOVD    $main..autotmp_2-24(SP), R1
0x003c 00060 (chan/main.go:7)   CALL    runtime.selectnbsend(SB)
```

图 11.3 反编译的结果

runtime.selectnbsend 这个方法名称中的 nb 代表的是 non-blocking，在这种情况下，传给 chansend 的 block 参数的值为 false。

```
func selectnbsend(c *hchan, elem unsafe.Pointer) (selected bool) {
```

```
    return chansend(c, elem, false, getcallerpc())
}
```

整体上看，chansend 的实现逻辑虽然多，但是可以按照顺序阅读下来，并没有复杂的分支。chansend 的流程如图 11.4 所示，你可以参考这个流程来理解 chansend 的实现逻辑。

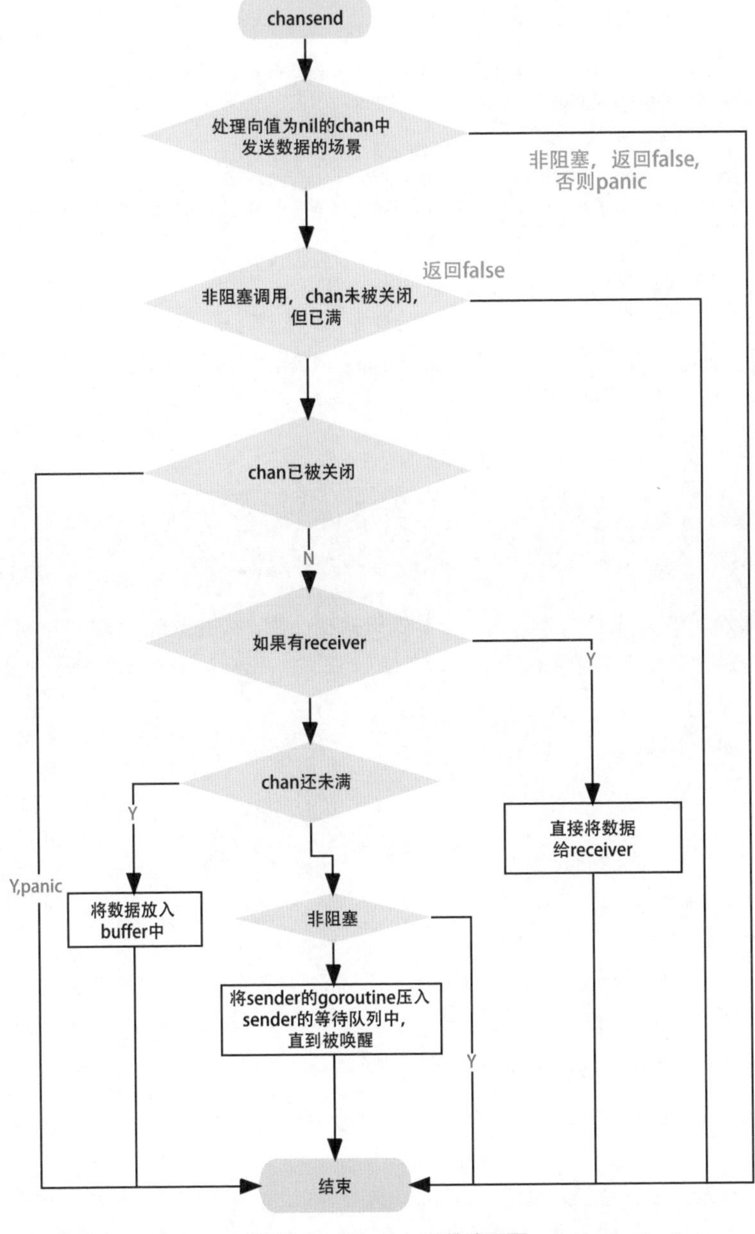

图 11.4　chansend 的流程图

11.4.4 接收数据

在处理从 chan 中接收数据时，Go 会把接收语句转换成 chanrecv1 函数；如果要返回两个值，则会转换成 chanrecv2 函数。chanrecv1 和 chanrecv2 会调用 chanrecv 函数。我们也来分段学习它的逻辑。

```
func chanrecv1(c *hchan, elem unsafe.Pointer) {
    chanrecv(c, elem, true)
}
func chanrecv2(c *hchan, elem unsafe.Pointer) (received bool) {
    _, received = chanrecv(c, elem, true)
    return
}

func chanrecv(c *hchan, ep unsafe.Pointer, block bool) (selected, received bool) {
    // 第一部分，chan 的值为 nil
    if c == nil {
        if !block {
            return
        }
        gopark(nil, nil, waitReasonChanReceiveNilChan, traceEvGoStop, 2)
        throw("unreachable")
    }
    ......
}
```

chanrecv1 和 chanrecv2 传入的 block 参数的值为 true，都是阻塞方式，所以我们在分析 chanrecv 的实现时，不考虑 block 参数的值为 false 的情况。

第一部分是 chan 的值为 nil 的情况。和发送数据一样，从值为 nil 的 chan 中接收（读取、获取）数据时，调用者会被永远阻塞。

```
// 第二部分，block 参数的值为 false 且 c 为空
if !block && empty(c) {
    ......
}
```

第二部分，你可以直接忽略，因为不是我们要分析的场景。

```
// 加锁，返回时释放锁
lock(&c.lock)
// 第三部分，chan 已经被关闭，且为空，已经没有数据了
if c.closed != 0 && c.qcount == 0 {
    unlock(&c.lock)
    if ep != nil {
        typedmemclr(c.elemtype, ep)
    }
    return true, false
}
```

第三部分是 chan 已经被关闭的情况。如果 chan 已经被关闭了，并且队列中没有缓存的数据，那么返回 true 和 false。

```
// 第四部分，如果 sendq 队列中有等待发送的 sender
if sg := c.sendq.dequeue(); sg != nil {
    recv(c, sg, ep, func() { unlock(&c.lock) }, 3)
    return true, true
}
```

第四部分是处理 buf 满的情况。检查 sendq 队列中是否有等待的 sender，然后调用 recv 函数。

recv 函数稍显复杂，它专门处理 channel 满的情况。这时可能会遇到两种情况：

- 对于同步的 channel，比如 unbuffered 的 channel，将 sender 的数据直接给 receiver 即可。
- 对于异步的 channel，需要从 buf 中取出一个数据给 receiver，然后将这个 sender 的数据放入 buf 中。

当然，它内部并不涉及数据的复制，而是通过环形缓冲区和索引的方式来实现，避免进行大量的复制操作。基本上，这就是并发模式中多写多读的模式。

```
// 第五部分，没有等待的 sender，buf 中有数据
if c.qcount > 0 {
    qp := chanbuf(c, c.recvx)
    if ep != nil {
        typedmemmove(c.elemtype, ep, qp)
    }
    typedmemclr(c.elemtype, qp)
    c.recvx++
    if c.recvx == c.dataqsiz {
        c.recvx = 0
    }
    c.qcount--
    unlock(&c.lock)
    return true, true
}

if !block {
  unlock(&c.lock)
  return false, false
}

// 第六部分，buf 中没有数据，发生阻塞
......
```

第五部分是处理没有等待的 sender 的情况。chanrecv 和 chansend 共用一个大锁，所以不会有并发的问题。如果 buf 中有数据，就取出一个数据给 receiver。

第六部分是处理 buf 中没有数据的情况。如果 buf 中没有数据，那么当前的 receiver 就会被阻塞，直到它从 sender 那里接收了数据，或者 chan 被关闭了，才返回。

与 chansend 类似，什么时候 chanrecv 的 block 参数的值为 false 呢？下面的情况会将 block 参数的值设置为 false。

```
select {
    case <-ch:
    default:
}
```

case 这一行会被编译成 runtime.selectnbrecv，runtime.selectnbrecv 会将 block 参数的值设置为 false。

```
func selectnbrecv(elem unsafe.Pointer, c *hchan) (selected, received bool) {
    return chanrecv(c, elem, false)
}
```

chanrecv 的流程如图 11.5 所示。与 chansend 的风格一致，也是顺序处理的，遇到短路径就返回，没有特别的复杂分支，所以也容易理解。

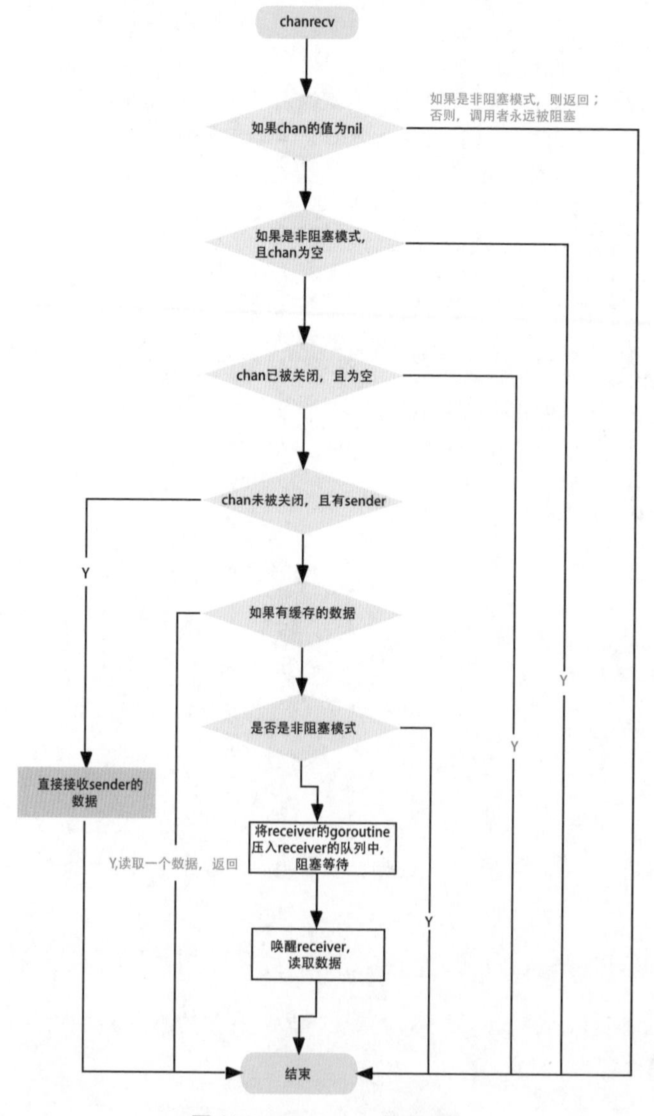

图 11.5　chanrecv 的流程图

11.4.5　关闭 channel

使用 close 函数可以关闭 chan，编译器会将其替换成 closechan 函数的调用。

下面的代码是关闭 chan 的主要逻辑。如果 chan 的值为 nil，则关闭它会导致 panic；如果 chan 已被关闭，那么再次关闭它也会导致 panic。如果 chan 的值不为 nil，chan 也没有被关闭，那么就把等待队列中的 sender（writer）和 receiver（reader）从队列中全部移除并唤醒。

唤醒 writer 会导致另一个后果：如果此时 channel 是满的，而被唤醒的 writer 继续尝试向这个已满的 channel 中写数据，则也会导致 panic。

```
func closechan(c *hchan) {
    if c == nil { // chan 的值为 nil，导致 panic
        panic(plainError("close of nil channel"))
    }

    lock(&c.lock)
    if c.closed != 0 {// chan 已经被关闭，导致 panic
        unlock(&c.lock)
        panic(plainError("close of closed channel"))
    }

    c.closed = 1

    var glist gList

    // 释放所有的 reader
    for {
        sg := c.recvq.dequeue()
        ......
        gp := sg.g
        ......
        glist.push(gp)
    }

    // 释放所有的 writer（它们会导致 panic）
    for {
        sg := c.sendq.dequeue()
        ......
        gp := sg.g
        ......
        glist.push(gp)
    }
    unlock(&c.lock)
```

```
        for !glist.empty() {
            gp := glist.pop()
            gp.schedlink = 0
            goready(gp, 3)
        }
    }
```

以上，就是 channel 的基本用法和实现原理。

我们可以看到，channel 提供了一些性能优化的算法，避免读 / 写无谓地复制。并且，channel 内部使用了一个运行时实现的 Mutex，有些人（包括 Go 开发团队）会使用它来代替 sync.Mutex，这在某些场景下没问题，但是在有些情况下，比如要考虑饥饿等场景时，channel 就实现不了了，这个时候使用 sync.Mutex 比较好。

11.5 channel 的使用陷阱

根据 2019 年第一篇全面分析 Go 并发 bug 的论文中所讲，在一些知名的 Go 项目中，使用 channel 所出现的 bug 反而比使用传统的同步原语所出现的 bug 还要多。究其原因，主要有两个：一是 channel 的概念比较新，程序员还不能很好地掌握其相应的使用方法和最佳实践；二是 channel 有时候比传统的同步原语更复杂，使用起来很容易顾此失彼。

channel 有值为 nil 的时候，有空（empty）的时候，有满的时候，有已经被关闭的时候，有 buffered 和 unbuffered 之分，还有 receive、send、close 三种操作，将它们组合起来，channel 的行为就有很多种。如表 11.1 所示为 channel 的行为矩阵，你应该牢记这个表格。

表 11.1　channel 的行为矩阵

	nil	非空（not empty）	空（empty）	满（full）	不满（not full）	关闭（closed）
receive	阻塞	读到值	阻塞	读到值	读到值	既有的值读完后，返回零值
send	阻塞	写入值	写入值	阻塞	写入值	panic
close	panic	正常关闭	正常关闭	正常关闭	正常关闭	panic

要牢记导致阻塞的情况，避免 goroutine 泄漏。

要牢记导致 panic 的情况，避免程序崩溃。

11.5.1 panic 和 goroutine 泄漏

使用 channel 最常见的错误是 panic 和 goroutine 泄漏。我们先来总结一下会导致 panic 的情况，一共有 3 种：

- 关闭值为 nil 的 chan。
- 向已经关闭的 chan 中发送数据。
- 再次关闭已经关闭的 chan。

goroutine 泄漏的问题也很常见，下面的代码是一个实际项目中的例子。

```
func process(timeout time.Duration) bool {
    ch := make(chan bool)

    go func() {
        // 模拟处理耗时的任务
        time.Sleep((timeout + time.Second))
        ch <- true // ①
        fmt.Println("exit goroutine")
    }()
    select {
        case result := <-ch:
            return result
        case <-time.After(timeout):
            return false
    }
}
```

在这个例子中，process 函数会启动一个 goroutine，来处理需要长时间运行的任务，处理完之后，会发送 true 到 chan 中，目的是通知其他等待的 goroutine，可以继续处理了。

我们来看一下 select 语句，主 goroutine 接收到任务处理完成的通知或者超时就返回了。这段代码有问题吗？

如果发生超时，process 函数就返回了，这就会导致 unbuffered 的 chan 没有被读取。我们知道，unbuffered chan 必须等 reader 和 writer 都准备好了才能相互交流，否则就会发生阻塞。超时导致未读，结果就是子 goroutine 被阻塞在①行处永远结束不了，进而导致 goroutine 泄漏。

解决这个 bug 的方法很简单，就是将 unbuffered chan 改成容量为 1 的 chan，这样在①行处就不会发生阻塞了。

Go 的开发者极力推荐使用 channel，不过近几年，大家意识到 channel 并不是处理并发问题的“银弹”，有时候使用同步原语更简单，而且不容易出错。下面提供一套选择的方法供参考：

- 对共享资源的并发访问使用传统的同步原语。

- 复杂的任务编排和消息传递使用 channel。
- 消息通知机制使用 channel，除非只想通知一个 goroutine，才使用 Cond。
- 简单等待所有任务的完成使用 WaitGroup，也有 channel 的推崇者使用 channel，它们都可以。
- 需要和 select 语句结合时，使用 channel。
- 需要和超时配合时，使用 channel 和 Context。

11.5.2 知名项目踩过的坑

知名项目使用 channel 踩过的坑比比皆是，下面介绍几个。

etcd#6857 是一个程序发生阻塞的问题：在异常情况下，没有向 chan 实例中填充所需的元素，导致等待者永远等待。具体来说，Status 方法的逻辑是生成一个 chan Status，然后把这个 chan 交给其他的 goroutine 来处理和写入数据，最后 Status 返回所获取的状态信息。

如果这时正好节点停止了，没有 goroutine 来填充这个 chan，就会导致方法被阻塞在返回的那一行上（图 11.6 中的第 466 行）。解决方法就是在等待 Status 返回元素的同时，检查节点是不是已经停止了（done 是不是已经关闭了）。

修改后的代码如图 11.6 所示。

```
8 raft/node.go
@@ -462,8 +462,12 @@ func (n *node) ApplyConfChange(cc pb.ConfChange) *pb.ConfState {
462  462
463  463   func (n *node) Status() Status {
464  464           c := make(chan Status)
465      -         n.status <- c
466      -         return <-c
     465 +         select {
     466 +         case n.status <- c:
     467 +                 return <-c
     468 +         case <-n.done:
     469 +                 return Status{}
     470 +         }
467  471   }
468  472
469  473   func (n *node) ReportUnreachable(id uint64) {
```

图 11.6 Status 方法被阻塞

其实，我感觉这个修改还是有问题的。如果程序执行了第 466 行，成功地把 c 写入 Status 待处理的队列后，执行到第 467 行时，这个节点停止了，那么 Status 方法就会被阻塞在第 467 行。你可以自己研究一下，看看是不是这样的。

不过，现在的 etcd 已经重构了，这段代码也不存在了。

etcd#5505 虽然没有任何的 bug 描述，但是从修复的内容来看，它是一个向已经关闭的 chan 中写数据导致 panic 的问题。

etcd#11256 是因为 unbuffered chan 导致 goroutine 泄漏的问题。在 TestNodePropose-AddLearnerNode 函数中一开始定义了一个 unbuffered chan，也就是 applyConfChan，然后启动一个子 goroutine，这个子 goroutine 会在循环中执行业务逻辑，并且不断地向这个 chan 中添加元素。在 TestNodeProposeAddLearnerNode 方法的末尾处，会从这个 chan 中读取一个元素。

这段代码在 for 循环中向此 chan 中写入了一个元素，结果导致 TestNodePropose-AddLearnerNode 从这个 chan 中读取到元素就返回了。悲剧的是，子 goroutine 的 for 循环还在执行，被阻塞在图 11.7 中的第 851 行，并且一直阻塞在那里。这个 bug 的修复也很简单，只要改动一下 applyConfChan 的处理逻辑就可以了：子 goroutine 的 for 循环中的主要逻辑完成之后，再向 applyConfChan 中发送元素，这样，TestNodeProposeAddLearnerNode 收到通知继续执行，子 goroutine 也不会被阻塞了。

```
831  831          case rd := <-n.Ready():
832  832              s.Append(rd.Entries)
833  833              t.Logf("raft: %v", rd.Entries)
834  834              for _, ent := range rd.Entries {
835  835                  if ent.Type != raftpb.EntryConfChange {
836  836                      continue
837  837                  }
838  838                  var cc raftpb.ConfChange
839  839                  cc.Unmarshal(ent.Data)
840  840                  state := n.ApplyConfChange(cc)
841  841                  if len(state.Learners) == 0 ||
842  842                      state.Learners[0] != cc.NodeID ||
843  843                      cc.NodeID != 2 {
844  844                      t.Errorf("apply conf change should return new added learner: %v", state.String())
845  845                  }
846  846
847  847                  if len(state.Voters) != 1 {
848  848                      t.Errorf("add learner should not change the nodes: %v", state.String())
849  849                  }
850  850                  t.Logf("apply raft conf %v changed to: %v", cc, state.String())
851       -          applyConfChan <- struct{}{}
852  851              }
     852  +          applyConfChan <- struct{}{}
853  853              n.Advance()
```

图 11.7　channel 阻塞导致子 goroutine 无法退出

etcd#9956 是向一个已经关闭的 chan 中发送数据导致 panic 的问题，其实它是 grpc 的一个 bug（grpc#2695），修复方法就是不关闭这个 chan，如图 11.8 所示。

```
@@ -237,7 +231,6 @@ func (ht *serverHandlerTransport) WriteStatus(s *Stream, st *status.Status) erro
237  231                 if ht.stats != nil {
238  232                         ht.stats.HandleRPC(s.Context(), &stats.OutTrailer{})
239  233                 }
240      -               close(ht.writes)
241  234         }
242  235         ht.Close()
243  236         return err
```

图 11.8　向一个已经关闭的 chan 中发送数据导致 panic

只看 etcd，我们就看到了这么多误用 channel 的情况，更不用说其他的 Go 开源项目了。可见，虽然 channel 使用起来很方便，但是不能随便地使用 channel。

第12章 channel 的内部实现和陷阱

本章内容包括：

- 使用反射操作select和channel
- channel的应用场景

第 11 章介绍了 channel 的基础知识，并且总结了它的几种应用场景。在这一章中，我们将通过实例的方式，逐个介绍 Channel 的这些应用场景，帮助你巩固和完全掌握 channel 的用法。

在本章开始之前，我们先补充一个知识点：通过反射的方式执行 select 语句。这在处理有很多的 case 子句，尤其是不定长的 case 子句的情况时非常有用。而且，后面在介绍任务编排的实现时，也会采用这种方法。所以，这里先介绍一下 channel 的反射用法。

12.1 使用反射操作 select 和 channel

使用 select 语句可以处理 chan 的 send 和 recv，send 和 recv 都可以作为 case 子句。如果需要同时处理两个 chan，则可以写成下面的样子：

```
select {
    case v := <-ch1:
        fmt.Println(v)
    case v := <-ch2:
        fmt.Println(v)
}
```

或者，一个 chan 用于发送，另一个 chan 用于接收：

```
select {
    case v := <-ch1:
        fmt.Println(v)
    case v -> ch2:
        fmt.Println(v)
}
```

如果需要处理三个 chan，则可以再添加一个 case 子句，用它来处理第三个 chan；如果需要处理四个 chan，那么就再添加一个 case 子句。可是，如果要处理 100 个 chan、1000 个 chan 呢?

或者，chan 的数量在编译时是不定的，在运行时需要处理一组 channel 时，也没有办法在代码中写成 select 语句。那该怎么办?

这个时候，就要“祭”出反射大法了。

通过 reflect.Select 函数，可以传入一组运行时的 case 子句，当作参数执行。Go 的 select 是伪随机的，它可以在执行的 case 中随机选择一个 case，并返回这个 case 的索引（chosen）。如果没有可用的 case，则会返回一个 bool 类型的值，这个值用来表示是否有 case 被成功选择。如果是 recv case，还会返回所接收的元素。Select 函数的签名如下：

```
func Select(cases []SelectCase) (chosen int, recv Value, recvOK bool)
```

下面我们通过一个例子来演示动态处理两个 chan 的情形。因为可以动态处理 case 数据，所以可以传入成千上万个 chan，这就解决了不能动态处理 n 个 chan 的问题。

首先，createCases 函数分别为每个 chan 生成了 recv case 和 send case，并返回一个 reflect.SelectCase 数组。

然后，通过一个循环 10 次的 for 循环执行 reflect.Select，这个函数会从 cases 中选择一个 case 执行。第一次选择的肯定是 send case，因为此时 chan 中还没有元素，recv 还不可用。等 chan 中有了元素以后，就可以选择 recv case 了。这样一来，我们就可以处理不定数量的 chan 了。

```
func main() {
    var ch1 = make(chan int, 10)
    var ch2 = make(chan int, 10)

    // 创建 SelectCase
    var cases = createCases(ch1, ch2)

    // 执行 10 次 select
    for i := 0; i < 10; i++ {
        chosen, recv, ok := reflect.Select(cases)
        if recv.IsValid() { // recv case
            fmt.Println("recv:", cases[chosen].Dir, recv, ok)
        } else { // send case
            fmt.Println("send:", cases[chosen].Dir, ok)
        }
    }
}

// 利用反射创建 case
func createCases(chs ...chan int) []reflect.SelectCase {
    var cases []reflect.SelectCase

    // 创建 recv case
    for _, ch := range chs {
        cases = append(cases, reflect.SelectCase{
            Dir:  reflect.SelectRecv,
            Chan: reflect.ValueOf(ch),
        })
    }

    // 创建 send case
    for i, ch := range chs {
        v := reflect.ValueOf(i)
        cases = append(cases, reflect.SelectCase{
            Dir:  reflect.SelectSend,
            Chan: reflect.ValueOf(ch),
            Send: v,
        })
    }
```

```
    return cases
}
```

在做一些底层的 channel 处理时，这个技巧很有用，可以把 channel 的应用玩出花儿来。这也是我们必须要掌握的一个知识点。

12.2 channel 的应用场景

在第 11 章我们了解了 channel 的 5 种应用场景，这里将详细介绍这些应用场景，你也可以把它们看作 channel 的架构应用模式。

12.2.1 信息交流

从 channel 的内部实现来看，它是以一个循环队列的方式存放数据的，所以，有时候它也会被当成线程安全的队列和 buffer 使用。一个 goroutine 可以安全地向 channel 中写入数据，另一个 goroutine 可以安全地从 channel 中读取数据，这样 goroutine 就可以安全地实现信息交流了。

我们来看两个例子。

第一个例子是关于 worker 池的。Marcio Castilho 在“Handling 1 Million Requests per Minute with Go”这篇文章中，就介绍了他们应对大并发请求的设计。他们将用户的请求放在一个 chan Job 中，这个 chan Job 就相当于一个待处理任务队列。此外，还有一个 chan chan Job 队列，是用来存放可以处理任务的 worker 的缓存队列。dispatcher 会把待处理任务队列中的任务放到一个可用的缓存队列中，worker 会一直处理它的缓存队列。通过使用 channel，实现了一个 worker 池的任务处理中心，并且解耦了前端 HTTP 请求处理和后端任务处理的逻辑。

前面在介绍 Pool 的时候，提到了一些第三方实现的 worker 池，它们大部分都是通过 channel 实现的。这是 channel 的一个常见的应用场景。很少有人会去实现队列 +Mutex 的方式，或者 lock-free 队列的方式，因为使用 channel 既方便又高效。worker 池的生产者和消费者的信息交流都是通过 channel 实现的。

第二个例子是 etcd 中 node（节点）的实现，包含大量的 chan 字段，比如 recvc 是消息处理的 chan，待处理的 protobuf 消息都被放在这个 chan 中，node 有一个专门的 goroutine 负责处理这些消息，如图 12.1 所示。

这个例子的特点就是把 channel 当作线程安全的队列和 buffer，实现多读多写的并发场景。

```
252  type node struct {
253          propc      chan msgWithResult
254          recvc      chan pb.Message
255          confc      chan pb.ConfChangeV2
256          confstatec chan pb.ConfState
257          readyc     chan Ready
258          advancec   chan struct{}
259          tickc      chan struct{}
260          done       chan struct{}
261          stop       chan struct{}
262          status     chan chan Status
263
264          rn *RawNode
265  }
```

图 12.1　etcd 的 node 类型，大量使用 channel

12.2.2　数据传递

“击鼓传花”的游戏很多人都玩过，花从一个人传给另一个人，有点类似于流水线的操作。这个花就是数据，花在游戏者之间流转，就类似于编程中的数据传递。

下面是一道任务编排题，其实它就可以用 channel 的数据传递的方式来解决。

> 有 4 个 goroutine，编号为 1、2、3、4。每秒都会有一个 goroutine 打印出它自己的编号，要求你编写程序，让输出的编号总是按照 1、2、3、4、1、2、3、4……这个顺序打印出来。

为了实现顺序的数据传递，我们可以定义一个令牌变量，谁得到令牌，谁就可以打印一次自己的编号，同时将令牌传递给下一个 goroutine。我们尝试使用 channel 来实现，看下面的代码：

```go
type Token struct{}

func newWorker(id int, ch chan Token, nextCh chan Token) {
    for {
        token := <-ch          // 获得令牌
        fmt.Println((id + 1)) // id 从 1 开始
        time.Sleep(time.Second)
        nextCh <- token
    }
}
func main() {
```

```
    chs := []chan Token{make(chan Token), make(chan Token), make(chan Token),
make(chan Token)}

    // 创建 4 个 worker
    for i := 0; i < 4; i++ {
        go newWorker(i, chs[i], chs[(i+1)%4]) // ①
    }

    // 首先把令牌交给第一个 worker
    chs[0] <- struct{}{} // ②

    select {}
}
```

我们首先定义了一个令牌类型（Token），然后定义了一个创建 worker 的方法，这个方法会从它自己的 chan 中读取令牌。哪个 goroutine 获得了令牌，它就可以打印出自己的编号。因为需要每秒打印一次数据，所以让它休眠 1s 后，再把令牌交给它的下家。

接着，①行启动每个 worker 的 goroutine，并在②行将令牌先交给第一个 worker。

运行这个程序，你会在命令行看到每秒都输出一个编号，而且编号是以 1、2、3、4、1、2、3、4……这样的顺序输出的。

这类场景有一个特点，就是当前持有数据的 goroutine 有一个信箱，信箱是使用 channel 实现的，goroutine 只需要关注自己信箱中的数据，待数据处理完毕后，就把结果发送到下家的信箱中。实际上，这就是并发编程的 Actor 模式。

数据传递和信息交流不同，信息交流模式是有多个 writer 和多个 reader 的，它们共享同一个 channel；而数据传递模式是有多个 channel 的，实现了数据在 channel 中的串行传递。

12.2.3 信号通知

channel 类型有这样一个特点：如果 chan 为空，那么 receiver 在接收数据时就会发生阻塞等待，直到 chan 被关闭或者有新的数据到来。利用这种机制，我们可以实现 wait/notify 的设计模式。

传统的同步原语 Cond 也能实现这个功能，但是 Cond 使用起来比较复杂，容易出错，而使用 channel 实现 wait/notify 模式就方便多了。

除了正常的业务处理需要实现 wait/notify 模式，我们经常还会遇到这样一个场景，就是程序关闭时，在退出之前需要做一些清理工作（使用 doCleanup 方法）。此时，我们通常使用 channel。

例如，使用 channel 实现程序的优雅退出，但在退出之前需要执行关闭连接、关闭文件、缓存落盘等动作。

```
func main() {
    go func() {
        ...... // 执行业务处理
    }()

    // 处理“Ctrl+C”等中断信号
    termChan := make(chan os.Signal)
    signal.Notify(termChan, syscall.SIGINT, syscall.SIGTERM)
    <-termChan

    // 执行退出之前的清理动作
    doCleanup()

    fmt.Println(“优雅退出”)
}
```

有时候，doCleanup 的执行可能是一个很耗时的操作，比如十几分钟才能完成，如果程序退出需要等待这么长时间，那么用户是不能接受的。所以，在实践中，我们需要设置一个最长的等待时间，只要超过了这个时间，程序就不再等待，可以直接退出。所以，在退出时分为两个阶段：

- closing（正在关闭中），代表程序退出，但是清理工作还没做。
- closed（已关闭），代表清理工作已经做完。

将上面的例子改写如下：

```
func main() {
    var closing = make(chan struct{})
    var closed = make(chan struct{})

    go func() {
        // 模拟业务处理
        for {
            select {
                case <-closing:
                    return
                default:
                    // 业务计算
                    time.Sleep(100 * time.Millisecond)
            }
        }
    }()
```

```
    // 处理“Ctrl+C”等中断信号
    termChan := make(chan os.Signal)
    signal.Notify(termChan, syscall.SIGINT, syscall.SIGTERM)
    <-termChan

    close(closing)
    // 执行退出之前的清理动作
    go doCleanup(closed)

    select {
    case <-closed:
    case <-time.After(time.Second):
        fmt.Println("清理超时，不等了")
    }
    fmt.Println("优雅退出")
}

func doCleanup(closed chan struct{}) {
    time.Sleep((time.Minute))
    close(closed)
}
```

12.2.4 互斥锁

使用 channel 也可以实现互斥锁。

在 channel 的内部实现中，就有一个互斥锁保护着它的所有字段。从外在表现上，chan 的发送和接收之间存在着 happens before 的关系（happens before 是指事件发生的先后顺序关系，在下一章中将详细介绍它，这里你只需要知道它是一种描述事件先后顺序的方法即可），保证只有将元素放进 chan 中之后，receiver 才能从 chan 中读取到。

使用 channel 实现互斥锁，至少有两种方式。其中一种方式是先初始化一个容量为 1 的 chan，然后放入一个元素，这个元素就代表锁，谁获得了这个元素，谁就相当于获取了这个锁；另一种方式是先初始化一个容量为 1 的 chan，它的“空槽”代表锁，谁能成功地把元素发送到这个 chan 中，谁就获得了这个锁。

这里重点介绍第一种方式。在理解了第一种方式后，第二种方式也就容易掌握了。

```
// 使用 channel 实现互斥锁
type Mutex struct {
    ch chan struct{}
}
```

```go
// 使用锁需要初始化
func NewMutex() *Mutex {
    mu := &Mutex{make(chan struct{}, 1)}
    mu.ch <- struct{}{}
    return mu
}

// 请求锁，直到获取到
func (m *Mutex) Lock() {
    <-m.ch
}

// 解锁
func (m *Mutex) Unlock() {
    select {
        case m.ch <- struct{}{}:
        default:
            panic("unlock of unlocked mutex")
    }
}

// 尝试获取锁
func (m *Mutex) TryLock() bool {
    select {
        case <-m.ch:
            return true
        default:
    }
    return false
}

// 加入一个超时的设置
func (m *Mutex) LockTimeout(timeout time.Duration) bool {
    timer := time.NewTimer(timeout)
    select {
        case <-m.ch:
            timer.Stop()
            return true
        case <-timer.C:
    }
    return false
}

// 锁是否已被持有
func (m *Mutex) IsLocked() bool {
    return len(m.ch) == 0
```

```
}

func main() {
    m := NewMutex()
    ok := m.TryLock()
    fmt.Printf("locked v %v\n", ok)
    ok = m.TryLock()
    fmt.Printf("locked %v\n", ok)
}
```

我们可以使用 buffer 为 1 的 chan 来实现互斥锁。在初始化这个锁的时候，向 chan 中先放入一个元素，谁把这个元素取走，谁就获取了这个锁，把元素放回去，就是释放了锁。在将元素放回到 chan 中之前，不会有 goroutine 能从 chan 中取出元素，这就保证了互斥性。

在这段代码中，还有一点需要我们关注：利用 select+chan 的方式，可以很容易实现 TryLock、Timeout 的功能。具体来说，就是在 select 语句中，可以使用 default 实现 TryLock，使用 timer 实现 Timeout 的功能。

```
func (m *Mutex) TryLock(timeout time.Duration) bool {
    timer := time.NewTimer(timeout)
    select {
        case <-m.ch:
            timer.Stop()
            return true
        case <-timer.C:
    }
    return false
}
```

这是相对于 sync.Mutex 的优势，更容易实现 Timeout 的功能。但是第 11 章中讲到，channel 的实现使用的是运行时的 Mutex，这个运行时的 Mutex 是满足运行时使用的，并不像 sync.Mutex 做了那么多的优化。所以，专业的场景就交给专业的原语来处理，互斥场景还是交给 sync.Mutex 来处理，除非是需要 Timeout 等，或者需要使用 select 黏合其他 channel 的场景。

其实，使用 channel 还可以很方便地实现信号量，但在本章中就不多做介绍了，第 14 章会专门介绍。

12.2.5 任务编排

前面所讲的信息交流的场景是一个特殊的任务编排场景，那种“击鼓传花”的模式也被称为流水线模式。第 4 章介绍 WaitGroup 时讲到，我们可以利用 WaitGroup 实现等待批量任务的执行：启动一组 goroutine 执行任务，然后等待这些任务的完成。其实，我们也可以使用 channel 实现 WaitGroup 的功能。这个实现比较简单，这里就不举例子了，接下来介绍几种更复杂的编排模式。这里说的编排既指安排 goroutine 按照指定的顺序执行，也指多个 channel 按照指定的方式组合处理。goroutine 的编排类似于“击鼓传花”的例子，通过编排数据在 channel 之间的流转，就可以控制 goroutine 的执行。

下面重点介绍多个 channel 的编排模式，一共有 6 种，分别是 Or-Done 模式、扇入模式、扇出模式、Stream 模式、管道模式和 map-reduce 模式。

1. Or-Done 模式

Or-Done 模式是一种更宽泛的信号通知模式。下面先来解释一下“信号通知模式”。

我们会使用“信号通知”来实现某个任务执行完成后的通知机制。在实现时，我们为这个任务定义一个类型为 chan struct{} 的 done 变量，当任务执行结束后，就可以关闭这个变量，然后，其他 receiver 就会收到这个信号。这是有一个任务的情况。

如果有多个任务，那么只要任意一个任务执行完成，就可以返回任务完成的信号。这就是 Or-Done 模式。

例如，将同一个请求发送到多个微服务节点，只要任意一个微服务节点返回结果，就算成功。你可以参考下面的实现：

```
func or(channels ...<-chan any) <-chan any {
    // 特殊情况，只有零个或者一个 chan
    switch len(channels) {
        case 0:
            return nil
        case 1:
            return channels[0]
    }

    orDone := make(chan any)
    go func() {
        defer close(orDone)

        switch len(channels) {
            case 2: // 有两个 chan，也是一种特殊情况
                select {
                    case <-channels[0]:
                    case <-channels[1]:
                }
            default: //超过两个，二分法递归处理
                m := len(channels) / 2
                select {
```

```go
                    case <-or(channels[:m]...):
                    case <-or(channels[m:]...):
                }
        }
    }()

    return orDone
}
```

编写一个程序测试它，看看是不是满足需求：

```go
// 生成一个定时关闭的 channel
func sig(after time.Duration) <-chan any {
    c := make(chan any)
    go func() {
        defer close(c)
        time.Sleep(after)
    }()
    return c
}

func main() {
    start := time.Now()
    // 生成一组不同时间关闭的 channel，只要有一个 channel 关闭了，就往下执行
    <-or(
        sig(10*time.Second),
        sig(20*time.Second),
        sig(30*time.Second),
        sig(40*time.Second),
        sig(50*time.Second),
        sig(01*time.Minute),
    )

    fmt.Printf("done after %v", time.Since(start))
}
```

运行这个程序，输出结果符合预期，10s 后有一个 channel 产生了信号，如图 12.2 所示。

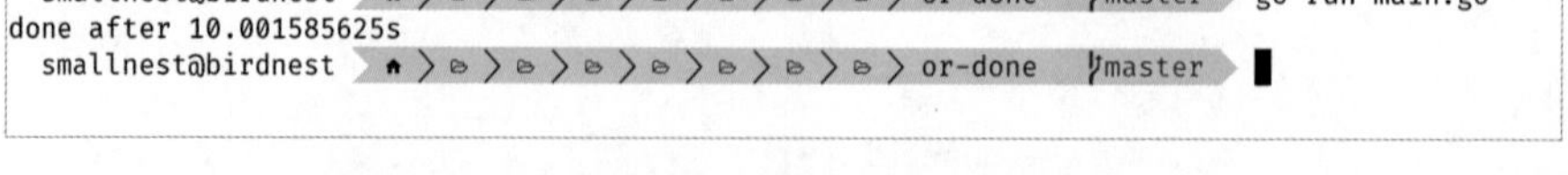

```
 smallnest@birdnest  > or-done  master  go run main.go
done after 10.001585625s
 smallnest@birdnest  > or-done  master  ▌
```

图 12.2　Or-Done 模式在第一个时间点就触发了事件

这种模式的好处是可以接收任意多的信号源，任意一个信号源有信号就可以产生输出。

Or-Done 这个名字也反映了这种模式的原理，Or 是任意一个条件满足的意思，Done

有完成的意思。

这里的实现使用了一种巧妙的方式。当 chan 的数量大于 2 时，使用递归的方式等待信号。但在 chan 数量比较多的情况下，递归并不是一种很好的解决方式。根据本章一开始介绍的反射方式，我们也可以使用反射方式来实现 Or-Done 模式。

```
func or(channels ...<-chan interface{}) <-chan interface{} {
    //特殊情况，只有零个或者一个 chan
    switch len(channels) {
        case 0:
            return nil
        case 1:
            return channels[0]
    }

    orDone := make(chan interface{})
    go func() {
        defer close(orDone)
        // 利用反射构建 SelectCase
        var cases []reflect.SelectCase
        for _, c := range channels {
            cases = append(cases, reflect.SelectCase{
                Dir:  reflect.SelectRecv, // 接收语句
                Chan: reflect.ValueOf(c),
            })
        }

        // 选择一个可用的 case
        reflect.Select(cases)
    }()

    return orDone
}
```

这是使用反射实现 Or-Done 模式的代码。反射方式避免了深层递归，可以处理有大量 chan 的情况，但是性能可能会有损耗。其实最笨的一种方法就是为每一个 chan 启动一个 goroutine，这会启动非常多的 goroutine，太多的 goroutine 会影响性能，所以不太常用。

那么，到底哪种实现好呢？如果对性能没有太多的要求，则选择自己喜欢的方式来实现就好；如果对性能有严苛的要求，则需要通过基准测试或者线上引流测试，确定哪种方式更适合自己，毕竟两种实现方式各有优缺点。

2. 扇入模式

扇入借鉴了数字电路的概念，它定义了单个逻辑门能够接收的数字信号输入最大量的

术语。一个逻辑门可以有多个输入、一个输出。

在软件工程中，模块的扇入是指有多少个上级模块调用它。而对于这里的 channel 扇入模式来说，就是指有多个源 channel 输入、一个目的 channel 输出的情况。扇入比就是源 channel 的数量比 1 的值。

每个源 channel 的数据都会被发送给目的 channel，相当于目的 channel 的 receiver 只需要监听目的 channel，就可以接收所有来自源 channel 的数据。扇入模式也可以使用反射、递归或者每个 goroutine 处理一个 channel 的方式来实现。这里只介绍递归和反射两种方式，帮助你加深对相关技巧的理解。反射方式的代码比较简短，易于理解，主要就是构造出 SelectCase 切片，然后传递给 reflect.Select 方法。

```
func fanInReflect[T any](chans ...<-chan T) <-chan T {
    out := make(chan T)
    go func() {
        defer close(out)
        var cases []reflect.SelectCase
        for _, c := range chans {
            cases = append(cases, reflect.SelectCase{
                Dir:  reflect.SelectRecv, // case 语句的方向是接收
                Chan: reflect.ValueOf(c),
            })
        }

        for len(cases) > 0 {
            i, v, ok := reflect.Select(cases) // 选择一个可读取的 channel
            if !ok { // 如果所选择的 channel 已被关闭，则从 case 切片中剔除它
                cases = append(cases[:i], cases[i+1:]...)
                continue
            }
            out <- v.Interface().(T)
        }
    }()
    return out

}
```

递归方式是通过两两合并（merge），递归地合并所有的 channel。

```
func fanInRec[T any](chans ...<-chan T) <-chan T {
    switch len(chans) {
        case 0: // 输入 channel 的数量为 0
            c := make(chan T)
            close(c)
            return c
```

```
        case 1: // 输入 channel 的数量为 1
            return chans[0]
        case 2: // 输入 channel 的数量为 2，合并这两个 channel
            return mergeTwo(chans[0], chans[1])
        default:
            m := len(chans) / 2
            return mergeTwo(
                fanInRec(chans[:m]...), // 递归调用
                fanInRec(chans[m:]...))
    }
}
```

这里有一个 mergeTwo 方法，它将两个 channel 合并成一个 channel，是扇入模式的一种特例（只处理两个 channel）。下面我们通过一段代码来理解这个方法。

```
// 合并两个 channel 为一个 channel
func mergeTwo[T any](a, b <-chan T) <-chan T {
    c := make(chan T)

    // 使用一个 goroutine 从两个 channel 中读取数据，写入输出 channel 中
    go func() {
        defer close(c)
        for a != nil || b != nil {
            select {
                case v, ok := <-a:
                    if !ok {
                        a = nil
                        continue
                    }
                    c <- v
                case v, ok := <-b:
                    if !ok {
                        b = nil
                        continue
                    }
                    c <- v
            }
        }
    }()
    return c
}
```

3. 扇出模式

有扇入模式，就有扇出模式，这两种模式是相反的。

扇出模式只有一个源 channel 输入，但有多个目的 channel 输出，扇出比就是 1 比目

的 channel 数量的值。扇出模式经常被用在设计模式的观察者模式中（观察者模式定义了对象间一对多的组合关系。这样一来，当一个对象的状态发生变化时，所有依赖它的对象都会收到通知并自动刷新）。在观察者模式中，数据发生变动后，多个观察者都会收到这个变动信号。

下面是扇出模式的一种实现。从源 channel 中取出一个数据，依次发送给目的 channel——可以同步发送，也可以异步发送。

```
func fanOut[T any](ch <-chan T, out []chan T, async bool) {
    go func() {
        defer func() {
            for i := 0; i < len(out); i++ {
                close(out[i])
            }
        }()

        for v := range ch { // 从输入 channel 中读取一个数据，发送给各个输出 channel
            v := v
            for i := 0; i < len(out); i++ {
                i := i
                if async {
                    go func() {
                        out[i] <- v
                    }()
                } else {
                    out[i] <- v
                }
            }
        }
    }()
}
```

你也可以尝试使用反射方式来实现扇出模式，这里就不给出相关代码了，请自己思考一下。

4. Stream 模式

这里介绍一种把 channel 当作流式管道使用的方式，也就是把 channel 看作流（Stream），提供跳过几个数据，或者只取其中几个数据等方法。下面给出创建流的方法，这个方法把一个数据切片转换成流。

```
//把一组数据 values 转换成一个 channel
func asStream[T any](done <-chan struct{}, values ...T) <-chan T {
    s := make(chan T)
    go func() {
```

```go
        defer close(s)

        for _, v := range values {
            select {
            case <-done:
                return
            case s <- v:
            }
        }

    }()
    return s
}
```

流创建好以后，该怎么处理呢？下面介绍处理方法。

- takeN：只取流中的前 *n* 个数据。
- takeFn：筛选流中的数据，只保留满足条件的数据。
- takeWhile：只取前面满足条件的数据，一旦不满足条件，就不再取数据。
- skipN：跳过流中的前几个数据。
- skipFn：跳过满足条件的数据。
- skipWhile：跳过前面满足条件的数据，一旦不满足条件，就把当前这个数据和以后的数据都输出给 channel 的 receiver。

这些方法的实现很类似，我们以 takeN 为例来讲一下。

```go
func takeN[T any](done <-chan struct{}, valueStream <-chan T, num int) <-chan T {
    takeStream := make(chan T)
    go func() {
        defer close(takeStream)
        for i := 0; i < num; i++ { // 只读取 num 个数据
            select {
                case <-done:
                    return
                case takeStream <- <-valueStream:
            }
        }
    }()
    return takeStream
}
```

我们从源 channel 中只读取 num 个数据，写入目的 channel。

5. 管道模式

如果把流串起来，就产生了管道（pipeline）模式。

下面的例子就是建立一个管道，源 channel 产生一系列数字，目的 channel 会输出处理的结果。我们使用 sqrt 方法创建一个管道，对源 channel 中的数字求平方，写入目的 channel。

```
package main

import (
    "fmt"

    "golang.org/x/exp/constraints"
)

func asStream[T any](done <-chan struct{}, values ...T) <-chan T {
    ......
}

func sqrt[T constraints.Integer](in <-chan T) <-chan T {
    out := make(chan T)
    go func() {
        for n := range in {
            out <- n * n
        }
        close(out)
    }()
    return out
}
```

编写一个程序进行测试，可以看到，经过管道后每个数字都变成了其平方值，如图 12.3 所示。

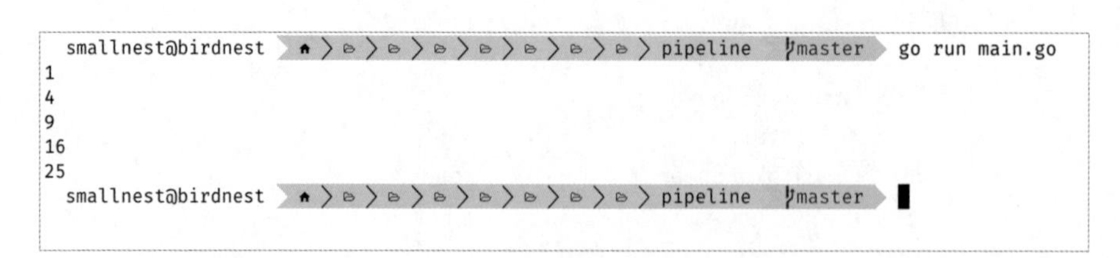

图 12.3　管道模式的输出结果

6. map-reduce 模式

map-reduce 是一种处理数据的方式，最早是由 Google 公司研究提出的一种面向大规模数据处理的并行计算模型和方法。

不过，这里要讲的并不是分布式的 map-reduce，而是单机单进程的 map-reduce 方法。

map-reduce 分为两个步骤：第一步是映射（map），处理队列中的数据；第二步是规约（reduce），把列表中的每一个元素按照一定的方式处理成结果，放入结果队列。

就像做汉堡一样，map 相当于单独处理每一种食材，reduce 相当于从每一种食材中取一部分，做成一个汉堡。

我们先来看一下 map 函数的处理逻辑。

```
func mapChan[T, K any](in <-chan T, fn func(T) K) <-chan K {
    out := make(chan K)
    if in == nil {
        close(out)
        return out
    }

    // 启动一个 goroutine，从输入中读取每一个数据，通过 fn 函数转换后输出到 out 中
    go func() {
        defer close(out)

        for v := range in {
            out <- fn(v)
        }
    }()

    return out
}
```

reduce 函数的处理逻辑如下：

```
func reduce[T, K any](in <-chan T, fn func(r K, v T) K) K {
    var out K

    if in == nil {
        return out
    }

    // 从输入中读取每一个数据，调用函数 fn 更新 out 的值，最后返回 out
    for v := range in {
        out = fn(out, v)
    }

    return out
}
```

我们可以编写一个程序，使用 map-reduce 模式处理一组整数，map 函数是把每个整

数乘以 10，reduce 函数是把 map 函数处理的结果累加起来。

```
func asStream(done <-chan struct{}) <-chan int {
    ......
}

func main() {
    in := asStream(nil)

    // map 函数：把每个整数乘以 10
    mapFn := func(v int) int {
        return v * 10
    }

    // reduce 函数：把结果累加起来
    reduceFn := func(r, v int) int {
        return r + v
    }

    sum := reduce(mapChan(in, mapFn), reduceFn)
    fmt.Println(sum)
}
```

运行这个程序，可以看到最终的加和结果是 150，如图 12.4 所示。

```
 smallnest@birdnest  > > > > > > > mapreduce  master  go run main.go
150
 smallnest@birdnest  > > > > > > > mapreduce  master  
```

图 12.4 map-reduce 模式的输出结果

第13章　Go内存模型

本章内容包括：

- 指令重排和可见性的问题
- sequenced before、synchronized before 和 happens before
- 各种同步原语的同步保证
- 不正确的同步

Go 官方文档中专门介绍了 Go 的内存模型，很多读者第一次接触这个概念时会有误解，以为它是指 Go 对象的内存分配、内存回收和内存整理的规范。其实不是，它描述的是并发环境中多个 goroutine 读取相同变量时，对变量可见性的保证。具体来说，就是指在什么条件下，一个 goroutine 在读取一个变量的值时，能够看到其他 goroutine 对这个变量进行的写的结果。

由于 CPU 指令重排和多级缓存的存在，保证多核访问同一个变量变得非常复杂。毕竟，不同 CPU 架构（x86/AMD64、ARM、Power 等）的处理方式是不一样的，再加上编译器的优化也可能对指令进行重排，所以编程语言需要一个规范来明确多个线程同时访问同一个变量的可见性和顺序（Russ Cox 在麻省理工学院 6.5840 Distributed Systems 课程的一课上专门介绍了相关知识）。在编程语言中，这个规范被称作内存模型。

除了 Go，Java、C++、C、C#、Rust 等编程语言也有内存模型或者类似的参考文档。为什么这些编程语言都要定义内存模型呢？在我看来，主要有两个目的：一是向广大的程序员提供一种保证，以便他们在进行设计和开发程序时，面对同一个数据同时被多个 goroutine 访问的情况，可以做一些串行化访问控制，比如使用 channel 或者 sync 包和 sync/atomic 包中的同步原语；二是允许编译器和硬件对程序进行一些优化，这一点其实主要是为编译器开发者提供的保证，这样可以方便他们对 Go 的编译器进行优化。

Go 的内存模型规范很早就发布了，但是其中还有一些模糊的地方，比如 atomic 的内存模型。Russ Cox 在 2021 年 6 月专门写了三个文档，探讨计算机内存模型的历史和现状，提出要对 Go 的内存模型进行修订。2022 年，Go 1.19 中新的 Go 内存模型规范正式发布了。本书以最新的规范进行讲解。

在 Go 的内存模型规范中，有如下一句话，在修订版的 Go 内存模型中依然被保留下来，读者可以仔细揣摩：

> If you must read the rest of this document to understand the behavior of your program, you are being too clever.
>
> Don't be clever.
>
> “如果您必须阅读此文档的其余部分才能理解程序的行为，那么您过于聪明了。
>
> 不要太聪明。”

我的理解是，不要自作聪明地写自以为很高明的代码，别人都不理解，只有对照着这个规范才能理解代码的行为。不要这么做。

13.1　指令重排和可见性的问题

由于指令重排，代码并不一定会按照你写的顺序执行。

例如，当两个 goroutine 同时对一个变量进行读 / 写时，假设 goroutine g1 对这个变量进行写操作 *w*，goroutine g2 同时对这个变量进行读操作 *r*，那么：如果 g2 在执行读操作 *r* 时，已经看到了 g1 写操作 *w* 的结果，则并不意味着 g2 能看到 *w* 之前的其他写操作。这是一个反直觉的结果，不过的确可能会存在。

接下来，我们看一个反直觉的例子，来感受一下指令重排以及多核 CPU 并发执行导致程序的运行顺序和代码的书写顺序不一样的情况。代码如下：

```
var a, b int

func f() {
    a = 1 // w之前的写操作
    b = 2 // 写操作w
}

func g() {
    print(b) // ① 读操作r
    print(a) // ???
}

func main() {
    go f() // g1
    g() // g2
}
```

可以看到，①行是要打印 b 的值。需要注意的是，即使这里打印出的值是 2，也依然可能在打印 a 的值时，打印出初始值 0，而不是 1。这是因为：程序在运行时，不能保证 g2 看到的 a 和 b 的赋值有先后关系。

讲到这里，你可能要说了，“我都运行这个程序几百万次了，怎么没有观察到这种现象？”其实，能不能观察到和提供保证（guarantee）是两码事儿。由于 CPU 架构和 Go 编译器的不同，即使你在运行程序时没有观察到这种现象，也不代表 Go 可以 100% 保证不会出现这些问题。

刚刚讲了，程序在运行时，两个操作的顺序可能不会得到保证，那该怎么办呢？下面我们就来了解一下 Go 内存模型中很重要的一个概念：happens before，它是用来描述两个时间的顺序关系的。如果某些操作能提供 happens before 关系，那么就可以 100% 保证它们之间的顺序。

13.2 sequenced before、synchronized before 和 happens before

通常，内存模型描述了程序运行的需求，程序的运行由 goroutine 的运行组成，而 goroutine 又由内存操作构成。

内存操作由以下 4 个细节构成。

- 类型：指示内存操作是普通数据读取、普通数据写入，还是同步操作，如原子数据访问、互斥操作或 channel 操作。
- 内存操作在程序中的位置。
- 内存操作正在访问的内存位置或变量。
- 内存操作所读取或写入的值。

有些内存操作是类似于读（read-like）的操作，包括读取、原子读取、互斥加锁和 channel 接收；有些内存操作则是类似于写（write-like）的操作，包括写入、原子写入、互斥解锁、channel 发送和 channel 关闭；也有些内存操作，如 atomic compare-and-swap，既类似于读操作，又类似于写操作。

一个 goroutine 的运行被建模为由单个 goroutine 执行的一组内存操作组成。

那么，Go 程序运行的需求可以被归纳为

- **需求 1：**程序中会有对变量和内存地址的修改，从 goroutine 的视角来看，代码的执行效果必须和代码的执行顺序是一致的。尽管 CPU 执行代码时可能会做调整，但是最终的执行效果必须和代码无调整时的执行效果是一样的。我们把这种关系定义为 sequenced before。先前的 Go 内存模型被统一叫作 happens before，新版本的 Go 内存模型做了细化，分成 happens before 和 synchronized before 两种。

  程序的运行可以被看作由多个 goroutine 的运行组成，并且伴有一个映射关系 W，它指定每一个类似于读的操作读取哪一个类似于写的操作。通俗地讲，就是程序在运行时，同时会有读 / 写操作，这些读 / 写操作会有一定的关系，这个关系可以是同步关系或者可见性的关系。

- **需求 2：**对于给定的一个程序的运行，如果映射关系 W 只考虑同步操作，那么必须可以通过其中某个隐含的总序来解释同步操作，这个总序必须与操作的顺序和读 / 写操作的值一致。

  synchronized before 是同步内存操作上的部分序关系，如果一个同步读取内存操作 r 观察到一个同步写入内存操作 w（$W(r) = w$），则称 w synchronized before r。简单来说，synchronized before 关系是前面提到的隐含的总序关系的一个子集，仅限于 W 直接观察到的信息。

happens before 关系被定义为 sequenced before 和 synchronized before 的并集（包括透传的关系集）。

讲到这里，你还能理解上面的两段话吗？这两段话已经到了无法理解的地步，为什么这么说呢？如果有在 *r* 之前的 *w*′，*w* 不会 happens before *w*′。

专门研究这些关系的计算机学家和数学家或许不需要这些定义，因为他们完全理解这些概念了。但是对于这个规范的读者来说，没有定义，没有参考，则很难理解这些概念。我认为，这是当前 Go 语言规范还有待改进的地方。如果使用学术概念，则需要给出注解和出处，或者以通俗的语言来描述。

你可以认为，happens before 关系是由 sequenced before 关系和 synchronized before 关系组成的集合。因为这两个关系具有可传递性，也就是 A synchronized before B，B synchronized before C，可以推导出 A synchronized before C（可传递性），所以 happens before 关系也具有可传递性，比如 A sequenced before B，B synchronized before C，那么 A happens before C。

- **需求 3：** 对于内存地址 *x* 上的一个普通（非同步）的数据读操作 *r*，映射关系 *W*(*r*) 必须是一个对 *r* 可见的写操作 *w*。其中，可见的定义是：
  - *w* happens before *r*。
  - *w* 不会 happens before 任意的其他对 *x* 的写操作 *w*′，其中 *w*′ happens before *r*。

如果同时有对内存地址 *x* 的读操作 *r* 和写操作 *w*，那么，只要其中之一不是同步操作，happens before 就无法定义 *r* 和 *w* 的先后顺序。

如果同时有对内存地址 *x* 的两个写操作 *w* 和 *w*′，那么，只要其中之一不是同步操作，happens before 就无法定义 *w* 和 *w*′ 的先后顺序。

所以说，Go 内存模型关注的是同步操作（有数据竞争）时 *r* 和 *w* 或者 *w* 和 *w*′ 的顺序关系。

接下来，我们从实际出发，看看 Go 语言保证的同步关系。

13.3 各种同步原语的同步保证

前面提到，如果单从一个 goroutine 的视角来看，它的执行顺序和它的代码指定的顺序在效果上是一样的。即使编译器或者 CPU 重排了读 / 写顺序，从行为上看，它的执行顺序也和代码指定的顺序一样。

我们来看一个例子。在下面的代码中，如果在一个 goroutine 中调用 foo 函数，则输出的结果肯定是 1、2、3。

```
func foo() {
    var a = 1
    var b = 2
    var c = 3

    println(a)
    println(b)
    println(c)
}
```

但是，对于另一个 goroutine 来说，如果它能看到 a、b、c 的话，则可能看到 c 已经被设置为 3 了，而 a 和 b 可能还未被赋值。一组指令对同一个内存地址的写被传递到各个 CPU 的核，不同的架构有不同的处理，所有的核看到的顺序不一定都是一样的。如果需要确定的同步关系，我们可以使用同步操作的方式来指定。

接下来，我们来介绍这些同步操作以及它们的保证。

13.3.1 初始化

Go 应用程序的初始化是启动时在单一的 goroutine 中执行的。

如果包 p 导入了包 q，那么包 q 的 init 函数的执行一定 happens before 包 p 的任何 init 函数。

这里有一个特殊的情况需要记住：main 函数一定在导入的包的 init 函数之后执行。

包级别的变量，在同一个文件中是按照声明顺序逐个初始化的，除非初始化时依赖其他的变量。同一个包下的多个文件，会按照文件名的排列顺序进行初始化。这个顺序被定义在 Go 语言规范中，而不是 Go 的内存模型规范中。下面我们来看看例子中各个变量的值。

```
var (
    a = c + b  // == 9
    b = f()    // == 4
    c = f()    // == 5
    d = 3      // == 5，全部初始化完成后
)

func f() int {
    d++
    return d
}
```

具体怎么对这些变量进行初始化呢？ Go 采用的是依赖分析技术。不过，依赖分析技术保证的顺序只是针对同一个包下的变量，而且，只有引用关系是本包变量、函数和非接口的方法，才能保证它们的顺序性。

同一个包下可以有多个 init 函数，甚至一个文件中也可以包含多个具有相同签名的 init 函数。

上面讲的是不同包下的 init 函数的执行顺序，下面举一个具体的例子，把这些内容串起来，你一看就明白了。这个例子是一个 main 程序，它依赖包 p1，包 p1 依赖包 p2，包 p2 依赖包 p3，如图 13.1 所示。

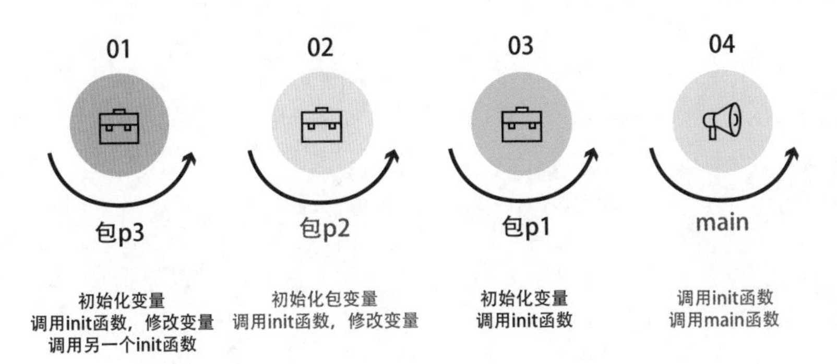

图 13.1 包依赖导致的包初始化顺序

为了追踪初始化过程，并输出有意义的日志，这里定义了一个辅助方法，打印出日志并返回一个用来初始化的整数值。

```
func Trace(t string, v int) int {
    fmt.Println(t, ":", v)
    return v
}
```

包 p3 包含两个文件，分别定义了一个 init 函数。其中，第一个文件中定义了两个变量，这两个变量的值还会在 init 函数中进行修改。

```
// 包 p3 中的 lib1.go 文件

var V1_p3 = trace.Trace("init v1_p3", 3) // 包 p3 初始化时打印信息
var V2_p3 = trace.Trace("init v2_p3", 3)

func init() {
    fmt.Println("init func in p3") // 包 p3 的 init 函数被调用时打印信息
    V1_p3 = 300
    V2_p3 = 300
}

// 包 p3 中的 lib2.go 文件

func init() {
    fmt.Println("another init func in p3") // 包 p3 的另一个 init 函数被调用时打印信息
}
```

包 p2 定义了两个变量和一个 init 函数。其中，第一个变量被初始化为 2，并在 init 函数中更改为 200；第二个变量是复制的包 p3 的 V2_p3 变量。

```
var V1_p2 = trace.Trace("init v1_p2", 2) // 包 p2 初始化时打印信息
var V2_p2 = trace.Trace("init v2_p2", p3.V2_p3) // 包 p2 初始化时需要调用包 p3 的变量

func init() {
    fmt.Println("init func in p2") // 包 p2 的 init 函数被调用时打印信息
    V1_p2 = 200
}
```

包 p1 定义了两个变量和一个 init 函数。这两个变量的值是复制的包 p2 的两个变量的值。

```
var V1_p1 = trace.Trace("init v1_p1", p2.V1_p2) // 包 p1 初始化时使用了包 p2 的变量
var V2_p1 = trace.Trace("init v2_p1", p2.V2_p2) // 包 p1 初始化时使用了包 p2 的变量，
包 p2 的这个变量又使用了包 p3 的变量

func init() {
    fmt.Println("init func in p1")
}
```

main 定义了 init 函数和 main 函数。

```
func init() {
    fmt.Println("init func in main") // 包 main 下的 init 函数被调用时打印信息
}

func main() {
    fmt.Println("V1_p1:", p1.V1_p1) // 在 main 函数中引用了包 p1 的变量
    fmt.Println("V2_p1:", p1.V2_p1)
}
```

运行 main 程序，会依次输出 p3、p2、p1、main 的变量初始化时的日志（变量初始化时的日志和 init 函数被调用时的日志）。

```
// 根据依赖关系，先依赖包 p3
// 包 p3 的变量初始化
init v1_p3 : 3
init v2_p3 : 3
// 包 p3 的 init 函数
init func in p3
// 包 p3 的另一个 init 函数
another init func in p3

// 再依赖包 p2
// 包 p2 的变量初始化
init v1_p2 : 2
init v2_p2 : 300
// 包 p2 的 init 函数
init func in p2

// 再依赖包 p1
// 包 p1 的变量初始化
init v1_p1 : 200
```

```
init v2_p1 : 300
//包 p1 的 init 函数
init func in p1

//包 main 的 init 函数
init func in main
// main 函数
V1_p1: 200
V2_p1: 300
```

虽然通过大量的代码展示了不同包下的 init 函数的执行顺序，但建议你还是不要按照这个顺序关系来实现代码逻辑。如果非得这样做，则建议你遵循 Go 内存模型中定义的这一条规则：**init 函数一定 happens before main.main 函数**。你可以在程序运行之前，将一些初始化工作放在 init 函数中。

13.3.2　goroutine 的运行

我们首先需要明确一条规则：**在父 goroutine 中启动子 goroutine 的 go 语句的执行，一定 synchronized before 子 goroutine 中代码的执行**。

我们来看一个例子。在下面的代码中，②行对 a 的赋值和③行的 go 语句是在同一个 goroutine 中执行的，所以，在主 goroutine 看来，②行肯定 sequenced before ③行，又由于上面的保证，③行子 goroutine 的启动 synchronized before ①行的变量输出。由此就可以推断出，②行 happens before ①行。也就是说，①行在打印 a 的值的时候，肯定会打印出“hello, world”。

```
var a string
var b string

func f() {
    print(a) // ①
    b = 1
}

func hello() {
    a = "hello, world" // ②
    go f() // ③
    print(b) // ④
}
```

当 goroutine 退出时，没有任何与程序中的事件相关的保证。比如，在上面的例子中，对 b 的赋值并没有任何同步事件，所以④行可能打印出 1，也可能打印出 0。

如果想让一个 goroutine 的效果能被其他的 goroutine 所观察到，则必须通过锁或者 channel 的机制建立一个相对的关系。

13.3.3 channel

channel 是 goroutine 同步交流的主要方法。一个 goroutine 向 channel 中发送数据，通常对应着另一个 goroutine 从这个 channel 中接收数据，对 channel 的读 / 写操作往往在不同的 goroutine 中，那么是 receiver 先返回还是 sender 先返回呢？ Go 内存模型对于 channel 的操作保证有以下 4 条规则。

规则 1：向一个 channel 中发送数据，一定 synchronized before 对应着从这个 channel 中接收数据的完成。

```
var ch = make(chan struct{}, 10) // buffered channel 或者 unbuffered channel
var s string

func f() {
    s = "hello, world" // ①
    ch <- struct{}{} // ②
}

func main() {
    go f() // ③
    <-ch // ④
    print(s) // ⑤
}
```

这段代码保证可以打印出“hello, world”。为什么我们这么有信心？因为对 s 的赋值 (①行) sequenced before 向 channel 中发送 (②行)，②行又 synchronized before 从 channel 中接收 (④行)，④行又 sequenced before ⑤行，根据可传递性，①行 happens before ⑤行，所以我们有信心。

规则 2：channel 的关闭完成，一定 synchronized before 由于 channel 关闭导致的 receiver 接收到零值。

还是拿上面的例子来讲，如果把②行替换成 close(ch)，则也能保证同样的执行顺序。因为④行从关闭的 ch 中读取出零值后，②行肯定被调用了。

规则 3：对于 unbuffered channel，从此 channel 中读取数据的调用一定 synchronized before 向此 channel 中发送数据的调用完成。

对于上面的例子，也可以根据这条规则修改如下：

```
var ch = make(chan int)
var s string

func f() {
    s = "hello, world"
    <-ch // ①
}
```

```
func main() {
    go f()
    ch <- struct{}{} // ②
    print(s)
}
```

注意，这里的 ch 必须是 unbuffered channel。

如果②行（发送语句）执行完成，那么根据这条规则，①行（接收语句）的调用肯定发生了，s 也肯定被初始化了，所以一定会打印出“hello, world”。

虽然这条规则比较晦涩，但因为 channel 是 unbuffered channel，所以它也成立。

规则 4：如果 channel 的容量是 *m*（*m*>0），那么第 *n* 个接收操作一定 synchronized before 第 *n*+*m* 个发送操作的完成。

“规则 3”是针对 unbuffered channel 的，“规则 4”则给出了更广泛的针对 buffered channel 的保证。利用这条规则，我们可以实现信号量（Semaphore）同步原语。channel 的容量相当于可用的资源，发送数据相当于请求信号量，接收数据相当于释放信号量。关于信号量这个同步原语，在第 14 章中会专门介绍，这里只需要知道它可以控制多个资源的并发访问就可以了。

13.3.4　锁（Mutex 和 RWMutex）

对于互斥锁 Mutex l 或者读写锁 RWMutex l，有两个 happens before 关系的保证。

- 第 *n* 次的 l.Unlock 调用一定 synchronized before 第 *m* 次的 l.Lock 方法的返回（其中 *n*<*m*）。
- 对于读写锁 RWMutex l 的任意 l.RLock 的调用，如果保证第 *n* 次的 l.Unlock 调用 synchronized before 对 l.RLock 的调用，那么相应的 l.RUnlock 调用一定 synchronized before 第 *n*+1 次对 l.Lock 调用的返回。也就是说，对读写锁的写锁的获取需要等待所有的读锁都释放后才能成功。

l.TryLock（或者 l.TryRLock）成功获取锁的调用等价于对 l.Lock（或 l.RLock）的调用。如果获取锁不成功，则没有什么保证。

例如，在下面的代码中，①行第一次的 Unlock 调用一定 happens before 第二次的 Lock 调用（②行），所以能够保证正确地打印出“hello, world”。

```
var mu sync.Mutex
var s string

func foo() {
    s = "hello, world"
    mu.Unlock() // ①
```

```
}

func main() {
    mu.Lock()
    go foo()
    mu.Lock() // ②
    print(s)
}
```

13.3.5 Once

我们在第 6 章中介绍过 Once，相信你已经很熟悉它的功能了。Once 提供的保证是：**对于 once.Do(f) 调用，f 函数的单次调用一定 synchronized before 任何 once.Do(f) 调用的返回**。换句话说，f 函数一定会在 Do 方法返回之前执行。

还是拿“hello, world”的例子来讲，这次使用 Once 同步原语来实现。我们看下面的代码：

```
var s string
var once sync.Once

func foo() {
    s = "hello, world" // ①
}

func main() {
    once.Do(foo) // ②
    print(s) // ③
}
```

①行的执行一定 happens before ②行的返回，所以执行到③行时，s 已经被初始化了，最后会正确地打印出“hello, world”。

13.3.6 WaitGroup

本节介绍 WaitGroup 的保证。

对于一个 WaitGroup 实例 wg，在某个时刻 *t0*，它的计数值已经不是 0 了。假设在 *t0* 时刻之后调用了一系列的 wg.Add(n) 或者 wg.Done()，并且最后一次调用时 wg 的计数值变成了 0，那么可以保证这些 wg.Add(n) 或者 wg.Done() 一定 happens before *t0* 时刻之后调用的 wg.Wait 方法的返回。

通俗地说，这个保证就是 Wait 方法等到计数值归零后才返回；Wait 方法等到相应的 Done 被调用后才返回。

还是拿上面的例子来讲，改造成使用 WaitGroup 保证顺序的方式如下：

```
var s string
var wg sync.WaitGroup
```

```
func foo() {
    s = "hello, world" // ①
    wg.Done() // ②
}

func main() {
    wg.Add(1)
    go foo()
    wg.Wait() // ③
    print(s)
}
```

①行的执行 sequenced before ②行的执行，②行的执行 synchronized before ③行的执行，所以 ①行的执行 sequenced before ③行的执行，最后会打印出“hello, world”。

13.3.7　atomic 操作

atomic 操作也常常用来实现 goroutine 之间的同步。

如果原子操作 A 的效果能够被原子操作 B 观察到，我们就说 A synchronized before B。在程序中执行的所有原子操作都表现得好像按照某种顺序依次一致地执行一样。

这个定义与 C++ 的顺序一致的原子操作（sequentially consistent atomic）和 Java 的 volatile 变量具有相同的语义。

13.3.8　Finalizer、sync.Cond、sync.Map 和 sync.Pool

runtime 包提供了 SetFinalizer 函数，当一个对象不再被程序使用时，就会调用 SetFinalizer 传入的 Finalizer 函数对象。对 SetFinalizer(x, f) 函数的调用一定 synchronized before 对 f(x) 的调用。

sync.Cond 有如下保证：sync.Cond 的 Broadcast 方法或者 Signal 方法的调用一定 synchronizes before Wait 方法的返回。

sync.Map 有如下保证：Map 的一个写操作一定 synchronizes before 任何能观察到这个写操作效果的读操作。Load、LoadAndDelete、LoadOrStore、Swap、CompareAndSwap 和 CompareAndDelete 是读操作，Delete、LoadAndDelete、Store 和 Swap 是写操作。对于 LoadOrStore，当返回的 loaded 为 false 时是写操作；对于 CompareAndSwap，当 swapped 为 true 时是写操作；对于 CompareAndDelete，当返回的 deleted 为 true 时是写操作。

sync.Pool 有如下保证：一个 Put(x) 调用一定 synchronizes before 调用 Get 返回相同的值 x。类似地，对 New 方法返回 x 的调用一定 synchronizes before 调用 Get 返回相同的值 x。

13.4 不正确的同步

如果想让不同的 goroutine 同步，我们一定要使用前面所讲的同步原语来实现同步，它们有先后顺序的保证。

在很多情况下，如果没有使用同步原语来保证同步，或者只做了部分同步，则会导致代码有问题。Go 内存模型规范中也举了一些例子，我们一起来看一下。

在下面的例子中，即使读操作（③行）观察到了写操作（②行），也不意味着它之后的读操作（④行）能观察到②行之前的写操作（①行）。所以，这个程序有可能会打印出 2 和 0 这样的值，因为读操作和写操作之间没有任何的同步保证。

```
var a, b int

func f() {
    a = 1 // ①
    b = 2 // ②
}

func g() {
    print(b) // ③
    print(a)// ④
}

func main() {
    go f() // ⑤
    g() // ⑥
}
```

有时候我们使用双重检查，但是没有同步的双重检查依然可能有问题。在下面的例子中，即使将 done 设置成了 true，a 也依然可能没有被初始化。虽然 a sequenced before done，但是 doprint 和 setup 之间并没有建立起 synchronized before 关系。

```
var a string
var done bool

func setup() {
    a = "hello, world"
    done = true
}

func doprint() {
    if !done {
        once.Do(setup)
    }
    print(a)
}
```

```
func twoprint() {
    go doprint()
    go doprint()
}
```

同样的问题，下面的例子是我们常用的检查状态等待执行的处理方式，setup 和 main 之间的代码并没有任何的顺序保证。

```
var a string
var done bool

func setup() {
    a = "hello, world"
    done = true
}

func main() {
    go setup()
    for !done {
    }
    print(a)
}
```

这种未同步的问题还有以下变种：main 函数观察到 g 非空后，打印出 msg，然后退出。但是在实际退出时，g.msg 可能还没有被初始化。

```
type T struct {
    msg string
}

var g *T

func setup() {
    t := new(T)
    t.msg = "hello, world"
    g = t
}

func main() {
    go setup()
    for g == nil {
    }
    print(g.msg)
}
```

Go 内存模型对编译器的优化限制与对 Go 程序的限制一样多。不正确的编译器优化也可能会导致出现问题，一些单线程中的优化在 Go 程序中是不合法的。比如下面的例子：

```
*p = 1
```

```
if cond {
    *p = 2
}
```

不能被优化为如下代码，因为这种修改的效果可能和其他 goroutine 预期看到的效果是不一样的。

```
*p = 2
if !cond {
    *p = 1
}
```

我们绝大部分人不会去做与编译器优化相关的工作，这项艰巨的任务就交给 Go 团队和其他公司的编译器优化团队去做吧！

第14章 信号量 Semaphore

本章内容包括：

- 什么是信号量
- 信号量的channel实现
- Go官方的信号量实现
- 使用信号量的常见错误

在前面的章节中，我们学习了 Go 标准库的同步原语、原子操作和 channel，掌握了它们，就可以解决 80% 的并发编程问题。但是，如果想进一步提升自己的并发编程能力，还需要学习一些第三方库。

在接下来的几个章节中，我们会介绍 Go 官方或者其他人提供的第三方库。本章我们先来介绍信号量（Semaphore），信号量是用来控制多个 goroutine 同时访问多个资源的同步原语。

14.1 什么是信号量

信号量的概念是荷兰计算机科学家 Edsger Wybe Dijkstra 在 1963 年左右提出来的，被广泛应用在不同的操作系统中。在操作系统中，会给每一个进程分配一个信号量，代表每个进程目前的状态。未得到控制权的进程，会在特定的地方被迫停下来，等待可以继续进行的信号到来。

> Edsger Wybe Dijkstra（1930—2002 年）是一位荷兰计算机科学家和数学家，被认为是计算机科学领域的先驱之一。他在计算机科学的发展史上发挥了重要作用，他提出的算法和思想对计算机科学和软件工程产生了深远影响。
>
> Dijkstra 最为著名的贡献之一是开发了 Dijkstra 算法，它是一种在图形网络中找到最短路径的算法，被广泛应用于网络路由和其他领域。他还发明了一种名为“信号量”的同步机制，为并发编程提供了一种重要的工具。此外，他还对程序设计语言的语法和结构进行了深入的研究，为编程语言的设计和实现提供了许多有价值的建议。
>
> Dijkstra 也是一位重要的教育家和思想家，他强调了对计算机科学教育的重视和深入思考的重要性。他在其许多著作和演讲中都强调了算法与程序设计的重要性，并强调了开发高质量软件的必要性。
>
> Dijkstra 在他的职业生涯中获得了许多荣誉，包括图灵奖、IEEE 计算机协会的计算机科学和工程奖、ACM SIGPLAN 的系统软件奖等。他去世后，他的贡献得到了计算机科学领域的广泛赞誉和纪念。

最简单的信号量是一个变量加一些并发控制的能力，这个变量是 0 到 *n* 之间的一个值。当 goroutine 完成对此信号量的等待（wait）时，该计数值就减 1；当 goroutine 完成对此信号量的释放（release）时，该计数值就加 1。当计数值为 0 时，goroutine 调用 wait 等待该信号量是不会成功的，除非计数值又大于 0，等待的 goroutine 才有可能成功返回。

讲到这里，让我们通过一个生活中的例子来进一步理解信号量。

假设图书馆新购买了 10 本《深入理解 Go 并发编程》，有 1 万个学生想读这本书，“僧多粥少”。所以，图书馆管理员先让这 1 万个学生进行登记，按照登记的顺序，借阅此书。如果此书全部被借走，那么其他想看此书的学生就需要等待；如果有人还书了，图书馆管理员就会通知下一个学生来借阅这本书。这里的资源是 10 本《深入理解 Go 并发编程》，想读此书的学生是 goroutine，图书馆管理员就是信号量。怎么样，现在是不是很好理解了？接下来，我们就来介绍信号量的 P/V 操作。

14.1.1 P/V 操作

Dijkstra 在他的论文中为信号量定义了两个操作：P 和 V。P 操作（如 decrease、wait、acquire）用来减小信号量的计数值，V 操作（如 increase、signal、release）则用来增大信号量的计数值。

P（passeren）在荷兰语中表示“通过”，V（vrijgeven）在荷兰语中表示“释放”，这也许就是 Dijkstra 把它们叫作 P/V 操作的原因。

使用伪代码表示如下（方括号代表原子操作）：

```
function V(semaphore S, integer I):
    [S ← S + I]

function P(semaphore S, integer I):
    repeat:
        [if S ≥ I:
        S ← S - I
        break]
```

可以看到，初始化的信号量 S 有一个指定数量（n）的资源，它就像一个有 n 个资源的池子。P 操作相当于请求资源，如果有足够的资源可用，则立即返回；如果没有资源或者资源不够，那么它可以不断地尝试或者被阻塞等待。V 操作相当于释放资源，把资源返还给信号量。信号量的值只能由 P/V 操作改变（初始化操作除外）。

现在，我们来总结一下信号量的实现。

- 初始化信号量：设定资源的初始数量。
- P 操作：将信号量的计数值减 k，如果新值为负数，那么调用者会被阻塞并加入等待队列中；否则，调用者会继续执行，并且获得 k 个资源。
- V 操作：将信号量的计数值加 k，如果先前的计数值为负数，则说明有等待的 P 操作的调用者。V 操作会从等待队列中取出一个等待的调用者，唤醒它，让它继续执行。

14.1.2 信号量和互斥锁的区别与联系

在正式介绍信号量的具体实现原理之前，先讲一个知识点，就是信号量和互斥锁的区别与联系，这有助于我们掌握接下来的内容。

信号量有两种类型：二元信号量和计数信号量。其中，二元信号量只有两个值，通常是 0 和 1，它用于互斥访问共享资源。当一个进程或线程获得了该二元信号量的控制权时，其他进程或线程就不能再访问该共享资源了，只有当控制权被释放后，其他进程或线程才有机会获得该控制权。在这种情况下，信号量和互斥锁的功能是一致的。

计数信号量则是一个计数器，它可以有任意正整数值。计数信号量用于限制多个进程或线程对共享资源的访问次数。当计数信号量的值为 0 时，其他进程或线程就不能再访问该共享资源了，只有当计数信号量的值不为 0 时，其他进程或线程才有机会获得该控制权。前面所讲的在图书馆借书就是一个计数信号量的例子。

我们一般用信号量保护一组资源，比如数据库连接池、一组客户端的连接、几个打印机资源等。如果信号量蜕变成二元信号量，那么它的 P/V 操作就和互斥锁的 Lock/Unlock 一样了。

有人会很细致地区分二元信号量和互斥锁。比如，有人提出，在 Windows 系统中，互斥锁只能由持有锁的线程释放，而二元信号量则没有这个限制。实际上，虽然在 Windows 系统的一些场景中，它们的确有些区别，但是对于 Go 语言来说，互斥锁也可以由非持有锁的 goroutine 来释放。所以，从行为上说，它们并没有严格的区别。笔者个人认为，没必要进行细致的区分，因为互斥锁并不是一个很严格的定义。在实际项目中遇到互斥和并发的问题时，我们一般选用互斥锁。

14.2 信号量的 channel 实现

程序在运行时，Go 内部使用信号量来控制 goroutine 的阻塞和唤醒。前面在介绍基本同步原语的实现时我们也看到了，比如互斥锁的第二个字段：

```go
type Mutex struct {
    state int32
    sema  uint32
}
```

信号量的 P/V 操作是通过函数实现的：

```go
func runtime_Semacquire(s *uint32)
func runtime_SemacquireMutex(s *uint32, lifo bool, skipframes int)
func runtime_Semrelease(s *uint32, handoff bool, skipframes int)
```

遗憾的是，这些函数是 Go 运行时内部使用的，里面有些特殊的逻辑，并没有被封装暴露成一个对外的信号量同步原语。原则上，我们没有办法使用。不过使用 channel，我们可以很容易实现信号量。

根据之前的 channel 类型的介绍以及 Go 内存模型的定义，你应该能想到，使用一个 buffer 为 *n* 的 channel 可以很容易实现信号量，比如使用 chan struct{} 类型来实现信号量。

使用 channel 有两种实现方式：

第一种是把 channel 的槽位看成资源，向 channel 中发送数据可以被看成占用槽位，即占用资源；从 channel 中读取数据可以被看成释放操作，即释放资源。

第二种是 channel 创建后，先发送 *n* 个数据，把 channel 填充满。每个数据代表一个资源，从 channel 中读取一个数据就代表申请（占用）一个资源，向 channel 中发送一个数据就代表释放一个资源。

这两种实现的处理方式是相反的，效果却是一样的。接下来，我们使用第一种方式来实现信号量。

在初始化信号量时，设置它的初始容量，代表有多少个资源可以使用。信号量使用 Lock 和 Unlock 方法来实现请求资源和释放资源，正好实现了 Locker 接口。前面讲过，P/V 操作在实现时，方法名有多种叫法，比如 P 操作也有叫作 decrease、acquire 的，V 操作也有叫作 increase、release 的。这里的 Lock 方法是 P 操作，Unlock 方法是 V 操作。

```
// semaphore 数据结构，还实现了 Locker 接口
type semaphore struct {
    sync.Locker
    ch chan struct{}
}

// 创建一个新的信号量
func NewSemaphore(capacity int) sync.Locker {
    if capacity <= 0 {
        capacity = 1 // 容量为1，就变成了一个互斥锁
    }
    return &semaphore{ch: make(chan struct{}, capacity)}
}

// 请求一个资源
func (s *semaphore) Lock() {
    s.ch <- struct{}{}
}

// 释放资源
func (s *semaphore) Unlock() {
    <-s.ch
}
```

除了 channel，marusama/semaphore 也实现了一个可以动态更改资源容量的信号量，这是一个非常有特色的实现。如果资源数量并不是固定的，而是动态变化的，则建议你考虑一下这个信号量库。

14.3 Go 官方的信号量实现

虽然在 Go 标准库中并没有实现信号量，但是在 Go 官方的扩展库中却实现了一个带

权重的信号量库：golang.org/x/sync/semaphore。

这个信号量叫作 Weighted，如图 14.1 所示。它仅有几个方法，所以学习起来也不费劲。

```
type Weighted
    func NewWeighted(n int64) *Weighted
    func (s *Weighted) Acquire(ctx context.Context, n int64) error
    func (s *Weighted) Release(n int64)
    func (s *Weighted) TryAcquire(n int64) bool
```

图 14.1　信号量 Weighted 的方法

- NewWeighted：初始化包含 *n* 个资源的信号量。
- Acquire：请求 *n* 个资源。如果没有足够的资源，那么调用者会被阻塞，直到有足够的资源或者 ctx 完成，成功返回 nil；否则，返回 ctx.Err()。注意，一次调用可以请求多个资源。
- Release：释放 *n* 个资源。
- TryAcquire：尝试请求 *n* 个资源。请求资源的阻塞方法，要么成功，要么失败，不会获取部分资源。

知道了信号量的实现方法，那么在实际的场景中应该怎么用呢？

这里举一个 worker 池的例子来帮助理解。

我们创建和 CPU 核数一样多的 worker，让它们来处理一个数量为 worker 数量 4 倍的整数切片。每个 worker 一次只能处理一个整数，处理完之后，再处理下一个。当然，这个问题的解决方法有很多种，这一次我们使用信号量，代码如下：

```go
var (
    maxWorkers = runtime.GOMAXPROCS(0) // worker 数量
    sema       = semaphore.NewWeighted(int64(maxWorkers)) // 信号量
    task       = make([]int, maxWorkers*4) // 任务数量，是 worker 数量的 4 倍
)

func main() {
    ctx := context.Background()

    for i := range task {
        // 如果没有 worker 可用，则会被阻塞在这里，直到某个 worker 被释放
        if err := sema.Acquire(ctx, 1); err != nil {
            break
        }

        // 启动 worker goroutine
        go func(i int) {
            defer sema.Release(1)
```

```
            time.Sleep(100 * time.Millisecond) // 模拟一个耗时操作
            task[i] = i + 1
        }(i)
    }

    // 请求所有的 worker，这样能确保前面的 worker 都执行完成
    if err := sema.Acquire(ctx, int64(maxWorkers)); err != nil {  // ①
        log.Printf(" 获取所有的 worker 失败 : %v", err)
    }

    fmt.Println(task)
}
```

在这段代码中，main goroutine 相当于一个 dispatcher，负责任务的分发。它先获取信号量，如果获取成功，则会启动一个 goroutine 来处理计算，然后，这个 goroutine 会释放这个信号量（有意思的是，信号量的获取在 main goroutine 中，信号量的释放在 worker goroutine 中）。如果获取不成功，就等到有信号量可以使用的时候，再去获取。

需要提醒的是，在这个例子中，还有一个知识点，就是最后的那一段处理（①行）。在实际应用中，如果你想等所有的 worker 都执行完成，则可以通过获取最大计数值的信号量把自己阻塞，直到所有的 worker 都释放了资源。

Go 扩展库中的信号量是使用互斥锁 + List 实现的。其中，互斥锁实现了对其他字段的保护，而 List 实现了一个等待队列，waiter（等待者）的通知是通过 channel 的通知机制实现的。我们来看一下信号量 Weighted 的数据结构：

```
type Weighted struct {
    size    int64 // 资源数量
    cur     int64 // 当前已使用的资源数量
    mu      sync.Mutex
    waiters list.List // waiter 列表
}
```

其中，size 是资源数量；cur 是当前已使用的资源数量；mu 是一个大锁，P/V 操作时就上这个大锁；waiters 是 waiter 列表。

在信号量的几个实现方法中，Acquire 是代码最复杂的一个方法，它不仅仅要监控资源是否可用，还要检测 Context 的 Done 是否已关闭。我们来看一下它的实现代码：

```
func (s *Weighted) Acquire(ctx context.Context, n int64) error {
    s.mu.Lock()
    // 快速路径：如果有足够的资源，则不考虑 ctx.Done 的状态，将 cur 加上 n 就返回
    if s.size-s.cur >= n && s.waiters.Len() == 0 {
        s.cur += n
        s.mu.Unlock()
        return nil
    }

    // 如果请求的资源数量大于所能提供的最大资源数量
    if n > s.size {
        s.mu.Unlock()
```

```
        // 依赖 ctx 的状态返回，否则一直等待
        <-ctx.Done()
        return ctx.Err()
    }

    // 否则，就需要把调用者加入等待队列中
    // 创建一个 ready chan，以便被通知唤醒
    ready := make(chan struct{})
    w := waiter{n: n, ready: ready}
    elem := s.waiters.PushBack(w)
    s.mu.Unlock()

    select {
    case <-ctx.Done(): // 即使 Context 的 Done 被关闭了，也要检查是否获取了信号量
        err := ctx.Err()
        s.mu.Lock()
        select {
        case <-ready: // 如果被唤醒了，则忽略 ctx 的状态
            // 假装不知道 ctx 已被取消，获取成功
            err = nil
        default: // 从 waiters 中移除自己
            isFront := s.waiters.Front() == elem
            s.waiters.Remove(elem)
            // 如果自己是队列中的第一个，则看下一个 waiter 甚至更多的 waiter 需要的
            // 资源是否少，可以得到满足
            if isFront && s.size > s.cur {
                s.notifyWaiters()
            }
        }
        s.mu.Unlock()
        return err

    case <-ready: // 被唤醒
        return nil
    }
}
```

其实，为了提高性能，Acquire 方法中快速路径之外的代码，可以被抽取成 acquireSlow 方法，以便编译器将 Acquire 方法内联。

notifyWaiters 用来检查下一个 waiter 是否满足需求。因为当前的 waiter 调用 Acquire 时可能请求的资源比较多，比如 1 万个资源，而现在只有 100 个可用资源，暂时满足不了，但是后面的 waiter 可能只需要一个资源，所以后面被阻塞的 Acquire 调用可以得到满足，一直检查下去，直到不被满足或者 waiter 为空。

```
func (s *Weighted) notifyWaiters() {
    for {
        next := s.waiters.Front()
        if next == nil {
            break // 没有 waiter 了
        }

        w := next.Value.(waiter)
        if s.size-s.cur < w.n {
```

```
            // 在没有充足的 token 提供给下一个 waiter 的情况下，没有继续查找，而是停止，
            // 主要是避免某个 waiter 饥饿
            break
        }

        s.cur += w.n
        s.waiters.Remove(next)
        close(w.ready)
    }
}
```

这里还有一个优化：为什么遇到第一个不被满足的 waiter，Acquire 就停止，而不把 waiter 全检查一遍呢？把当前所有的资源都分给可能的 waiter 不是更好吗？

这就涉及对饥饿的处理。假如我们基于信号量实现读写锁，读锁请求 1 个资源，写锁请求所有的资源，以便排除读操作。如果读 waiter 和写 waiter 都在 waiter 列表中，则会导致写 waiter 可能没有机会获得锁，造成写锁饥饿。所以，这里遇到第一个不被满足的 waiter 就发生阻塞，直到它获得了所需的资源。

Release 方法将当前计数值减去释放的资源数量 *n*，并唤醒等待队列中的调用者，看是否有足够的资源被获取。

```
func (s *Weighted) Release(n int64) {
    s.mu.Lock()
    s.cur -= n //释放了 n 个资源
    if s.cur < 0 {
        s.mu.Unlock()
        panic("semaphore: released more than held")
    }
    s.notifyWaiters() // 唤醒 waiter
    s.mu.Unlock()
}
```

别故意释放更多的资源，申请了多少资源就释放多少资源，不要在这里要小聪明，否则会导致 panic。

当然，释放了资源，还是会调用 notifyWaiters 尝试唤醒等待的 waiter。

TryAcquire 尝试获取资源，并不会发生阻塞，所以也不需要 Context 了。加上大锁，检查资源是否够用就好了。

```
func (s *Weighted) TryAcquire(n int64) bool {
    s.mu.Lock()
    //是否有足够的资源，而且还没有 waiter
    success := s.size-s.cur >= n && s.waiters.Len() == 0
    if success {
        s.cur += n
    }
    s.mu.Unlock()
    return success
}
```

既然一开始就可以使用 channel 实现信号量，那么为什么 Go 还提供了一个专门的信号量的实现呢？你可以看到，Go 官方实现的这个信号量功能更丰富，可以一次请求 / 释放 *n* 个资源，这也是它叫作 Weighted 的原因。

信号量的代码不多，正好是我们学习利用基本的同步原语实现更高级同步原语的范例，值得好好地品味。

14.4 使用信号量的常见错误

保证信号量不出错的前提是正确地使用它；否则，公平性和安全性就会受到损害，导致程序发生 panic。

在使用信号量时，最常见的几个错误如下：

- 请求了资源，但是忘记了释放它。
- 释放了从未请求的资源。
- 长时间持有一个资源（即使不需要它）。
- 不持有资源，却直接使用它。

就 Go 扩展库实现的信号量来说，在调用 Release 方法时，可以传递任意的整数。但是，如果传递一个参数，这个参数的值比全部能释放的资源的值还大，程序就会发生 panic。如果传递一个负数，则会导致资源永久被持有。如果所请求的资源数量大于最大资源数量，那么调用者可能永远被阻塞。

所以，使用信号量遵循的原则就是请求多少资源，就释放多少资源。一定要注意，必须使用正确的方法传递整数，不要耍小聪明，而且，请求的资源数量一定不要超过最大资源数量。

一些开源项目使用了官方扩展的信号量库 golang.org/x/sync/semaphore，资源不多也不少。比如 containerd/containerd 就多次使用 Weighted，在一些地方实现限流的控制，这也是信号量的应用场景之一，如图 14.2 所示。

```
34  type localTransferService struct {
35          leases  leases.Manager
36          content content.Store
37          images  images.Store
38
39          // semaphore.NewWeighted(int64(rCtx.MaxConcurrentDownloads))
40          limiter *semaphore.Weighted
```

图 14.2　containerd 中使用了扩展库的信号量

第15章　缓解压力利器 SingleFlight

本章内容包括：

- SingleFlight的实现
- SingleFlight的使用场景

缓存系统是我们提高程序性能最常用的手段之一，它把经常要读取的程序放在内存中，避免对后台数据库等进行频繁的访问。常用的缓存系统有 Memcached、Redis 等，或者自定义缓存系统。

缓存系统虽然好，但也面临着三大问题。

- **缓存雪崩：**某一时刻大规模的缓存同时失效，或者缓存系统重启，导致大量的请求无法从缓存中读取到数据，请求就会直接访问数据库，导致后台数据库等无法承受巨大的压力，可能瞬间就会崩溃。这种情况就称作缓存雪崩。

  解决缓存雪崩的方法是将 key 的失效时间加一个随机值，避免大量的 key 同时失效。通过限流，避免大量的请求同时访问数据库。新缓存节点上线前先进行预热，也可以避免刚上线就发生雪崩。

- **缓存击穿：**如果有大量的请求同时访问某个 key，一旦这个 key 失效（过期），就会导致这些请求同时访问数据库。这种情况就称作缓存击穿。它和缓存雪崩不同，雪崩是访问大量的 key 导致的，而击穿是访问同一个 key 导致的。解决方法就是使用本章要介绍的 SingleFlight 同步原语。

- **缓存穿透：**如果请求要访问的 key 不存在，那么它就访问不到缓存系统，它就会去访问数据库。假如有大量这样的请求，这些请求像“穿透”了缓存一样直接访问数据库，这种情况就称作缓存穿透。解决方法是在缓存系统中给不存在的 key 设置一个空值或特殊值，或者使用布隆过滤器等快速检查 key 是否存在。

本章重点介绍用于解决缓存击穿问题的 SingleFlight，这也是这个同步原语应用最广泛的场景之一。

SingleFlight 是 Go 团队提供的一个扩展同步原语。它的作用是在处理多个 goroutine 同时调用同一个函数时，只让一个 goroutine 调用这个函数，当这个 goroutine 返回结果时，再把结果返回给这几个同时调用的 goroutine，这样就可以减少并发调用的数量。

这里先回答一个问题：Go 标准库中的 sync.Once 也可以保证并发的 goroutine 只会执行一次函数 f，那么 SingleFlight 和 sync.Once 有什么区别呢？

其实，sync.Once 不仅在并发访问时保证只有一个 goroutine 执行函数 f，而且会保证永远只执行一次这个函数；而 SingleFlight 是每次调用时都重新执行函数 f，并且有多个请求同时调用时只有一个请求执行这个函数。它们面对的场景是不同的，**sync.Once 主要被应用在单次初始化的场景中，而 SingleFlight 主要被应用在合并并发请求的场景中**，尤其是缓存场景。

如果你学会了使用 SingleFlight，在面对秒杀等大并发请求的场景，而且这些请求都是读请求时，就可以把这些请求合并为一个请求，这样就可以将后端服务的压力从 *n* 降到 1。尤其在面对后端是数据库这样的服务时，采用 SingleFlight 可以极大地提高性能。话不多说，就让我们开始学习 SingleFlight 吧！

15.1　SingleFlight 的实现

SingleFlight 使用 Mutex 和 Map 来实现，其中 Mutex 提供并发时的读 / 写保护，Map 用来保存正在处理（in flight）的对同一个 key 的请求。

SingleFlight 的数据结构是 Group，它提供了三个方法，如图 15.1 所示。

```
type Group
    func (g *Group) Do(key string, fn func() (interface{}, error)) (v interface{}, err error, shared bool)
    func (g *Group) DoChan(key string, fn func() (interface{}, error)) <-chan Result
    func (g *Group) Forget(key string)
type Result
```

图 15.1　Group 的方法

- **Do**：这个方法执行一个函数，并返回函数执行的结果。你需要提供一个 key，对于同一个 key，在同一时刻只有一个请求在执行，其他并发的请求会等待。第一个执行的请求返回的结果，就是 Do 方法的返回结果。fn 是一个无参数的函数，它返回一个结果或者 error。Do 方法会返回函数 fn 执行的结果或者 error，shared 会指示 v 是否将结果返回给多个请求。
- **DoChan**：类似于 Do 方法，只不过它返回一个 chan，当函数 fn 执行完成返回了结果后，就能从这个 chan 中接收这个结果了。
- **Forget**：告诉 Group 忘记这个 key。这样一来，之后使用这个 key 调用 Do 方法时，会再次执行函数 fn，而不是等待前一个函数 fn 的执行结果。

下面我们来看具体的实现方法。SingleFlight 先定义了一个辅助对象 call，这个 call 就代表正在执行函数 fn 的请求或者已经执行完的请求。

```
// 定义 call，代表一个正在执行的请求，或者已经执行完的请求
type call struct {
    wg sync.WaitGroup
```

```
        // val 这个字段代表处理完的值，在 WaitGroup 完成之前只会写一次，
        // 在 WaitGroup 完成之后读取这个值
        val interface{}
        err error

        // forgotten 指示当 call 在处理时是否要忘记这个 key
        forgotten bool
        dups  int
        chans []chan<- Result
    }

    // Group 代表一个 SingleFlight 对象
    type Group struct {
        mu sync.Mutex       // 保护 m
        m  map[string]*call // 惰性初始化
    }
```

我们来查看 Do 方法的处理，DoChan 方法的处理与之类似：

```
    func (g *Group) Do(key string, fn func() (interface{}, error)) (v interface{},
err error, shared bool) {
        g.mu.Lock()
        if g.m == nil {
            g.m = make(map[string]*call)
        }
        // 检查此 key 是否有执行中的任务
        if c, ok := g.m[key]; ok {
            c.dups++ // 重复任务数加 1
            g.mu.Unlock()
            c.wg.Wait() // 等待正在执行的函数 fn 完成任务

            if e, ok := c.err.(*panicError); ok {
                panic(e)
            } else if c.err == errGoexit {
                runtime.Goexit()
            }
            return c.val, c.err, true
        }
        c := new(call) //没有执行中的任务，它就是第一个
        c.wg.Add(1)
        g.m[key] = c
        g.mu.Unlock()

        g.doCall(c, key, fn) // 调用方法，执行任务
        return c.val, c.err, c.dups > 0
    }
```

doCall 方法会调用函数 fn，它的实现原本没有这么复杂，但是为了处理调用时可能发生的 panic 或者用户的 runtime.Goexit 调用，它使用了两个 defer 来区分这两种情况。

```
func (g *Group) doCall(c *call, key string, fn func() (interface{}, error)) {
    normalReturn := false
    recovered := false

    // 使用两个 defer，从 runtime.Goexit 事件中识别出 panic 事件
    defer func() {
        // 在给定的函数 fn 中调用了 runtime.Goexit
        if !normalReturn && !recovered {
            c.err = errGoexit
        }

        g.mu.Lock()
        defer g.mu.Unlock()
        c.wg.Done()
        if g.m[key] == c { // 执行完毕，删除此 key
            delete(g.m, key)
        }

        if e, ok := c.err.(*panicError); ok {
            if len(c.chans) > 0 {
                go panic(e)
                select {}
            } else {
                panic(e)
            }
        } else if c.err == errGoexit {
        } else {
            // 正常返回，告诉那些 waiter 调用结果来了
            for _, ch := range c.chans {
                ch <- Result{c.val, c.err, c.dups > 0}
            }
        }
    }()

    func() {
        defer func() {
            if !normalReturn {
                if r := recover(); r != nil {
                    c.err = newPanicError(r)
                }
            }
        }()
```

```
            c.val, c.err = fn()
            normalReturn = true
        }()

        if !normalReturn {
            recovered = true
        }
    }
```

在 Go 标准库的代码中就有一个 SingleFlight 的实现，而扩展库中的 SingleFlight 是在标准库的代码的基础上修改得来的，逻辑几乎一模一样。但是，扩展库中的 doCall 做了异常处理，而标准库内部使用的 SingleFlight 还依然保留着其纯朴的样子。

```
func (g *Group) doCall(c *call, key string, fn func() (any, error)) {
    c.val, c.err = fn()

    g.mu.Lock()
    c.wg.Done()
    if g.m[key] == c {
        delete(g.m, key)
    }
    for _, ch := range c.chans {
        ch <- Result{c.val, c.err, c.dups > 0}
    }
    g.mu.Unlock()
}
```

Forget 方法很简单，它只是把 key 从正在处理的 map 中删除，后续使用相同的 key 的调用者调用 Go 方法时，又会再次执行函数 fn。

```
func (g *Group) Forget(key string) {
    g.mu.Lock()
    delete(g.m, key)
    g.mu.Unlock()
}
```

15.2 SingleFlight 的使用场景

在了解了 SingleFlight 的实现原理后，现在我们来看看它都被应用在什么场景中。

在 Go 标准库的代码中有两处用到了 SingleFlight。第一处是在 net/lookup.go 中，如果有多个请求同时查询同一个 host，lookupGroup 就会把这些请求合并到一起，只需要一个请求就可以了。

```
lookupGroup singleflight.Group
```

第二处是 Go 工具在检查代码版本信息时，将并发的请求合并成一个请求。

```
func metaImportsForPrefix(importPrefix string, mod ModuleMode, security web.
SecurityMode) (*urlpkg.URL, []metaImport, error) {
    // 使用缓存保存请求结果
    setCache := func(res fetchResult) (fetchResult, error) {
        fetchCacheMu.Lock()
        defer fetchCacheMu.Unlock()
        fetchCache[importPrefix] = res
        return res, nil

        // 使用 SingleFlight 请求
        resi, _, _ := fetchGroup.Do(importPrefix, func() (resi interface{}, err error) {
            fetchCacheMu.Lock()
            // 如果缓存中有数据，则直接从缓存中取数据
            if res, ok := fetchCache[importPrefix]; ok {
                fetchCacheMu.Unlock()
                return res, nil
            }
            fetchCacheMu.Unlock()
            ......
```

需要注意的是，这里涉及缓存的问题。执行上面的代码，会把结果放在缓存中，这也是常用的一种解决缓存击穿问题的方法。

SingleFlight 更广泛的应用就是在缓存系统中。事实上，在 Go 生态圈知名的缓存框架 groupcache 中，就使用了较早的 Go 标准库中的 SingleFlight 实现。接下来，我们就来介绍 groupcache 是如何使用 SingleFlight 解决缓存击穿问题的。

groupcache 中的 SingleFlight 只有一个方法：

```
func (g *Group) Do(key string, fn func() (interface{}, error)) (interface{}, error)
```

SingleFlight 的作用是，在加载一个缓存项时，合并对同一个 key 的加载并发请求。

```
type Group struct {
    ......
    // loadGroup 保证不管当前并发量有多大，每个 key 值都只被获取一次
    loadGroup flightGroup
    ......
}

func (g *Group) load(ctx context.Context, key string, dest Sink) (value
ByteView, destPopulated bool, err error) {
    viewi, err := g.loadGroup.Do(key, func() (interface{}, error)  {
        return value, nil
```

```
    })
    if err == nil {
        value = viewi.(ByteView)
    }
    return
}
```

其他知名项目如 CockroachDB（小强数据库）、CoreDNS（DNS 服务器）等都有对 SingleFlight 的应用，你可以查看这些项目的代码，加深对 SingleFlight 的理解。

总体来说，使用 SingleFlight 时，可以通过合并请求的方式降低对下游服务的并发压力，从而提高系统的性能。最后，给读者留一个思考题：SingleFlight 是否能合并并发的写操作？

第16章 循环屏障 CyclicBarrier

本章内容包括：
- CyclicBarrier 的使用场景
- CyclicBarrier 的实现
- 使用CyclicBarrier 的例子

同步屏障（Barrier) 是并发编程中的一种同步方法。对于一组 goroutine，程序中的一个同步屏障意味着任何 goroutine 执行到此后都必须等待，直到所有的 goroutine 都到达此点才可继续执行下文。

> Barrier 无论是被翻译成屏障、障碍还是栅栏，都很形象，就是一道拦截坝，拦截一组对象，等对象齐了才打开它。

CyclicBarrier 允许一组 goroutine 彼此等待，到达一个共同的检查点，然后到达下一个同步点，循环使用。因为它可以被重复使用，所以叫作循环屏障，或者叫作可循环使用的屏障。我们还是用简略的叫法。具体的机制是，大家都在屏障前等待，等全部到齐了，就打开屏障放行。

事实上，CyclicBarrier 是参考 Java CyclicBarrier 的功能实现的。Java 提供了 CountDownLatch（倒计时器）和 CyclicBarrier 两个类似的用于保证多线程到达同一个检查点的类，只不过前者是到达 0 时放行，后者是到达某个指定的数时放行。C# 的 Barrier 也提供了类似的功能。

16.1 CyclicBarrier 的使用场景

你可能会觉得，CyclicBarrier 和 WaitGroup 的功能有点类似。确实是这样的。不过，CyclicBarrier 更适合用在“数量固定的 goroutine 等待到达同一个检查点”的场景中，而且在放行 goroutine 之后，CyclicBarrier 可以被重复使用，不像 WaitGroup 被重用时必须小心翼翼，避免发生 panic。

在处理可重用的多个 goroutine 等待到达同一个检查点的场景时，CyclicBarrier 和 WaitGroup 方法调用的对应关系如图 16.1 所示。

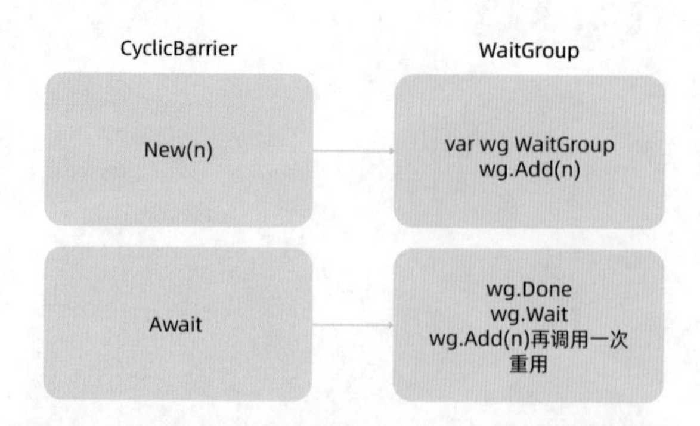

图 16.1　CyclicBarrier 和 WaitGroup 方法调用的对应关系

在重复使用 WaitGroup 的时候，wg.Add 和 wg.Wait 的下一次调用并不能很好地同步，所以这也是 CyclicBarrier 擅长处理的场景。

可以看到，如果使用 WaitGroup 实现的话，调用比较复杂，不像使用 CyclicBarrier 那么清爽。更重要的是，如果想重用 WaitGroup，还要保证将 WaitGroup 的计数值重置到 *n* 时不会出现并发问题。

WaitGroup 更适合用在“一个 goroutine 等待一组 goroutine 到达同一个检查点”的场景中，或者是不需要重用的场景中。

其实上面的区别还不是最关键的，这两个同步原语最重要的不同在于：**CyclicBarrier 的参与者之间相互等待，而 WaitGroup 一般都是父 goroutine 等待，干活的子 goroutine 之间不需要相互等待。**

在了解了 CyclicBarrier 的使用场景和功能后，下面我们来介绍它的具体实现。

16.2 CyclicBarrier 的实现

CyclicBarrier 有两个初始化方法。

- New：该方法只需要一个参数来指定循环屏障参与者的数量。
- NewWithAction：该方法额外提供一个函数，可以在每一次到达检查点时执行一次。具体的时间点是在最后一个参与者到达之后，其他的参与者还未被放行之前。利用该方法，我们可以做一些放行之前的共享状态更新等操作。

这两个方法的签名如下：

```
func New(parties int) CyclicBarrier
func NewWithAction(parties int, barrierAction func() error) CyclicBarrier
```

CyclicBarrier 是一个接口，它的定义方法如下：

```
type CyclicBarrier interface {
    // 等待所有的参与者到达，如果被 ctx.Done() 中断，则会返回 ErrBrokenBarrier
    Await(ctx context.Context) error

    // 重置循环屏障到初始状态。如果当前有等待者，那么它们会返回 ErrBrokenBarrier
    Reset()

    // 返回当前等待者的数量
    GetNumberWaiting() int

    // 参与者的数量
    GetParties() int

    // 循环屏障是否处于中断状态
    IsBroken() bool
}
```

循环屏障的使用很简单。循环屏障的参与者只需要调用 Await 方法等待，等所有的参与者都到达后，再执行下一步。当执行下一步时，循环屏障又恢复到初始状态了，可以迎接下一轮同样多的参与者。

创建 CyclicBarrier 有两个方法：

- func New(parties int) CyclicBarrier，指定参与者的数量，创建一个 CyclicBarrier。
- func NewWithAction(parties int, barrierAction func() error) CyclicBarrier，指定参与者的数量，以及 CyclicBarrier 释放时执行的函数。

接下来介绍 CyclicBarrier 实现的主要逻辑，你主要通过这些介绍来了解如何使用基本的同步原语组合出复杂的同步原语。

CyclicBarrier 主要使用 round 代表一轮的等待和释放，每一轮使用一个 round 对象。为了实现保护和同步控制，需要使用读写锁。

```
type round struct {
    count    int           // 这一轮参与的 goroutine 的数量
    waitCh   chan struct{} // 这一轮的等待 channel
    brokeCh  chan struct{} // 广播用的 channel
    isBroken bool          // 屏障是否被人为破坏
}

type cyclicBarrier struct {
    parties       int // 参与者的数量
    barrierAction func() error // 屏障打开时要调用的函数

    lock  sync.RWMutex
    round *round // 轮次
}
```

最核心的是 Await 方法，各个参与者（goroutine）都要调用它。在 goroutine 还没有调用全的情况下，前面的调用者都会被阻塞，直到最后一个调用者调用，屏障才打开。所以，最后一个调用者的处理很关键，它需要唤醒前面的等待者，并且还要创建下一轮的 round。

```
func (b *cyclicBarrier) Await(ctx context.Context) error {
    var (
        ctxDoneCh <-chan struct{}
    )
    if ctx != nil {
        ctxDoneCh = ctx.Done()
    }

    // 检查 ctx 是否已经被取消或者超时
```

```
select {
case <-ctxDoneCh:
    return ctx.Err()
default:
}

// 加锁
b.lock.Lock()

// 如果这一轮的等待和释放已经完成
if b.round.isBroken {
    b.lock.Unlock()
    return ErrBrokenBarrier
}

// 在这一轮数据中将调用的参与者数量加 1
b.round.count++

// 先保存这一轮的相关对象备用，避免发生数据竞争，获取新一轮的对象
waitCh := b.round.waitCh
brokeCh := b.round.brokeCh
count := b.round.count

b.lock.Unlock()

// 下面就不需要锁了，因为本轮的对象已经获取到本地变量了
if count > b.parties { // 不能超过指定的参与者数量
    panic("CyclicBarrier.Await is called more than count of parties")
}

// 如果当前的调用者不是最后一个调用者，则被阻塞等待
if count < b.parties {
    // 等待发生下面的情况之一
    // 1. 最后一个调用者到来
    // 2. 人为破坏了本轮的等待
    // 3. ctx 被完成
    select {
    case <-waitCh:
        return nil
    case <-brokeCh:
        return ErrBrokenBarrier
    case <-ctxDoneCh:
        b.breakBarrier(true)
        return ctx.Err()
    }
} else {
    // 如果当前的 goroutine 是最后一个调用者，则执行 barrierAction 函数（如果设置了）
    if b.barrierAction != nil {
        err := b.barrierAction()
        if err != nil {
```

```
                b.breakBarrier(true)
                return err
            }
        }
        // 重置屏障，因为它可循环使用，重置之后可以继续使用，那就是下一轮的等待和释放
        b.reset(true)
        return nil
    }
}
```

其中，reset 方法的实现如下所示。在正常情况下（safe=true)，只需要把本轮的 waitCh 关闭即可。如果是强制重置（unsafe=false），那么就调用 breakBarrier 将本轮的 isBroken 设置为 true，并关闭本轮的 brokeCh。

不管怎样，最后会新建一轮的对象 round，重置之后的 CyclicBarrier 又可以重用了。

```
func (b *cyclicBarrier) reset(safe bool) {
    b.lock.Lock()
    defer b.lock.Unlock()

    if safe {
        // 广播，让等待的 goroutine 继续执行
        close(b.round.waitCh)

    } else if b.round.count > 0 {
        b.breakBarrier(false)
    }

    // 创建新的一轮检查
    b.round = &round{
        waitCh:  make(chan struct{}),
        brokeCh: make(chan struct{}),
    }
}
```

根据 Go 内存模型和 CyclicBarrier 的实现，我们可以得到以下保证：

> 任意一个 goroutine 的第 *n* 次的 Await 调用，一定 synchronized before 任意一个 goroutine 的第 *n*+1 次的 Await 调用成功返回。

16.3 使用 CyclicBarrier 的例子

虽然 CyclicBarrier 这个同步原语很有用，但是它针对的场景很小众，因此这个库很少使用。希望你能将它放在你的工具箱中，说不定有一天它会为你带来事半功倍的效果。

在需要等待一组 goroutine 同时到达一个检查点的场景中，你可以分析一下整个过程是否要分成几个步骤，如果只需要一个步骤，那么使用 WaitGroup 可能就能解决问

题。如果整个过程分成了几个阶段（stage），每个阶段都有检查点，那么可以考虑使用 CyclicBarrier，它的可重用性就能派上用场了。

下面是一个使用 CyclicBarrier 的例子。

```
package main

import (
    "context"
    "fmt"
    "log"
    "math/rand"
    "sync"
    "time"

    "github.com/marusama/cyclicbarrier"
)

func main() {
    cnt := 0
    b := cyclicbarrier.NewWithAction(10, func() error { // 创建一个 CyclicBarrier，
屏障打开时计数器的值加 1
        cnt++
        return nil
    })

    wg := sync.WaitGroup{}
    wg.Add(10)

    for i := 0; i < 10; i++ {
        i := i
        go func() { // 启动 10 个 goroutine
            defer wg.Done()
            for j := 0; j < 5; j++ { // 执行 5 轮
                time.Sleep(time.Duration(rand.Intn(10)) * time.Second)
                // 每一轮随机休眠一段时间，再来到屏障前
                log.Printf("goroutine %d 来到第 %d 轮屏障 ",  i, j)
                err := b.Await(context.TODO())
                log.Printf("goroutine %d 冲破第 %d 轮屏障 ",  i, j)
                if err != nil {
                    panic(err)
                }
            }
        }()
    }

    wg.Wait()
    fmt.Println(cnt)
}
```

在这个例子中，我们启动了 10 个 goroutine，每个 goroutine 都会随机休眠一段时间，然后它们会在检查点相互等待，一起冲破屏障，进入下一轮。

运行这个程序，注意观察时间，22:08:28 时屏障打开，所有的参与者进入了下一轮，如图 16.2 所示。

```
 smallnest@birdnest  ~ > ▷ > ▷ > ▷ > ▷ > ▷ > ch16  master  go run cyclicbarrier.go
2023/02/21 22:08:19 goroutine 2 来到第0轮屏障
2023/02/21 22:08:20 goroutine 1 来到第0轮屏障
2023/02/21 22:08:21 goroutine 6 来到第0轮屏障
2023/02/21 22:08:23 goroutine 7 来到第0轮屏障
2023/02/21 22:08:23 goroutine 3 来到第0轮屏障
2023/02/21 22:08:24 goroutine 9 来到第0轮屏障
2023/02/21 22:08:26 goroutine 0 来到第0轮屏障
2023/02/21 22:08:26 goroutine 5 来到第0轮屏障
2023/02/21 22:08:27 goroutine 4 来到第0轮屏障
2023/02/21 22:08:28 goroutine 8 来到第0轮屏障
2023/02/21 22:08:28 goroutine 4 冲破第0轮屏障
2023/02/21 22:08:28 goroutine 0 冲破第0轮屏障
2023/02/21 22:08:28 goroutine 5 冲破第0轮屏障
2023/02/21 22:08:28 goroutine 8 冲破第0轮屏障
2023/02/21 22:08:28 goroutine 1 冲破第0轮屏障
2023/02/21 22:08:28 goroutine 2 冲破第0轮屏障
2023/02/21 22:08:28 goroutine 3 冲破第0轮屏障
2023/02/21 22:08:28 goroutine 9 冲破第0轮屏障
2023/02/21 22:08:28 goroutine 7 冲破第0轮屏障
2023/02/21 22:08:28 goroutine 1 来到第1轮屏障
2023/02/21 22:08:28 goroutine 6 冲破第0轮屏障
2023/02/21 22:08:29 goroutine 2 来到第1轮屏障
2023/02/21 22:08:30 goroutine 5 来到第1轮屏障
```

图 16.2　22:08:28 时第 0 轮的屏障打开

可以看到，尽管每个 goroutine 来到屏障前的时间不同，但是冲破屏障的时间是一样的，而且都正确地进入了下一轮。

这个例子还演示了 barrierAction 函数的用法。每完成一轮，计数器 cnt 的值就加 1，最后打印出轮次，一定是 5 轮，如图 16.3 所示。

```
2023/02/21 22:11:38 goroutine 4 冲破第4轮屏障
2023/02/21 22:11:38 goroutine 3 冲破第4轮屏障
2023/02/21 22:11:38 goroutine 8 冲破第4轮屏障
5
 smallnest@birdnest  ~ > ▷ > ▷ > ▷ > ▷ > ▷ > ch16  master 
```

图 16.3　最后计数器的结果是“5”，符合预期

第17章 分组操作

本章内容包括：

- ErrGroup
- 其他实用的Group同步原语

共享资源保护、任务编排和消息传递是 Go 并发编程中常见的场景，而分组执行一批相同的或类似的任务则是任务编排中的一类情形。在这一章中，我们将专门介绍分组编排的一些常用场景和同步原语，主要用来处理一组任务。我们先来介绍一个非常常用的同步原语，即 ErrGroup。

出于篇幅的考虑，从本章开始，不再介绍同步原语的实现了，感兴趣的读者可以自行翻阅代码。

17.1 ErrGroup

ErrGroup 是 Go 官方提供的一个同步扩展库。我们经常会遇到需要将一个通用的父任务拆分成几个小任务并发执行的场景，其实，这样做可以有效地提高程序的并发度。我的家人经常诧异我做饭菜的速度，半个小时饭菜就做好了。其实，我是并行做的，电饭锅中蒸着米饭，高压锅中炖着排骨，烤箱中烤着肉串，铁锅中炒着青菜，轻轻松松就把饭菜做好了。这是并发的威力，非我的厨艺了得。

ErrGroup 就是用来应对这种场景的。它与 WaitGroup 有些类似，但是它提供的功能更加丰富：

- 与 Context 集成。
- error 向上传播，可以把子任务的错误传递给 Wait 的调用者。

接下来介绍 ErrGroup 的基本用法和几种应用场景。

17.1.1 ErrGroup 的基本用法

golang.org/x/sync/errgroup 包下定义了一个 Group struct，它就是我们要介绍的 ErrGroup 同步原语，其底层是基于 WaitGroup 实现的。

在使用 ErrGroup 时，我们要用到 5 个方法，分别是 WithContext、Go、TryGo 、Wait 和 SetLimit。

1. WithContext

在创建一个 Group 对象时，需要使用 WithContext 方法：

```
func WithContext(ctx context.Context) (*Group, context.Context)
```

该方法传入一个 Context，返回一个 Group 以及一个派生的 Context。

这个派生的 Context 会在下面两种情况下被取消：

- 传给 Go 方法的函数 f 第一次返回非空（nil）的 error。
- Wait 方法第一次返回。

Group 的零值也是合法的。也就是不通过 WithContext 生成 Group，而是使用它的零值。这是可以的，只不过这样就没有可以监控是否可撤销的 Context 了。

注意，如果传递给 WithContext 的 ctx 参数是一个可撤销的 Context，那么它被撤销时并不会中止正在执行的子任务。

2. Go

Go 方法的签名如下：

```
func (g *Group) Go(f func() error)
```

该方法在新的 goroutine 中调用函数 f，该函数可以返回 error。

如果当前 Group 中活跃的 goroutine 的数量超过了设置的数量限制，那么它会被阻塞，直到有可用的新的 goroutine 加入。

如果调用函数 f 第一次返回非空的 error，则会撤销这个 Group 的 Context，这给调用者留下了想象的空间。如果这个 Group 是使用 WithContext 创建的，那么 Wait 方法会返回这个 error。

Go 方法被并发调用时，函数 f 可以是不一样的，只要是符合其签名的函数，就都可以被当作参数，并没有规定同一个 Group 必须使用相同的函数。

3. TryGo

TryGo 方法的签名如下：

```
func (g *Group) TryGo(f func() error) bool
```

TryGo 方法尝试创建新的 Group 来执行函数 f，不过要求当前活跃的 goroutine 的数量不能超过限制，否则直接返回，不会被阻塞。

返回的结果指示函数 f 是否被执行，其中 true 表示成功启动 goroutine 来执行函数 f，false 表示函数 f 没有被执行。

4. Wait

Wait 方法的签名如下：

```
func (g *Group) Wait() error
```

Wait 方法等待所有的 goroutine 都执行完成才返回，否则一直被阻塞。如果函数 f 执行时返回了非空的 error，那么 Wait 方法将会把第一个非空的 error 返回。

5. SetLimit

SetLimit 方法的签名如下：

```
func (g *Group) SetLimit(n int)
```

该方法限制同时最多有 *n* 个活跃的 goroutine 执行函数 f。*n* 为负值代表 goroutine 的数量没有限制。

设置完毕后，后续活跃的 goroutine 的数量不能超过这个限制。如果有活跃的 goroutine，则不能进行限制。

简单提一句，ErrGroup 由 WaitGroup、信号量（用 channel 实现）、Once、Context 组合而成。信号量用于控制活跃的 goroutine 的数量，WaitGroup 用于等待所有的任务执行完成，Once 用于控制设置 error，Context 用于控制撤销以及 error 的发生。

17.1.2 ErrGroup 使用示例

本节介绍几个使用 ErrGroup 的例子，帮助你全面掌握 ErrGroup 的使用方法和应用场景。

1. 返回第一个错误

我们先来看一个简单的例子。在这个例子中启动了三个子任务，其中第二个子任务执行失败，其他两个子任务执行成功。只有在这三个子任务都执行完成后，group.Wait 才会返回第二个子任务的错误。

```go
package main

import (
    "errors"
    "fmt"
    "time"

    "golang.org/x/sync/errgroup"
)

func main() {
    var g errgroup.Group

    // 启动第一个子任务，它执行成功
    g.Go(func() error {
        time.Sleep(5 * time.Second)
        fmt.Println("exec #1")
        return nil
    })
    // 启动第二个子任务，它执行失败
    g.Go(func() error {
        time.Sleep(10 * time.Second)
```

```
        fmt.Println("exec #2")
        return errors.New("failed to exec #2")
    })

    // 启动第三个子任务，它执行成功
    g.Go(func() error {
        time.Sleep(15 * time.Second)
        fmt.Println("exec #3")
        return nil
    })
    // 等待三个子任务都执行完成
    if err := g.Wait(); err == nil {
        fmt.Println("Successfully exec all")
    } else {
        fmt.Println("failed:", err)
    }
}
```

在这个例子中，goroutine 三次调用的函数分别会休眠 5s、10s、15s 才返回，而第二个函数会返回一个 error。

输出结果如图 17.1 所示。可以看到，三个函数都执行了，而且会把第二个函数返回的 error 返回（看 failed 那一行）。

```
  smallnest@birdnest  example1  master  go run main.go
exec #1
exec #2
exec #3
failed: failed to exec #2
  smallnest@birdnest  example1  master 
```

图 17.1　ErrGroup 例子的输出结果，返回第一个 error

2. 得到所有函数返回的错误

Group 只能返回子任务的第一个错误，后面的错误都会被丢弃。但是，有时候我们需要知道每个子任务的执行情况，怎么办呢？这个时候，我们就可以用稍微曲折一点儿的方式来实现了。我们使用一个 result 切片来保存子任务的执行结果，通过查询 result，就可以知道每一个子任务的结果。

下面的例子就是使用 result 记录每个子任务执行成功或失败的结果的。其实，使用 result 不仅可以记录 error 信息，还可以记录计算结果。

```
package main

import (
    "errors"
    "fmt"
    "time"
```

```
    "golang.org/x/sync/errgroup"
)

func main() {
    var g errgroup.Group
    var result = make([]error, 3)

    // 启动第一个子任务，它执行成功
    g.Go(func() error {
        time.Sleep(5 * time.Second)
        fmt.Println("exec #1")
        result[0] = nil // 保存执行成功或者执行失败的结果
        return nil
    })

    // 启动第二个子任务，它执行失败
    g.Go(func() error {
        time.Sleep(10 * time.Second)
        fmt.Println("exec #2")

        result[1] = errors.New("failed to exec #2") // 保存执行成功或者执行失败的结果
        return result[1]
    })

    // 启动第三个子任务，它执行成功
    g.Go(func() error {
        time.Sleep(15 * time.Second)
        fmt.Println("exec #3")
        result[2] = nil // 保存执行成功或者执行失败的结果
        return nil
    })

    if err := g.Wait(); err == nil {
        fmt.Printf("Successfully exec all. result: %v\n", result)
    } else {
        fmt.Printf("failed: %v\n", result)
    }
}
```

运行这个程序，可以看到三个函数的返回结果都能得到（看 failed 那一行，方括号中有三个值），如图 17.2 所示。

```
 smallnest@birdnest > ... > example2  master  go run main.go
exec #1
exec #2
exec #3
failed: [<nil> failed to exec #2 <nil>]
 smallnest@birdnest > ... > example2  master
```

图 17.2　ErrGroup 例子的输出结果，使用 result 记录任务执行结果

3. 任务执行流水线 pipeline

Go 官方文档中还提供了一个 pipeline 的例子。这个例子的意思是，一个子任务遍历文件夹下的文件，然后把所得到的文件交给 20 个 goroutine，让这些 goroutine 并行计算文件的 md5 值。这个例子中的计算逻辑不需要重点掌握，下面是这个例子的简化版。

```
package main

import (
  ......
   "golang.org/x/sync/errgroup"
)

// 一个多阶段的 pipeline，使用有限的 goroutine 计算每个文件的 md5 值
func main() {
    m, err := MD5All(context.Background(), ".")
    if err != nil {
        log.Fatal(err)
    }

    for k, sum := range m {
        fmt.Printf("%s:\t%x\n", k, sum)
    }
}

type result struct {
    path string
    sum  [md5.Size]byte
}

// 遍历根目录下所有的文件和子文件夹，计算它们的 md5 值
func MD5All(ctx context.Context, root string) (map[string][md5.Size]byte, error) {
    g, ctx := errgroup.WithContext(ctx)
    paths := make(chan string) // 文件路径 channel

    g.Go(func() error {
        defer close(paths) // 遍历完关闭 paths chan
        return filepath.Walk(root, func(path string, info os.FileInfo, err error)
error {
            ...... // 将文件路径放入 paths 中
            return nil
        })
    })

    // 启动 20 个 goroutine 执行计算 md5 值的任务，计算的文件由上一个阶段的文件遍历子任
务生成
    c := make(chan result)
    const numDigesters = 20
    for i := 0; i < numDigesters; i++ {
```

```
        g.Go(func() error {
            for path := range paths { // 遍历直到 paths chan 被关闭
                ...... // 计算 path 的 md5 值，放入 c 中
            }
            return nil
        })
    }
    go func() {
        g.Wait() // 20 个 goroutine 以及遍历文件的 goroutine 都执行完成
        close(c) // 关闭记录结果的 chan
    }()

    m := make(map[string][md5.Size]byte)
    for r := range c { // 将 md5 值从 chan 读取到 map 中，直到 c 被关闭才退出
        m[r.path] = r.sum
    }

    // 再次调用 Wait，依然可以得到 Group 的 error 信息
    if err := g.Wait(); err != nil {
        return nil, err
    }
    return m, nil
}
```

通过这个例子，我们可以学习到多阶段 pipeline 的实现方式（分为遍历文件和计算 md5 值两个阶段），还可以学习到如何控制执行子任务的 goroutine 的数量。

这个例子是先把用于遍历文件的函数放到 ErrGroup 中执行，然后再放入 20 个函数来计算 md5 值。遍历文件和计算 md5 值之前的通信通过一个 channel 来实现，将遍历所得到的文件放入 channel 中，计算任务从 channel 中读取文件计算 md5 值，最后将计算结果放入一个记录结果的 channel 中。

另一个 goroutine 会调用 ErrGroup 的 Wait 方法，等待前面的任务完成后，将记录结果的 channel 关闭。

主 goroutine 遍历记录结果的 channel 并对结果进行处理，形成一个 map 类型的结果。

最后调用 ErrGroup 的 Wait 方法，因为任务已经执行完成，所以直接返回，这里主要是返回获取到的 error（可能是 nil）。

当然，在 2022 年初欧长坤博士为这个库增加 SetLimit 方法之前，一些公司为了控制并发的 goroutine 等扩展了这个库。随着这个库的不断完善，它基本上能够满足我们的需求了。

17.2 其他实用的 Group 同步原语

有一些非常优秀的成组处理任务的库，我们来了解一下，它们将来可能会在业务开发中派上用场。

17.2.1 SizedGroup/ErrSizedGroup

1. SizedGroup

go-pkgz/syncs 提供了两个 Group 同步原语，分别是 SizedGroup 和 ErrSizedGroup。

SizedGroup 内部是使用信号量和 WaitGroup 实现的，它通过信号量控制并发的 goroutine 的数量，或者不控制 goroutine 的数量，而是控制子任务并发执行时的数量。它的代码实现非常简洁，请读者自行到它的代码库中了解其具体实现，这里就不多说了。下面重点说说它的功能。

回顾一下 Go 标准库中的 WaitGroup 实现，当执行上万个子任务时，是不是要创建上万个 goroutine？虽然 Go 的 goroutine 开销很小，但也不是没有开销的，尤其是有这么多的 goroutine，调度对性能的影响还是很大的。因此，SizedGroup 内部做了控制，虽然任务可以有成千上万个，但是内部只使用有限的 goroutine 来执行。

SizedGroup 的方法如图 17.3 所示。其中，Go 方法传入要执行的函数，每次调用的函数可以不一样，根据调用方式的不同，可能不发生阻塞，也可能发生阻塞。Wait 方法等待所有的任务都执行完成。

```
type GroupOption
    func Context(ctx context.Context) GroupOption
type SizedGroup
    func NewSizedGroup(size int, opts ...GroupOption) *SizedGroup
    func (g *SizedGroup) Go(fn func(ctx context.Context))
    func (g *SizedGroup) Wait()
```

图 17.3　SizedGroup 的方法

SizedGroup 有两种处理方式。在默认情况下，SizedGroup 控制的是子任务的并发数量，而不是 goroutine 的数量。在这种处理方式下，每次调用 Go 方法都不会发生阻塞，而是新建一个 goroutine 来执行。所以，如果有成千上万个调用，虽然也会创建成千上万个 goroutine，但是这些 goroutine 在执行任务（函数 f）时，同一时刻只有有限的 goroutine 在执行，其他的 goroutine 通过信号量等待。

另一种处理方式是 Go 方法一开始就调用信号量，通过信号量控制同一时刻 goroutine 的数量。这种方式可能会导致调用者被阻塞。

下面是一个使用 SizedGroup 的例子。

```
package main

import (
    "context"
    "fmt"
    "sync/atomic"
    "time"

    "github.com/go-pkgz/syncs"
)

func main() {
    // 设置 goroutine 的数量为 10
    swg := syncs.NewSizedGroup(10) // 默认处理方式
    // swg := syncs.NewSizedGroup(10, syncs.Preemptive) // 另一种处理方式
    var c uint32

    // 执行 1000 个子任务，同一时刻只会有 10 个 goroutine 来执行传入的函数
    for i := 0; i < 1000; i++ {
        swg.Go(func(ctx context.Context) {
            time.Sleep(5 * time.Millisecond)
            atomic.AddUint32(&c, 1)
        })
    }

    // 等待子任务执行完成
    swg.Wait()
    // 输出结果
    fmt.Println(c)
}
```

2. ErrSizedGroup

ErrSizedGroup 为 SizedGroup 提供了 error 处理的功能，这个功能和 Go 官方扩展库的功能一样，就是等待子任务执行完成并返回第一个出现的 error。此外，它还提供了两个额外的功能。

- 控制并发的 goroutine 的数量，这与 SizedGroup 的功能一样。
- 如果设置了 termOnError，那么子任务出现第一个 error 时会撤销 Context，而且后面的 Go 调用会直接返回，Wait 调用者会得到这个错误，这相当于遇到错误快速返回。如果没有设置 termOnError，那么 Wait 会返回所有子任务的错误。

ErrSizedGroup 的方法和 SizedGroup 的方法类似，其中 Wait 方法有一个 error 返回值，如图 17.4 所示。

```
type ErrSizedGroup
    func NewErrSizedGroup(size int, options ...GroupOption) *ErrSizedGroup
    func (g *ErrSizedGroup) Go(f func() error)
    func (g *ErrSizedGroup) Wait() error
```

图 17.4　ErrSizedGroup 的方法

总体来说，syncs 包提供的同步原语的质量和功能还是非常好的。不过，目前 star 只有十几个，这和它的功能严重不匹配，建议你关注这个项目，支持一下作者。

关于 ErrGroup，掌握这些知识就足够了。下面介绍一些非 ErrGroup 的同步原语，它们用来编排子任务。

17.2.2　gollback

gollback 也是用来处理一组子任务的执行的，但它解决了 ErrGroup 收集子任务返回结果的痛点。使用 ErrGroup 时，如果要收集子任务的执行结果和 error，则需要定义额外的变量。而这个库可以提供更便利的方式。

前面在介绍官方扩展库 ErrGroup 时，举了一些例子（返回第一个 error 和返回所有子任务 error 的例子）。在例子中，如果想得到每一个子任务的执行结果或者 error，则需要额外提供一个 result 切片进行收集。而如果使用 gollback 的话，就不需要这些额外的处理了，因为它的方法会把子任务的执行结果和 error 都返回。

接下来，我们看一下它提供的三个方法，分别是 All、Race 和 Retry。

1. All 方法

All 方法的签名如下：

```
func All(ctx context.Context, fns ...AsyncFunc) ([]interface{}, []error)
```

该方法会等待所有的异步函数（AsyncFunc）都执行完成才返回，而且返回结果的顺序和传入函数的顺序保持一致。第一个参数返回子任务的执行结果，第二个参数返回子任务执行时的错误信息。

其中，异步函数的定义如下：

```
type AsyncFunc func(ctx context.Context) (interface{}, error)
```

可以看到，ctx 会被传递给子任务。如果撤销这个 ctx，则可以取消子任务（如果子任务使用这个 ctx 的话）。

我们来看一个使用 All 方法的例子。

```
package main

import (
    "context"
    "errors"
    "fmt"
    "github.com/vardius/gollback"
    "time"
)

func main() {
    rs, errs := gollback.All( // 调用 All 方法
        context.Background(),
        func(ctx context.Context) (interface{}, error) {
            time.Sleep(3 * time.Second)
            return 1, nil // 第一个任务没有错误，返回 1
        },
        func(ctx context.Context) (interface{}, error) {
            return nil, errors.New("failed") // 第二个任务返回一个错误
        },
        func(ctx context.Context) (interface{}, error) {
            return 3, nil // 第三个任务没有错误，返回 3
        },
    )

    fmt.Println(rs) // 输出子任务的执行结果
    fmt.Println(errs) // 输出子任务的错误信息
}
```

可以看到，一次可以传给 All 多个执行函数，有的函数返回 error，有的函数返回 nil。当所有的任务都执行完成后，All 方法才返回，即返回所有任务的执行结果和 error。

2. Race 方法

Race 方法的签名如下：

```
func Race(ctx context.Context, fns ...AsyncFunc) (interface{}, error)
```

使用 Race 方法时，只要一个异步函数的执行结果没有错误，就立即返回，而不会返回所有子任务的信息。如果所有子任务都没有执行成功，那么就返回最后一个 error。

如果有一个正常的子任务的执行结果返回，Race 就会把传入其他子任务的 Context 撤销，这样子任务就可以中断自己的执行了。Race 的使用方式与 All 的使用方式类似，这里就不再举例说明了，你可以把 All 方法例子中的 All 替换成 Race 测试一下。

3. Retry 方法

Retry 方法的签名如下：

```
func Retry(ctx context.Context, retires int, fn AsyncFunc) (interface{}, error)
```

Retry 方法不是执行一组子任务，而是执行一个子任务。如果子任务执行失败，它会尝试一定的次数；如果一直不成功，则会返回错误信息；如果执行成功，它会立即返回。如果 retires 等于 0，它会永远尝试，直到成功。

我们来看一个使用 Retry 方法的例子。

```
package main

import (
    "context"
    "errors"
    "fmt"
    "github.com/vardius/gollback"
    "time"
)

func main() {
    ctx, cancel := context.WithTimeout(context.Background(), 5*time.Second)
    defer cancel()

    // 尝试 5 次，或者超时返回
    res, err := gollback.Retry(ctx, 5, func(ctx context.Context) (interface{}, error) {
        return nil, errors.New("failed")
    })

    fmt.Println(res) // 输出结果
    fmt.Println(err) // 输出错误信息
}
```

这里只是实现了一种简单的重试机制，更好的重试机制是使用带有淬火功能（backoff）的重试库，第二次重试等待一段时间，第三次重试等待更长的时间，比如 cenk/backoff、sethvargo/go-retry 库等。

17.2.3　Hunch

Hunch 提供的功能与 gollback 类似，不过它提供的方法更多。Hunch 定义了执行子任务的函数，与 gollback 的 AyncFunc 一样，其定义如下：

```
type Executable func(context.Context) (interface{}, error)
```

1. All 方法

All 方法的签名如下：

```
func All(parentCtx context.Context, execs ...Executable) ([]interface{}, error)
```

该方法会传入一组可执行的函数（子任务），返回子任务的执行结果。与 gollback 的 All 方法不一样的是，一旦一个子任务出现错误，它就会返回错误信息，执行结果（第一个返回参数）为 nil。

2. Take 方法

Take 方法的签名如下：

```
func Take(parentCtx context.Context, num int, execs ...Executable)
([]interface{}, error)
```

在该方法中，你可以指定 num 参数，只要有 num 个子任务正常执行而没有错误，Take 方法就会返回这几个子任务的执行结果。一旦一个子任务出现错误，该方法就会返回错误信息，执行结果（第一个返回参数）为 nil。

3. Last 方法

Last 方法的签名如下：

```
func Last(parentCtx context.Context, num int, execs ...Executable)
([]interface{}, error)
```

该方法只返回最后 num 个正常执行而没有错误的子任务的执行结果。一旦一个子任务出现错误，该方法就会返回错误信息，执行结果（第一个返回参数）为 nil。比如 num 等于 1，它只会返回最后一个没有错误的子任务的执行结果。

4. Retry 方法

Retry 方法的签名如下：

```
func Retry(parentCtx context.Context, retries int, fn Executable) (interface{}, error)
```

该方法的功能和 gollback 的 Retry 方法的功能一样，如果子任务执行出错，它就会不断尝试，直到成功或者达到重试上限。如果达到重试上限，则会返回错误信息。如果 retries 等于 0，它就会不断尝试。

5. Waterfall 方法

Waterfall 方法的签名如下：

```
func Waterfall(parentCtx context.Context, execs ...ExecutableInSequence)
(interface{}, error)
```

该方法其实是一个 pipeline 的处理方法，所有的子任务都是串行执行的，上一个子任务的执行结果会被当作参数传给下一个子任务，直到所有的任务都执行完成，返回最后的执行结果。一旦一个子任务执行错误，它就会返回错误信息，执行结果（第一个返回参数）为 nil。

gollback 和 Hunch 是属于同一类的同步原语，对一组子任务的执行结果，可以选择一个结果或者多个结果，这也是现在热门的微服务常用的服务治理方法。

17.2.4 schedgroup

本节介绍一个与时间相关的用于处理一组 goroutine 的同步原语 schedgroup。

schedgroup 是 Matt Layher 开发的 worker 池，可以指定任务在某个时间或者某个时间之后执行。Matt Layher 是一个知名的 Gopher，他经常在一些会议上分享 Go 开发经验，他在 GopherCon Europe 2020 大会上专门介绍了这个同步原语："schedgroup: a timer-based goroutine concurrency primitive"。你可以在网上搜索看一下他的分享，下面介绍一些重点。

schedgroup 包含的方法如下：

```
type Group
    func New(ctx context.Context) *Group
    func (g *Group) Delay(delay time.Duration, fn func())
    func (g *Group) Schedule(when time.Time, fn func())
    func (g *Group) Wait() error
```

先来说说 Delay 和 Schedule 方法。

这两个方法的功能其实是一样的，都是用来指定在某个时间或者某个时间之后执行一个函数的。只不过 Delay 方法传入的是一个 time.Duration 参数，它会在 time.Now()+delay 之后执行函数，而 Schedule 方法可以指定明确的某个时间执行函数。

再来说说 Wait 方法。

Wait 方法调用会阻塞调用者，直到之前安排的所有子任务都执行完成才返回。如果 Context 被撤销，那么 Wait 方法会返回这个撤销 error。在使用 Wait 方法时，需要注意两点。

- 如果调用了 Wait 方法，就不能再调用 Delay 和 Schedule 方法了，否则会发生 panic。
- Wait 方法只能被调用一次，如果被调用了多次，就会发生 panic。

你可能认为，简单地使用 timer 就可以实现这个功能。其实，如果只有几个子任务，那么使用 timer 不是问题；而如果有大量的子任务，而且还要能够撤销，那么使用 timer 的话，CPU 资源消耗就比较大了。所以，schedgroup 在实现时就使用了 container/heap，按照子任务的执行时间进行排序，这样可以避免使用大量的 timer，从而提高性能。

我们来看一个使用 schedgroup 的例子。下面的代码会依次输出 1、2、3，这是由所设置的 delay 参数决定的。

```
sg := schedgroup.New(context.Background())

// 设置子任务分别在 100ms、200ms、300ms 之后执行
for i := 0; i < 3; i++ {
    n := i + 1
    sg.Delay(time.Duration(n)*100*time.Millisecond, func() {
        log.Println(n) // 输出任务编号
    })
}

// 等待所有的子任务执行完成
if err := sg.Wait(); err != nil {
    log.Fatalf("failed to wait: %v", err)
}
```

还有一些其他的库，比如 pieterclaerhout/go-waitgroup，它扩展了标准库 WaitGroup，但是其内部使用固定的线程池来处理子任务。此外，新的库会不断涌现，大家在学完本书后，说不定也会创建一些同步原语库。

第18章　限流

本章内容包括：

- 基于令牌桶实现的限流库
- 基于漏桶实现的限流库
- 分布式限流

缓存、降级和限流是高并发保护高可用的手段。比如某个明星在微博上发了一条动态，短时间内其可能获得上亿次的转发量，这给微博的服务器造成了巨大的压力，甚至有短暂不可用的状态。解决方法无外乎紧急增加缓存，将不常用的特性临时降级，对资源进行限流，避免将后台服务打爆。

限流是我们常用的在高并发下保护有限资源的手段。现在可能没有人去抢火车票了，但在 *N* 年前过年的时候，大家都会拼命地抢火车票，以至于把 12306 网站刷得不可用了。12306 通过业务改造，扩容、分片以及排队等限流手段，降低了对服务器的压力，保证了网站可用。

令牌桶和漏桶是常见的限流手段，可以帮助我们处理高并发的请求。

我们首先来认识这两种常见的限流手段，然后介绍基于它们实现的限流库。当然，限流库不止本章中介绍的这些。

18.1 基于令牌桶实现的限流库

令牌桶算法是网络流量整形（traffic shaping）和速率限制（rate limiting）中最常使用的一种算法。它不只是用来处理网络流量，我们在处理任意请求时，也可以使用它来控制处理请求的速率，并允许对一定范围内的突发请求进行处理。

大小固定的令牌桶以恒定的速率源源不断地产生令牌，如图 18.1 所示。如果令牌不被消耗，或者令牌被消耗的速率小于其产生的速率，那么令牌桶中的令牌就会不断增多，直到把桶填满。后面新产生的令牌会从令牌桶中溢出，最后令牌桶中可以保存的最大令牌数永远不会超过桶的大小。

令牌桶的处理方式如下：

- 假如用户配置的处理速率为 *r*，则每隔 1/*r* 秒就会将一个令牌加入令牌桶中。
- 假设令牌桶最多可以存放 *n* 个令牌，如果新令牌到达时令牌桶已满，那么这个新令牌会被丢弃。
- 当处理一个请求时，就从令牌桶中删除一个令牌。
- 更广泛的，可以一次申请多个令牌，这可能是一次要处理多个请求，也可能是请求处理的权重不同，有的请求需要多个令牌。

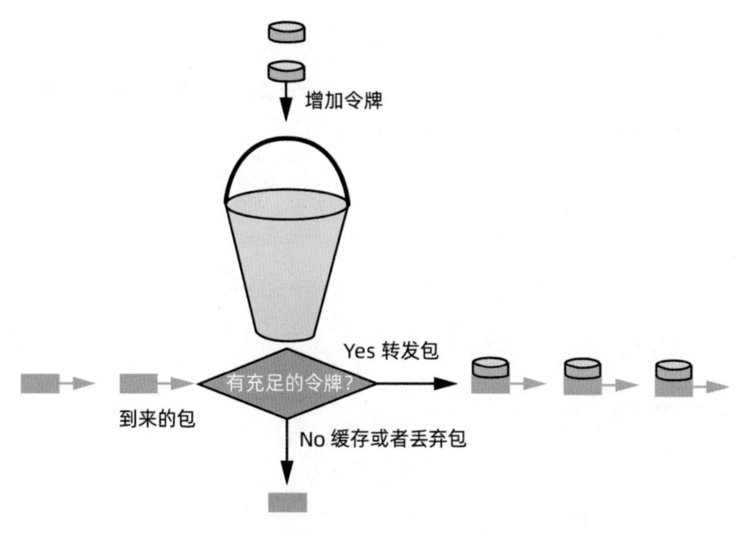

图 18.1　令牌桶原理：定时向令牌桶中放入令牌

- 如果当前令牌桶中的令牌少于请求的令牌，则不会删除令牌，这个请求将被丢弃；或者，更好的方式是不丢弃请求，而是将其放入一个队列中缓存起来，以后再处理。不过，这已经不是令牌桶要处理的范围了。

可以看到，如果某个时间没有请求要处理的话，那么令牌桶中的令牌可能会积攒得非常多，甚至令牌桶满了。这时候，如果有大量突发请求，它们可能都能获取到令牌，一起被并发地处理。假设在短时间内需要处理大量的请求，在极端情况下，如果突发请求把令牌全取走了，那么之后即使是很小的并发请求，也获取不到令牌，它可能会被丢弃或者在队列中等待。这是令牌桶的一个特点，允许处理突发请求，但是从一个长周期来看，令牌桶的处理速率是恒定的。

18.1.1　x/time/rate

golang.org/x/time/rate 是 Go 官方提供的一个基于令牌桶实现的限流库。

这个库提供的 Limiter 可以控制事件发生的频率。假设令牌桶的容量为 *b*，每秒以固定的速率 *r* 填充，并且一开始令牌桶就被填满了。在很长的一段时间内，Limiter 限制令牌产生的速率是每秒 *r* 个，并且允许有最多 *b* 个突发事件。如果 *b* 是无穷大的，那么它就会被忽略。*b* 既是令牌桶的容量，也是允许一次获取的最大令牌数。

Limiter 的零值也是有效的值，但是基本上没什么意义，因为它表示拒绝所有的事件。

Limiter 有三个主要方法，即 Allow、Reserve、Wait，每个方法都会消耗一个令牌。它们的不同之处在于：

- Allow——如果没有令牌可用，这个方法将直接返回 false，不会被阻塞。
- Reserve——如果没有令牌可用，这个方法将返回为未来可用令牌保留的一个对象 Reservation，以及调用者要等待的时间。
- Wait——如果没有令牌可用，这个方法将会被阻塞，直到获取到一个令牌，或者 Context 完成（被撤销）。

如果要获取多个令牌，则使用 AllowN、ReserveN 和 WaitN 方法。

大部分调用者使用 Wait 方法就足够了。

接下来，让我们来了解 Limiter 类型的使用方法。

我们可以通过 NewLimiter 创建一个非零值的 Limiter：

```
func NewLimiter(r Limit, b int) *Limiter
```

其中，第一个参数是限流的速率，允许每秒产生多少个令牌。比如下面这行代码设置每秒产生 5 个令牌，匀速地产生：

```
var limit rate.Limit = 5
```

我们也可以使用辅助方法 Every，指定令牌产生的时间间隔。下面这一行代码和上面一行等价：

```
var limit = rate.Every(200 * time.Millisecond)
```

下面给出一个例子。

```
package main

import (
    "context"
    "log"
    "time"

    "golang.org/x/time/rate"
)

func main() {
    log.SetFlags(log.Ldate | log.Ltime | log.Lmicroseconds)

    var limit = rate.Every(200 * time.Millisecond) // 令牌产生的速率，每 200ms 产生
一个令牌
    var limiter = rate.NewLimiter(limit, 3) // 令牌桶的容量为 3
    for i := 0; i < 15; i++ {
        log.Printf("got #%d, err:%v", i, limiter.Wait(context.Background()))
    }
}
```

这个程序每 200ms 产生一个令牌，如果令牌足够，那么最多允许同时获取 3 个令牌（突发事件）。程序获取令牌 15 次。

程序运行结果如图 18.2 所示。图中开始的三行表示获取到了初始的三个令牌，之后每 200ms 产生一个令牌。

```
smallnest@birdnest > x_time_rate  master  go run main.go
2023/02/23 22:24:47.440833 got #0, err:<nil>
2023/02/23 22:24:47.440951 got #1, err:<nil>
2023/02/23 22:24:47.440953 got #2, err:<nil>
2023/02/23 22:24:47.641911 got #3, err:<nil>
2023/02/23 22:24:47.841882 got #4, err:<nil>
2023/02/23 22:24:48.041852 got #5, err:<nil>
2023/02/23 22:24:48.241839 got #6, err:<nil>
2023/02/23 22:24:48.441827 got #7, err:<nil>
2023/02/23 22:24:48.641812 got #8, err:<nil>
2023/02/23 22:24:48.841823 got #9, err:<nil>
2023/02/23 22:24:49.041805 got #10, err:<nil>
2023/02/23 22:24:49.241785 got #11, err:<nil>
2023/02/23 22:24:49.441770 got #12, err:<nil>
2023/02/23 22:24:49.641803 got #13, err:<nil>
2023/02/23 22:24:49.841765 got #14, err:<nil>
smallnest@birdnest > x_time_rate  master
```

图 18.2 x/time/rate 例子的输出结果

因为一开始 Limiter 是满的，所以在 440ms 时一下子被取走了 3 个令牌，之后每 200ms 产生一个令牌并被取走。

我们可以使用 SetLimit 方法设置新的限流数值，但是已经保留的令牌可能不会遵守这个新的限制。SetLimit 其实是通过 SetLimitAt(time.Now(),newLimit) 方法实现的，SetLimitAt 方法的签名如下：

```go
func (lim *Limiter) SetLimitAt(t time.Time, newLimit Limit)
```

虽然 Limiter 是官方的扩展库，但是其中关于这个方法的说明语焉不详，t 这个参数到底代表什么意思？是代表在未来某个时间点才使新的限制生效吗？不是！通过翻阅实现代码，我们才了解了 t 的含义：t 减去最后生成令牌的时间，得到一个值 elapsed（经过的时间），根据 elapsed 这个值，计算按照原来的限制应该产生多少个令牌。把这些令牌放到令牌桶中，如果超过突发事件的数量，那么令牌桶中最多保留的令牌数量与突发事件数量相同。然后，设置新的限制（newLimit）。可以看到，这个时间影响的只是令牌桶中令牌的数量，令牌还是按照新的速率限制匀速产生的。

如果时间 t 是 last 之前的时间，那么 t 就被设置成 last，并且不会增加新的令牌。如果将时间设置为 time.Now()，那么就可能增加一些令牌；如果时间是未来的时间，那么令牌桶中就可能增加大量的令牌，但不会超过突发事件数量。

下面是一个例子。

```go
var limiter = rate.NewLimiter(1, 3)
    for i := 0; i < 3; i++ {
```

```
        log.Printf("got #%d, err:%v", i, limiter.Wait(context.Background()))
    }

    log.Println("set new limit at 10s")
    limiter.SetLimitAt(time.Now().Add(10*time.Second), rate.Every(3*time.Second))

    for i := 4; i < 9; i++ {
        log.Printf("got #%d, err:%v", i, limiter.Wait(context.Background()))
    }
```

运行这个程序，设置 SetLimitAt 产生三个令牌并被迅速取走，之后按照设置每 3s 产生一个令牌，如图 18.3 所示。

```
 smallnest@birdnest > x_time_rate  master  go run main.go
2023/02/23 23:02:17.024140 got #0, err:<nil>
2023/02/23 23:02:17.024346 got #1, err:<nil>
2023/02/23 23:02:17.024349 got #2, err:<nil>
2023/02/23 23:02:17.024352 set new limit at 10s
2023/02/23 23:02:17.024355 got #4, err:<nil>
2023/02/23 23:02:17.024357 got #5, err:<nil>
2023/02/23 23:02:17.024359 got #6, err:<nil>
2023/02/23 23:02:20.025408 got #7, err:<nil>
2023/02/23 23:02:23.025169 got #8, err:<nil>
 smallnest@birdnest > x_time_rate  master
```

图 18.3 调用 SetLimitAt 的例子

在这个例子中，一开始限流速率是每秒产生 1 个令牌，令牌桶的容量是 3。

3s 后，设置的时间是当前时间加上 10s，每 3s 产生一个令牌。这个时候有一个突发事件，一下子获取了 #4、#5、#6 三个令牌，因为 10s 后产生了足够多的令牌，所以可以获取到。然后，就按照每秒 3 个的新速率来产生令牌了。可见，如果使用 SetLimitAt 方法更改了令牌产生的速率，则可能会导致在设置后发生处理突发事件的情况。

使用 SetBurst 方法可以设置新的令牌桶容量和最大突发事件数量，它实际上是通过调用 SetBurstAt(time.Now(), newBurst) 实现的。其实现方法和 SetLimitAt 方法相同，只不过它设置的是突发事件。

使用 Limit() 方法可以获取当前的限速值和容量值。使用 Tokens() 方法可以获取当前的令牌数量，使用 TokensAt(t time.Time) 方法获取的是到某个时间的令牌数量，最大不超过突发事件数量，其计算方式和 SetLimitAt 方法的计算方式一样。

x/time/rate 库还提供了保留令牌的功能，可以为到某个时间保留 *n* 个令牌。Reserve 方法是通过 ReserveN(time.Now(), 1) 实现的，ReserveN 调用 reserveN。

```
func (lim *Limiter) ReserveN(t time.Time, n int) *Reservation {
    r := lim.reserveN(t, n, InfDuration)
    return &r
}
```

其实，AllowN 也是通过 reserveN 实现的：

```
func (lim *Limiter) AllowN(t time.Time, n int) bool {
    return lim.reserveN(t, n, 0).ok
}
```

下面是一个使用 ReserveN 的例子。

```
var limiter = rate.NewLimiter(1, 10)
    limiter.WaitN(context.Background(), 10) // 把初始的令牌消耗掉

    r := limiter.ReserveN(time.Now().Add(5), 4)
    log.Printf("ok: %v, delay: %v", r.OK(), r.Delay()) ; // ok: true, delay:
3.9999985s
    r.Cancel()
    r = limiter.ReserveN(time.Now().Add(3), 6)
    log.Printf("ok: %v, delay: %v", r.OK(), r.Delay()) // ok: true, delay:
5.999696833s
    r = limiter.ReserveN(time.Now().Add(3), 100)
    log.Printf("ok: %v, delay: %t", r.OK(), r.Delay() == rate.InfDuration)
// ok: false, delay: true
```

这个令牌桶每秒产生一个令牌，其容量为 10。如果你想保留几个令牌，则没有问题；如果你请求了超过突发事件数量的令牌，则无法为你保留。

x/time/rate 这个库官方出品，还是非常优秀的，但是也有两个缺点：一是突发事件和容量合二为一了。虽然有时候允许有突发事件，但是不允许有那么大的突发事件。二是几个方法中的时间参数 t 很难让人理解，其含义和现实中我们的理解是不一样的。

18.1.2 juju/ratelimit

juju/ratelimit 是另一个高效的基于令牌桶实现的限流库，不过已经多年没人维护了。

Bucket 代表一个令牌桶，它提供了多种生成令牌桶的方法：

- func NewBucket(fillInterval time.Duration, capacity int64) *Bucket
- func NewBucketWithClock(fillInterval time.Duration, capacity int64, clock Clock) *Bucket
- func NewBucketWithQuantum(fillInterval time.Duration, capacity, quantum int64) *Bucket
- func NewBucketWithQuantumAndClock(fillInterval time.Duration, capacity, quantum int64, clock Clock) *Bucket
- func NewBucketWithRate(rate float64, capacity int64) *Bucket
- func NewBucketWithRateAndClock(rate float64, capacity int64, clock Clock) *Bucket

在这些方法中，最简单的是第一个方法 NewBucket，其中参数 fillInterval 用于设置生成令牌的时间间隔，也就是限流的速率；capacity 用于设置令牌桶的容量。令牌桶初始是满的。

clock 是方便测试用的时钟；quantum 是 Go 官方扩展库所没有的亮点，它可以在每次生成令牌时，不止生成一个令牌，而是生成 quantum 个。

也可以通过指定 rate 的方式来创建令牌桶，rate 是产生令牌的速率。

令牌桶天然支持突发事件，只要令牌桶中有令牌，就允许突发事件一次性把令牌取走。

接下来，让我们来了解 Bucket 的使用方法。

Available、Capacity、Rate：这三个方法返回令牌桶的状态，它们分别返回令牌桶中当前可用的令牌、令牌桶的容量以及令牌桶限流的速率，其中 Rate 方法返回的是每秒产生多少个令牌。

Take(count int64) time.Duration：从令牌桶中获取 count 个令牌，该方法不会被阻塞。如果没有足够的令牌，该方法会返回需要等待多少时间才有可能获取到足够的令牌。

TakeAvailable(count int64) int64：也是从令牌桶中获取令牌，但是它知足常乐，即使令牌不够 count 个，它也接受，有多少算多少。该方法也不会被阻塞。

TakeMaxDuration(count int64, maxWait time.Duration) (time.Duration, bool)：类似于 Take 方法，但是它提供了一个最长的等待时间（maxWait），如果这个时间超过了获取 count 个令牌的时间，则返回 false，获取不到令牌；否则，返回 true。

Wait(count int64)：这是我们最常用的方法，等待获取 count 个令牌。如果没有足够的令牌，调用者就会被阻塞，直到有足够的令牌被获取到。

WaitMaxDuration(count int64, maxWait time.Duration) bool：类似于 Wait 方法，不过加上了一个最长的等待时间。如果在这个时间内有足够的令牌可取，那么就等待获取；否则，直接返回 false。

Bucket 还为 io.Reader、io.Writer 提供了遍历方法，并为它们提供了 I/O 限流的能力，每个令牌代表一个字节：

- func Reader(r io.Reader, bucket *Bucket) io.Reader
- func Writer(w io.Writer, bucket *Bucket) io.Writer

下面是一个使用 juju/ratelimit 库的简单例子。

```
package main

import (
    "log"
    "time"

    "github.com/juju/ratelimit"
)
```

```go
func main() {
    var bucket = ratelimit.NewBucket(time.Second, 3)
    for i := 0; i < 10; i++ {
        bucket.Wait(1)
        log.Printf("got #%d", i)
    }
}
```

运行程序，结果如图 18.4 所示。可以看到初始的三个令牌被迅速取走，之后每秒产生一个令牌。

```
smallnest@birdnest  juju  master  go run main.go
2023/02/24 07:47:22 got #0
2023/02/24 07:47:22 got #1
2023/02/24 07:47:22 got #2
2023/02/24 07:47:23 got #3
2023/02/24 07:47:24 got #4
2023/02/24 07:47:25 got #5
2023/02/24 07:47:26 got #6
2023/02/24 07:47:27 got #7
2023/02/24 07:47:28 got #8
2023/02/24 07:47:29 got #9
smallnest@birdnest  juju  master
```

图 18.4　juju/ratelimit 例子的输出结果

因为初始时令牌桶是满的，所以一开始就可以获取到三个令牌，之后每秒产生一个令牌。

如果你不想初始时令牌桶是满的，则可以在创建好令牌桶后取走桶中所有的令牌。Go 扩展库也可以采用这种方法。

这里建议使用令牌桶，就简单地使用 Wait 方法，尽量不要使用非阻塞的方法；否则，代码设计起来复杂，而且容易出错。我们还是规规矩矩地按需索取，没有令牌就耐心等待。

18.2　基于漏桶实现的限流库

漏桶（leaky bucket）算法也是网络流量整形（traffic shaping）或速率限制（rate limiting）中经常使用的一种算法，如图 18.5 所示。它的主要目的是控制将数据注入网络的速率，平滑网络上的突发流量，突发流量可以被整形成稳定的流量。因为它可以保持一个常量的输出速率，所以可以用来进行限流，并且因为使用了 buffer 缓存，所以可以平滑处理突发请求。

漏桶可以被看作一个带有常量服务时间的单服务器队列。如果漏桶（缓存的请求）满了，那么后续请求会被丢弃。

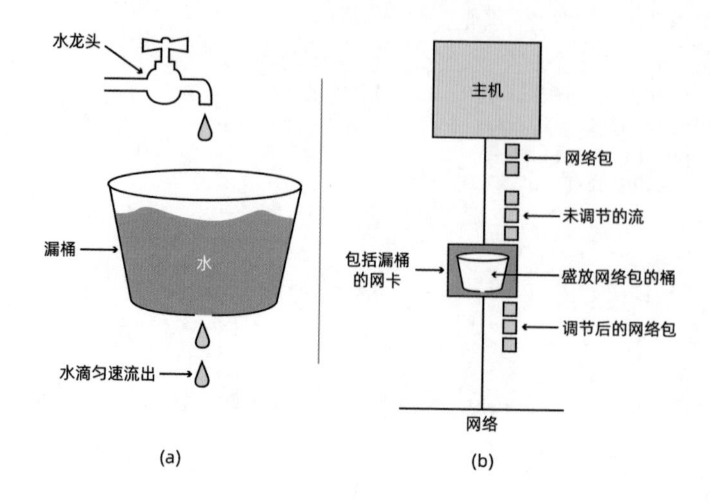

图 18.5　漏桶示意图

你可以把漏桶看成一个水桶，漏桶有一定的容量，底部有孔，并且以固定的速率处理请求（水以一定的流出速度流出）。调用者以随机的速率向漏桶中放入请求（水龙头以不确定的流入速度源源不断地将水流入水桶），流入速度可能小于流出速度，也可能大于流出速度，还可能在某个时刻突然有一个很大的流入速度，我们称之为突发事件。漏桶的处理方式如下：

- 如果漏桶已满，那么新的请求会被丢弃。我们称之为“漏桶溢出”。
- 如果流入速度总是小于流出速度，漏桶总是处于不满的状态，则不会有请求被丢弃。
- 如果流入速度总是大于流出速度，漏桶在某个时间点后总是处于满的状态，那么后续请求会部分地被丢弃。
- 如果有突发请求，漏桶有一定的缓存作用，那么缓存满了才会丢弃请求。所以，在一定情况下可以削峰填谷，平滑请求的处理。

本质上，漏桶是以固定的速率处理请求且带有缓存的队列。

由此可以看到，漏桶和令牌桶还是有很大的区别的：

- 漏桶算法能够强行限制请求的处理速率，任何突发请求都会被平滑处理。
- 令牌桶算法能够在限制请求处理速率的同时允许某种程度的突发请求。

至于突发请求被平滑处理是好事还是坏事则说不准。如果像漏桶那样，任何突发请求都被平滑处理，那么对于后端处理请求的模块来说，处理速率是恒定的，容易评估和把控模块的实现，但是有可能不会充分利用后端处理能力。在大部分情况下，漏桶的流出速度是在后端处理能力满载的基础上打个折扣，或者后端处理能力不是恒定的，不好评估，使用漏桶也可能会造成处理资源空闲。

令牌桶的处理能力虽然有限制，但是在这个限制的基础上允许有波动，尤其是处理突发请求，允许它在短时间内处理大量请求，充分利用系统的处理能力。但是有多少突发请求是合适的，能够处理过来，这是不好评估的，尤其是当突发请求的数量超过阈值时，请求就会被丢弃，没有缓存的机会。在某种情况下，直接丢弃请求是不合适的。

那么，我们在做限流时到底选择哪种限流方法呢？漏桶和令牌桶两种方法各有优缺点。如果对处理速率有很强的需求，对资源利用率要求不高，那么选择漏桶。如果系统经常有突发流量，对资源利用率有很高的要求，那么选择令牌桶。我们需要根据实际情况进行选择，在复杂的情况下可以采用两者结合的方式。

uber-go/ratelimit 就是一个被广泛使用的基于漏桶技术实现的单机的限流库。它是基于请求之间流逝的时间来填充漏桶的，而不像令牌桶那样基于时间来计算是否应该放入令牌。

该库就提供了一个 Take 方法，该方法获取一个令牌，如果没有令牌可用，它就会被阻塞。如果获取令牌成功，则返回获取到令牌的时间（感觉这个返回值的意义不大）。

```
type Limiter interface {
    Take() time.Time
}
```

创建漏桶有两个方法，其中一个是 NewUnlimited() Limiter，创建无限流功能的漏桶，不常用；另一个是 New(rate int, opts ...Option) Limiter，它是常用的创建漏桶的方法，限流的速率就是通过 Option 设置的。这是 Go 语言中初始化常用的函数式选项（Functional Options）设计模式。以下是这个库提供的三种创建 Option 的方法。

- func Per(per time.Duration) Option：设置时间窗口，默认时间窗口是 1s，New(100) 表示每秒产生 100 个令牌，New(2, ratelimit.Per(time.Minute)) 则表示每分钟产生 2 个令牌。
- func WithClock(clock Clock) Option：设置一个可选的时钟，方便测试时使用。
- func WithSlack(slack int) Option：设置一个宽松值，允许限流器积累一定数量的令牌，允许一定大小的突发流量。这个方法比较好，采用漏桶技术，还支持突发请求。

在下面的例子中，我们创建了每秒产生一个令牌的限流器，并且宽松值为 3。在 i==3 时，程序休眠 5s，这个时候会积累一些令牌，但最多积累 3 个令牌。如果不想支持突发流量，就不要设置宽松值。

```
package main
```

```go
import (
    "log"
    "time"

    "go.uber.org/ratelimit"
)

func main() {
    rl := ratelimit.New(1, ratelimit.WithSlack(3)) // 每秒产生一个令牌；宽松值为 3

    for i := 0; i < 10; i++ {
        rl.Take()
        log.Printf("got #%d", i)
        if i == 3 {
            time.Sleep(5 * time.Second)
        }
    }

}
```

运行这个程序，结果如图 18.6 所示。开始时每秒产生一个令牌，如果在某个时间段内未取走令牌，则会导致令牌富余。如果这时有突发请求，突发请求就可以获得令牌（08:22:41 时）。

```
smallnest@birdnest > uber  master > go run main.go
2023/02/24 08:22:33 got #0
2023/02/24 08:22:34 got #1
2023/02/24 08:22:35 got #2
2023/02/24 08:22:36 got #3
2023/02/24 08:22:41 got #4
2023/02/24 08:22:41 got #5
2023/02/24 08:22:41 got #6
2023/02/24 08:22:41 got #7
2023/02/24 08:22:42 got #8
2023/02/24 08:22:43 got #9
smallnest@birdnest > uber  master >
```

图 18.6　uber-go/ratelimit 例子的输出结果

可以看到，输出 #3 后，程序短暂休眠 5s，之后在 08:22:41 时连续打印了 #4、#5、#6 和 #7，包括三个宽松值和一个正常产生的令牌。接下来还是每秒产生一个令牌。

18.3　分布式限流

在微服务被广泛应用的今天，单机的限流已经不能满足我们对分布式调用的需求了。虽然单个微服务节点可以通过限流防止自己被打爆，但是如何从所有微服务节点调用的总量上限制某个用户的调用速率呢？这就需要从分布式的角度来设计限流了。

很显然，我们无法通过在单个节点上设置速率的方式来限制用户的调用。假设有 10

个微服务节点，给用户 a 的调用 QPS 配额是 1000 次。如果在每个节点上都设置给用户的调用 QPS 配额是 100 次，将用户的调用平均分配到每个节点上，那么为用户提供服务是没有问题的。但是我们很难将用户的请求平均分配到每个节点上，通常是一个节点 120 次请求，另一个节点 80 次请求，每个节点的调用速率可能在 100 次请求左右浮动。这就带来一个问题：如果节点为这个用户配置的是 100 次，那么就会导致用户的调用失败。但实际上，节点完全可以满足用户的调用需求，我们期望整体上，将用户的请求速率控制在 1000 次请求 / 秒就好。所以，我们需要一种分布式限流方案，用户在请求时，检查请求数是否达到了限额。

分布式限流，一方面限制了资源被过多地使用；另一方面可以针对不同用户的购买情况，分配不同的限额。

分布式限流方案有很多，这里介绍一种基于 Redis 的分布式限流方案。毋庸置疑，Redis 是一个性能优异的缓存系统，使用它并不会对正常调用的性能产生太大的影响。

go-redis/redis_rate 提供了一种成熟的基于 Redis 的分布式限流方案，采用漏桶技术，还支持突发请求。

go-redis/redis_rate 底层使用 redis/go-redis 库来实现访问 Redis，并且使用 Lua 脚本的方式在 Redis 服务端计算是否有充足的令牌。

接下来，让我们来了解这个库的使用方法。

使用 func NewLimiter(rdb rediser) *Limiter 创建一个基于 Redis 的限流器。有趣的是，go-redis/redis_rate 这个库并不是在创建这个限流器时设定限流的速率和容量的，而是在请求时传入限流的参数的。下面 Limiter 的三个限流方法都需要传入 limit 这个限流参数。

- func (l Limiter) Allow(ctx context.Context, key string, limit Limit) (*Result, error)
- func (l Limiter) AllowAtMost(ctx context.Context, key string, limit Limit, n int) (*Result, error)
- func (l Limiter) AllowN(ctx context.Context, key string, limit Limit, n int) (*Result, error)

Allow(ctx,key,limit) 的功能和 AllowN(ctx,key,limit,1) 的功能有一样的效果，你需要指定 key，限流针对的是 key，所以 key 相同的节点使用同一个限流的配额。AllowN 可以请求 *n* 个令牌，要么成功，要么失败，不会返回部分令牌。AllowAtMost 则最多获取 *n* 个令牌，即使令牌不够，也可以满足它的需求。

调用 Reset 获取一个令牌，并重置所有的限制以及之前的请求统计。

下面是一个使用 go-redis/redis_rate 库实现限流的例子，你可以把它应用在处理 HTTP 请求的限流上，对同一个 token 进行分布式限流。不过，在这个例子中，我们使用两个 goroutine 来模拟两个节点并发请求同一个 key 的令牌。

```
package main

import (
    "context"
    "log"
    "sync"
    "time"

    "github.com/go-redis/redis_rate/v10"
    "github.com/redis/go-redis/v9"
)

func main() {
    log.SetFlags(log.Ldate | log.Ltime | log.Lmicroseconds)

    var wg sync.WaitGroup
    wg.Add(2)

    for i := 0; i < 2; i++ {
        i := i
        go func() {
            defer wg.Done()

            ctx := context.Background()
            rdb := redis.NewClient(&redis.Options{
                Addr: "localhost:6379",
            })
            _ = rdb.FlushDB(ctx).Err()

            limiter := redis_rate.NewLimiter(rdb)
            for j := 0; j < 10; j++ {
                res, err := limiter.Allow(ctx, "token:123", redis_rate.PerSecond(5))
                if err != nil {
                    panic(err)
                }
                log.Println(i, "allowed", res.Allowed, "remaining",
res.Remaining, "retry after", res.RetryAfter)
                if res.Allowed == 0 {
                    time.Sleep(res.RetryAfter)
                }
            }
        }()

    }

    wg.Wait()
}
```

运行这个程序，结果如图 18.7 所示。输出结果的每一行显示了每一个 goroutine 获取的令牌数和剩余的令牌数。如果没有获取到令牌，则显示需要等待多长时间再来获取令牌。

```
 smallnest@birdnest  > > > > > > > redis  master  go run  main.go
2023/02/24 21:24:02.150597 0 allowed 1 remaining 4 retry after -1ns
2023/02/24 21:24:02.150610 1 allowed 1 remaining 3 retry after -1ns
2023/02/24 21:24:02.150925 0 allowed 1 remaining 2 retry after -1ns
2023/02/24 21:24:02.151005 1 allowed 1 remaining 1 retry after -1ns
2023/02/24 21:24:02.151084 0 allowed 1 remaining 0 retry after -1ns
2023/02/24 21:24:02.151158 1 allowed 0 remaining 0 retry after 199.205935ms
2023/02/24 21:24:02.151257 0 allowed 0 remaining 0 retry after 199.117928ms
2023/02/24 21:24:02.351971 0 allowed 1 remaining 0 retry after -1ns
2023/02/24 21:24:02.352060 1 allowed 0 remaining 0 retry after 198.379904ms
2023/02/24 21:24:02.352254 0 allowed 0 remaining 0 retry after 198.153913ms
2023/02/24 21:24:02.551996 0 allowed 1 remaining 0 retry after -1ns
2023/02/24 21:24:02.552081 1 allowed 0 remaining 0 retry after 198.344886ms
2023/02/24 21:24:02.552264 0 allowed 0 remaining 0 retry after 198.136895ms
2023/02/24 21:24:02.752179 1 allowed 1 remaining 0 retry after -1ns
2023/02/24 21:24:02.752180 0 allowed 0 remaining 0 retry after 198.36989ms
2023/02/24 21:24:02.752467 1 allowed 0 remaining 0 retry after 197.949886ms
2023/02/24 21:24:02.952080 0 allowed 1 remaining 0 retry after -1ns
2023/02/24 21:24:02.952137 1 allowed 0 remaining 0 retry after 198.26889ms
2023/02/24 21:24:03.152071 1 allowed 1 remaining 0 retry after -1ns
2023/02/24 21:24:03.152369 1 allowed 0 remaining 0 retry after 198.087871ms
 smallnest@birdnest  > > > > > > > redis  master
```

图 18.7　分布式限流例子的输出结果

在这个程序中，对于相同的 key（token:123），允许每秒产生 5 个令牌，突发请求最多允许 5 个。漏桶初始化时 5 个令牌就填满了。两个 goroutine 都去抢这些令牌，最初的令牌，0 号 goroutine 抢了 3 个，1 号 goroutine 抢了 2 个，之后再抢的时候发现没有令牌了，并且返回结果告诉它们需要等待多长时间才能产生下一个令牌。两个 goroutine 休眠相应的时间后再去抢，遗憾的是只产生一个令牌，两者只有一个才能获取到，所以令牌可能被两个 goroutine 交替地获取到。

通过使用相同的 key，实现了多个节点分布式限流的策略。在很多场景中，这是一种简单的限流方法。比如下面的方法为 HTTP 请求提供了限流策略，你可以把它应用在 Web 中间件上。

```go
func rateLimit(next http.Handler) h http.Handler {
    return http.HandlerFunc(func(w http.ResponseWriter, req *http.Request) error {
        res, err := limiter.Allow(req.Context(), "token:123", redis_rate.PerSecond(100))
        if err != nil {
            return err
        }

        h := w.Header()
        h.Set("RateLimit-Remaining", strconv.Itoa(res.Remaining))

        if res.Allowed == 0 { // 没有获取到令牌
            seconds := int(res.RetryAfter / time.Second)
            h.Set("RateLimit-RetryAfter", strconv.Itoa(seconds))
```

```
                // 停止处理并返回错误
                return ErrRateLimited
            }

            // 获取到令牌
            return next.ServeHTTP(w, req)
        }
    }
```

在实际使用时，对于 key 相同的节点，我们会使用相同的限制，这是符合分布式应用场景的。如果使用了不同的限制，那么各个节点就会出现不一致的情况，每个节点的限流就错乱了。我们肯定不想这么做。

第19章　Go 并发编程和调度器

本章内容包括：

- Leader选举
- 锁、互斥锁和读写锁
- 分布式队列和优先级队列
- 分布式屏障
- 计数型屏障
- 软件事务内存

在前面的章节中，我们学习的同步原语都是在进程内使用的，也就是一个运行程序为了控制共享资源、实现任务编排和进行消息传递而提供的控制类型。在接下来的章节中，我们要介绍的是几种分布式同步原语，它们控制的资源或编排的任务分布在不同的进程、不同的机器上。

分布式同步原语的实现更加复杂，因为在分布式环境中，网络状况、服务状态等都是不可控的。还好，有相应的软件系统来做这些事情，这些软件系统会专门处理节点之间的协调和异常情况，并保证数据的一致性。我们要做的就是在它们的基础上实现业务。

通常用来做协调工作的软件系统有 Zookeeper、Consul、etcd 等，其中 Zookeeper 为 Java 生态群提供了丰富的分布式同步原语（通过 Curator 库），但是缺少与 Go 相关的同步原语库；Consul 在提供分布式同步原语这件事儿上不是很积极；etcd 则提供了非常好的分布式同步原语，比如分布式互斥锁、分布式读写锁、Leader 选举等。所以，本章就以 etcd 为基础，介绍几种分布式同步原语。

既然依赖 etcd，那么在生产环境中就要有一个 etcd 集群，而且应该保证这个 etcd 集群是 7×24 小时工作的。在学习过程中，你可以使用一个 etcd 节点进行测试。

19.1 Leader 选举

Leader 选举常常被应用在主从架构的系统中。主从架构中的服务节点分为主（Leader、Master）和从（Follower、Slave）两种角色，实际节点包括 1 主 n 从，一共是 $n+1$ 个节点。

主节点常常执行写操作，从节点常常执行读操作。如果读 / 写都在主节点上，从节点只是提供一个备份功能，那么主从架构就会退化成主备模式架构。

在主从架构中，最重要的是如何确定节点的角色，也就是到底哪个节点是主节点，哪个节点是从节点？

在同一时刻，系统中不能有两个主节点；如果有两个主节点，它们都执行写操作，就有可能出现数据不一致的情况。所以，我们需要一种选主机制，选择一个节点作为主节点，这个过程就是 Leader 选举。

当主节点宕机或者不可用时，就需要进行新一轮的选举，从其他的从节点中选择一个节点，让它作为新的主节点，宕机的原主节点恢复后，可以变为从节点，或者被摘掉。

我们可以通过 etcd 基础服务来实现 Leader 选举。具体来说，就是将 Leader 选举的逻辑交给 etcd 基础服务，我们只需要把重心放在业务开发上。etcd 基础服务可以通过多节点的方式保证 7×24 小时服务，所以我们也不用担心 Leader 选举不可用的问题，如图 19.1 所示。

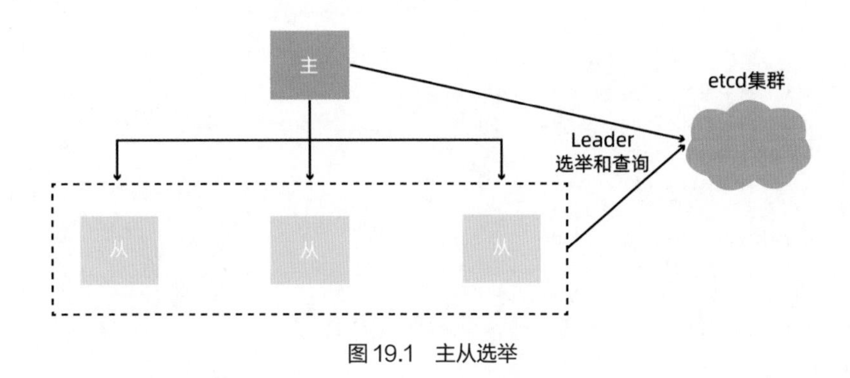

图 19.1　主从选举

接下来，我们将介绍在业务开发中与 Leader 选举相关的选举、查询、主节点变化监控等功能。

这里需要提醒的是，如果你想运行下面的测试程序，则要先部署一个 etcd 集群，或者部署一个 etcd 节点做测试。

我们先来实现一个测试分布式程序的框架：它会先从命令行读取命令，然后执行相应的命令。

打开两个窗口，模拟不同的节点，分别执行不同的命令。测试程序如下：

```
package main

import (
    "bufio"
    "context"
    "flag"
    "fmt"
    "log"
    "os"
    "strings"

    clientv3 "go.etcd.io/etcd/client/v3"
    "go.etcd.io/etcd/client/v3/concurrency"
)

var (
    nodeID    = flag.Int("id", 0, "node ID")
    addr      = flag.String("addr", "http://127.0.0.1:2379", "etcd addresses")
    electName = flag.String("name", "my-test-elect", "election name")
)
```

```
func main() {
    flag.Parse()

    // etcd 的地址
    endpoints := strings.Split(*addr, ",")
    // 创建一个 etcd 的 client
    cli, err := clientv3.New(clientv3.Config{Endpoints: endpoints})
    if err != nil {
        log.Fatal(err)
    }
    defer cli.Close()

    // 创建一个并发 session
    session, err := concurrency.NewSession(cli)
    defer session.Close()

    // 得到选举同步原语
    e1 := concurrency.NewElection(session, *electName)

    consolescanner := bufio.NewScanner(os.Stdin)
    for consolescanner.Scan() { // 从命令行读取命令，执行不同的操作
        action := consolescanner.Text()
        switch action {
        case "elect": // 启动选举
            go elect(e1, *electName)
        case "proclaim": // 宣告，只是设置主节点的值
            proclaim(e1, *electName)
        case "resign": // 放弃主
            resign(e1, *electName)
        case "watch": // 监听主从变化事件
            go watch(e1, *electName)
        case "query": // 主动查询
            query(e1, *electName)
        case "rev": // 查看版本号
            rev(e1, *electName)
        default:
            fmt.Println("unknown action")
        }
    }
}
```

这个程序创建了一个 etcd 的 client，并基于它创建了 concurrency.Session，代表和 Redis 的会话，然后在这个会话的基础上创建了 Election。

Election 从命令行接收命令，并执行相应的分布式选举命令，比如竞选主节点、退出主节点，监控主节点的变化、查询当前的主节点等命令，每个命令对应一个方法。接下来就通过 Election 的功能介绍这些方法。

19.1.1　选举

如果你的业务集群中还没有主节点，或者主节点宕机了，那么就需要发起新一轮的选主操作，主要会用到 Campaign 和 Proclaim 方法。如果你需要主节点放弃主的角色，让其他从节点有机会成为主节点，那么就可以调用 Resign 方法。这里提到了三个与选主相关的方法，下面分别介绍它们的用法。

第一个方法是 Campaign，其作用是把一个节点选择为主节点，并且设置一个值。该方法的签名如下：

```
func (e *Election) Campaign(ctx context.Context, val string) error
```

需要注意的是，这是一个阻塞方法，在调用它的时候会被阻塞，直到满足下面的三个条件之一，才会取消阻塞：

- 成功当选为主节点。
- 此方法返回错误。
- ctx 被撤销。

注意，一个节点成为主节点时可以设置一个值，在节点收到选主的消息后，可以读取这个值。在有些场景中，这个值还是很有用的，它是最新的主节点设置的。

第二个方法是 Proclaim，其功能是重新设置主节点的值，但是不会重新选主。这个方法会返回新值设置成功或者失败的信息。该方法的签名如下：

```
func (e *Election) Proclaim(ctx context.Context, val string) error
```

第三个方法是 Resign，其功能是当前的主节点辞去作为主的江湖盟主的地位，开始新一轮选举。这个方法会返回选举成功或者失败的信息。该方法的签名如下：

```
func (e *Election) Resign(ctx context.Context) (err error)
```

这三个方法的测试代码如下所示。你可以使用测试程序进行测试，具体做法是启动两个节点，执行与这三个方法相关的命令。

```
var count int
// 选主
func elect(e1 *concurrency.Election, electName string) {
    log.Println("acampaigning for ID:", *nodeID)
    // 调用 Campaign 方法选主，主节点的值为 value-<主节点 ID>-<count>
    if err := e1.Campaign(context.Background(), fmt.Sprintf("value-%d-%d",
*nodeID, count)); err != nil {
        log.Println(err)
```

```
        }
        log.Println("campaigned for ID:", *nodeID)
        count++
    }
    // 为主节点设置新值
    func proclaim(e1 *concurrency.Election, electName string) {
        log.Println("proclaiming for ID:", *nodeID)
        // 调用 Proclaim 方法设置新值，新值为 value-< 主节点 ID>-<count>
        if err := e1.Proclaim(context.Background(), fmt.Sprintf("value-%d-%d", *nodeID,
count)); err != nil {
            log.Println(err)
        }
        log.Println("proclaimed for ID:", *nodeID)
        count++
    }
    // 重新选主，有可能另一个节点被选为主节点
    func resign(e1 *concurrency.Election, electName string) {
        log.Println("resigning for ID:", *nodeID)
        // 调用 Resign 方法重新选主
        if err := e1.Resign(context.TODO()); err != nil {
            log.Println(err)
        }
        log.Println("resigned for ID:", *nodeID)
    }
```

19.1.2 查询

除了 Leader 选举，程序在启动的过程中或者在运行的时候，还有可能需要查询当前的主节点是哪一个节点、主节点的值是什么、版本是多少。此外，在分布式系统中，其他一些节点也需要知道集群中的哪一个节点是主节点，哪一个节点是从节点，这样它们才能把读 / 写请求分别发往相应的主从节点上。

etcd 提供了查询当前主节点的方法 Leader。如果当前没有主节点，该方法将返回一个错误。你可以使用这个方法来查询主节点的信息。这个方法的签名如下：

```
func (e *Election) Leader(ctx context.Context) (*v3.GetResponse, error)
```

每次主节点发生变化时都会生成一个新的版本号，你也可以查询版本信息（使用 Rev 方法），了解主节点的变化情况：

```
func (e *Election) Rev() int64
```

你可以在测试完选主命令后，测试查询命令（使用 query、rev 方法），代码如下：

```
    // 查询主节点的信息
    func query(e1 *concurrency.Election, electName string) {
        // 调用 Leader 方法返回主节点的信息，包括 key 和 value 等信息
        resp, err := e1.Leader(context.Background())
        if err != nil {
```

```
        log.Printf("failed to get the current leader: %v", err)
    }
    log.Println("current leader:", string(resp.Kvs[0].Key), string(resp.
Kvs[0].Value))
}
// 可以直接查询主节点的版本信息
func rev(e1 *concurrency.Election, electName string) {
    rev := e1.Rev()
    log.Println("current rev:", rev)
}
```

19.1.3　监控

有了选举和查询方法，我们还需要一个监控方法。因为：如果主节点发生了变化，我们需要得到最新的主节点信息。我们可以通过 Observe 方法来监控主节点的变化，它的签名如下：

```
func (e *Election) Observe(ctx context.Context) <-chan v3.GetResponse
```

该方法会返回一个 chan，显示主节点的变化信息。需要注意的是，它不会返回主节点的全部历史变化信息，只会返回最近的一条变化信息以及之后的变化信息。它的测试代码如下：

```
func watch(e1 *concurrency.Election, electName string) {
    ch := e1.Observe(context.TODO())

    log.Println("start to watch for ID:", *nodeID)
    for i := 0; i < 10; i++ {
        resp := <-ch
        log.Println("leader changed to", string(resp.Kvs[0].Key), string(resp.
Kvs[0].Value))
    }
}
```

etcd 提供了选主逻辑，而我们要做的就是利用这些方法，让它们为我们的业务服务。在这些方法的使用过程中，我们还需要做一些额外的设置，比如查询当前的主节点、启动一个 goroutine 阻塞调用 Campaign 方法等。虽然需要做一些额外的工作，但是跟自己实现分布式的选主逻辑相比，工作量大大减少了。

接下来，我们继续介绍 etcd 提供的分布式同步原语：互斥锁。

19.2　锁 Locker

互斥锁是非常常用的一种同步原语，本书介绍的第一个同步原语就是 Mutex，重点介绍了互斥锁的功能、原理和易错场景。不过，前面讲的互斥锁都是用来保护同一进程内的共享资源的，而这里我们要掌握的是分布式环境中的互斥锁。这里将重点介绍分布在不同机器上、不同进程内的 goroutine，是如何利用分布式互斥锁来保护共享资源的。互斥锁的应用场景和主从架构的应用场景不太一样。使用互斥锁的不同节点是没有主从这样的角色的，所有的节点都是一样的，只不过在同一时刻，只允许其中的一个节点持有锁。下面我们就来介绍与互斥锁相关的两个原语，即 Locker 和 Mutex。

本节来介绍 Locker。

etcd 提供了一个简单的 Locker 同步原语，它类似于 Go 标准库中的 sync.Locker 接口，也提供了 Lock/UnLock 的机制：

```
func NewLocker(s *Session, pfx string) sync.Locker
```

可以看到，创建分布式 Locker 使用的是 NewLocker 方法，它的返回值是一个 sync.Locker。因为我们对 Go 标准库中的 Locker 已经非常了解，而且它只有 Lock/Unlock 两个方法，所以使用它就非常容易了。下面是一个使用 Locker 同步原语的例子。

```
package main

import (
    "flag"
    "log"
    "math/rand"
    "strings"
    "time"

    clientv3 "go.etcd.io/etcd/client/v3"
    "go.etcd.io/etcd/client/v3/concurrency"
)

var (
    addr     = flag.String("addr", "http://127.0.0.1:2379", "etcd addresses")
    lockName = flag.String("name", "my-test-lock", "lock name")
)

func main() {
    flag.Parse()

    rand.Seed(time.Now().UnixNano())

    // etcd 地址
    endpoints := strings.Split(*addr, ",")
    // 创建 etcd 的 client
    cli, err := clientv3.New(clientv3.Config{Endpoints: endpoints})
    if err != nil {
        log.Fatal(err)
    }
    defer cli.Close()

    useLock(cli)
```

```
}

func useLock(cli *clientv3.Client) {
    // 为锁生成 session
    s1, err := concurrency.NewSession(cli)
    if err != nil {
        log.Fatal(err)
    }
    defer s1.Close()
    locker := concurrency.NewLocker(s1, *lockName)

    //请求锁
    log.Println("acquiring lock")
    locker.Lock()
    log.Println("acquired lock")

    // 等待一段时间
    time.Sleep(time.Duration(rand.Intn(30)) * time.Second)
    locker.Unlock()

    log.Println("released lock")
}
```

每个锁都有名字以便进行区分，我们可以在两个终端同时运行这个测试程序。从图 19.2 可以看到，它们获得锁是有先后顺序的，从时间点上看，右边的终端释放了锁之后，左边的终端才能获取到这个分布式锁。

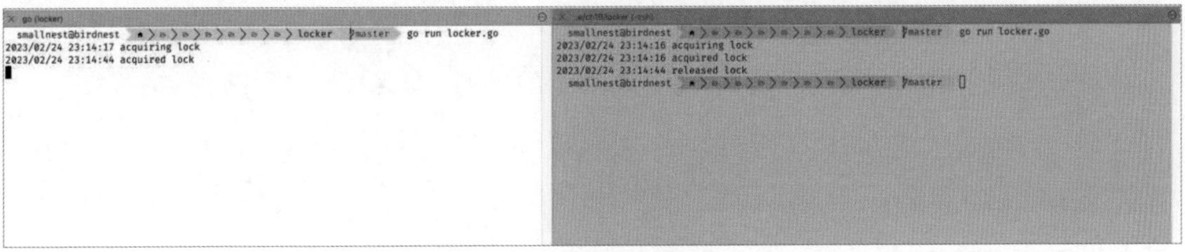

图 19.2　分布式锁的例子

19.3　互斥锁 Mutex

事实上，上面介绍的 Locker 是基于 Mutex 实现的，只不过 Mutex 还提供了查询 key 信息的功能。测试代码如下：

```
func useMutex(cli *clientv3.Client) {
    // 为锁生成 session
    s1, err := concurrency.NewSession(cli)
    if err != nil {
        log.Fatal(err)
    }
    defer s1.Close()
```

```
    m1 := concurrency.NewMutex(s1, *lockName)

    // 在请求锁之前查询 key
    log.Printf("before acquiring. key: %s", m1.Key())
    // 请求锁
    log.Println("acquiring lock")
    if err := m1.Lock(context.TODO()); err != nil {
        log.Fatal(err)
    }
    log.Printf("acquired lock. key: %s", m1.Key())

    // 等待一段时间
    time.Sleep(time.Duration(rand.Intn(30)) * time.Second)

    // 释放锁
    if err := m1.Unlock(context.TODO()); err != nil {
        log.Fatal(err)
    }
    log.Println("released lock")
}
```

可以看到，Mutex 并没有实现 sync.Locker 接口，它的 Lock/Unlock 方法需要提供一个 context.Context 实例做参数，这也就意味着在请求锁的时候，我们可以设置超时时间，或者主动撤销请求。

Mutex 同样也是有名字的，用来区分不同的 Mutex。

请求锁调用 Lock 方法，释放锁调用 Unlock 方法，通过 Key 方法获取 Mutex 的值，工作皆如预期。但是，如果持有锁的那台机器崩溃了呢？这个锁是否永远不能被释放了？

我们把程序改造一下，让第一个节点首先获取到锁，等待一个随机的秒数后直接崩溃，还没来得及释放锁，看看第二个节点是否能获取到锁。

```
func useMutex(cli *clientv3.Client) {
    // 为锁生成 session
    s1, err := concurrency.NewSession(cli)
    if err != nil {
        log.Fatal(err)
    }
    defer s1.Close()
    m1 := concurrency.NewMutex(s1, *lockName)

    log.Printf("before acquiring. key: %s", m1.Key())
    //请求锁
    log.Println("acquiring lock")
    if err := m1.Lock(context.TODO()); err != nil {
        log.Fatal(err)
    }
    log.Printf("acquired lock. key: %s", m1.Key())
```

```
    time.Sleep(time.Duration(rand.Intn(30)) * time.Second)
    if *crash { // 如果节点崩溃，程序直接退出，虽然还持有锁
        log.Println("crashing")
        os.Exit(1)
    }

    if err := m1.Unlock(context.TODO()); err != nil {
        log.Fatal(err)
    }
    log.Println("released lock")
}
```

运行这个程序，耐心等待，分布式锁最终会被释放，如图 19.3 所示。右边是第一个节点，左边是第二个节点。第一个节点在 23:29:16 时获取到锁，23:29:39 时崩溃，第二个节点在 23:30:25 时获取到锁，最后释放锁。

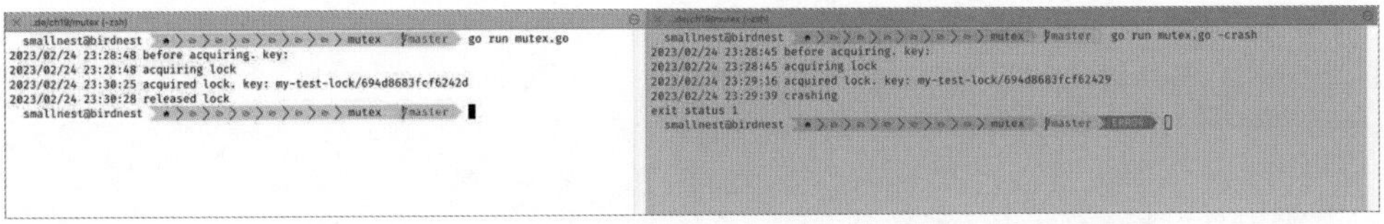

图 19.3　在持有 Mutex 锁的情况下，节点崩溃，超时后会自动释放锁

由此可知，持有锁的节点崩溃后，锁在未来也会被释放；否则，多个节点在抢锁时，如果持有锁的节点崩溃而不释放锁，则有可能导致其他节点永远被阻塞在请求锁的地方，永远无法获取到锁。

但是多久才释放锁呢？默认是 60s，但是我们可以控制这个时间，这个时间就是 TTL，在创建 session 时可以设置它，比如设置成 30s：

```
// 为锁生成 session
s1, err := concurrency.NewSession(cli, concurrency.WithTTL(30))
if err != nil {
    log.Fatal(err)
}
```

19.4　读写锁 RWMutex

在介绍完分布式的锁 Locker 和互斥锁 Mutex 后，你肯定会想到读写锁 RWMutex。etcd 也提供了分布式的读写锁。不过，互斥锁 Mutex 是在 go.etcd.io/etcd/client/v3/concurrency 包中提供的，读写锁 RWMutex 则是在 go.etcd.io/etcd/client/v3/experimental/recipes 包中提供的。

如果使用的是早期的 etcd 版本，那么互斥锁 Mutex 是在 github.com/coreos/etcd/

clientv3/concurrency 包中提供的，读写锁 RWMutex 则是在 github.com/coreos/etcd/contrib/recipes 包中提供的。

读写锁可以在分布式环境中的不同节点上使用，它提供的方法和 Go 标准库中的读写锁提供的方法一致，即提供了 RLock/RUnlock、Lock/Unlock 方法。下面的代码是使用读写锁的例子，它从命令行读取命令，执行读写锁的操作。

```
package main

import (
    "bufio"
    "flag"
    "fmt"
    "log"
    "math/rand"
    "os"
    "strings"
    "time"

    "github.com/coreos/etcd/clientv3"
    "github.com/coreos/etcd/clientv3/concurrency"
    recipe "github.com/coreos/etcd/contrib/recipes"
)

var (
    addr     = flag.String("addr", "http://127.0.0.1:2379", "etcd addresses")
    lockName = flag.String("name", "my-test-lock", "lock name")
    action   = flag.String("rw", "w", "r means acquiring read lock, w means
acquiring write lock")
)

func main() {
    flag.Parse()
    rand.Seed(time.Now().UnixNano())

    // 解析 etcd 地址
    endpoints := strings.Split(*addr, ",")

    // 创建 etcd 的 client
    cli, err := clientv3.New(clientv3.Config{Endpoints: endpoints})
    if err != nil {
        log.Fatal(err)
    }
    defer cli.Close()
    // 创建 session
    s1, err := concurrency.NewSession(cli)
    if err != nil {
        log.Fatal(err)
    }
```

```
    defer s1.Close()
    m1 := recipe.NewRWMutex(s1, *lockName)

    // 从命令行中读取命令
    consolescanner := bufio.NewScanner(os.Stdin)
    for consolescanner.Scan() {
        action := consolescanner.Text()
        switch action {
        case "w": // 请求写锁
            testWriteLocker(m1)
        case "r": // 请求读锁
            testReadLocker(m1)
        default:
            fmt.Println("unknown action")
        }
    }
}

func testWriteLocker(m1 *recipe.RWMutex) {
    // 请求写锁
    log.Println("acquiring write lock")
    if err := m1.Lock(); err != nil {
        log.Fatal(err)
    }
    log.Println("acquired write lock")

    // 等待一段时间
    time.Sleep(time.Duration(rand.Intn(10)) * time.Second)

    // 释放写锁
    if err := m1.Unlock(); err != nil {
        log.Fatal(err)
    }
    log.Println("released write lock")
}

func testReadLocker(m1 *recipe.RWMutex) {
    // 请求读锁
    log.Println("acquiring read lock")
    if err := m1.RLock(); err != nil {
        log.Fatal(err)
    }
    log.Println("acquired read lock")

    // 等待一段时间
    time.Sleep(time.Duration(rand.Intn(10)) * time.Second)

    // 释放读锁
    if err := m1.RUnlock(); err != nil {
        log.Fatal(err)
    }
```

```
    log.Println("released read lock")
}
```

这个程序运行后，从命令行可以接收 r、w 命令，分别执行请求读锁和请求写锁的命令。

在下面的场景中，我们需要知道读写锁的等待顺序：

- 当写锁被持有时，对读锁和写锁的请求会等待写锁的释放。
- 当读锁被持有时，对写锁的请求会等待读锁的释放，对读锁的请求可以直接获得锁。
- 当读锁被持有时，这时候如果有一个节点请求写锁，则会等待前面的读锁释放；如果此时再有对读锁的请求，则会被阻塞，直到前面的写锁释放。这个阻塞行为和标准库中 RWMutex 的行为是一样的。

19.5 分布式队列和优先级队列

只要学过与计算机算法和数据结构相关的知识，对队列这种数据结构就一定不陌生。队列是一种先进先出的类型，有出队（dequeue）和入队（enqueue）两种操作。本书第 10 章还专门介绍了一种 lock-free 队列。队列常常被应用在单机的应用程序中，但是在分布式环境中，多节点如何并发地执行入队和出队的操作呢？这一节我们就来介绍基于 etcd 实现的分布式队列。

我们不是从零开始实现一个分布式队列的，而是站在 etcd 的肩膀上，利用 etcd 提供的功能来实现分布式队列。etcd 集群的可用性由 etcd 集群的维护者来保证，我们不用担心网络分区、节点宕机等问题——这些通通由 etcd 的运维人员来处理，我们把关注点放在使用上。

下面我们来了解一下 etcd 提供的分布式队列。etcd 通过 go.etcd.io/etcd/client/v3/experimental/recipes 包提供了分布式队列这种数据结构。创建分布式队列的方法非常简单，就是使用 NewQueue 方法，只需要传入 etcd 的 client 和这个队列的名字就可以了。这个方法的签名如下：

```
func NewQueue(client *v3.Client, keyPrefix string) *Queue
```

这个队列只有两个方法，分别是 Enqueue 和 Dequeue，队列中的元素是字符串类型。这两个方法的签名如下：

```
// 入队
func (q *Queue) Enqueue(val string) error
// 出队
func (q *Queue) Dequeue() (string, error)
```

需要注意的是，如果这个分布式队列当前为空，调用 Dequeue 方法的话，则会被阻塞，直到有元素可以出队才返回。

既然是分布式队列，那么就意味着可以在一个节点上将元素放入队列中，在另一个节点上把它取出。

在接下来的例子中，我们就可以启动两个节点，其中一个节点向队列中放入元素，另一个节点从队列中取出元素。etcd 的分布式队列是一种多读多写的队列，因此也可以启动多个写节点和多个读节点。

下面我们通过代码来看看如何实现分布式队列。

首先启动如下程序，它会从命令行读取命令，然后执行。你可以输入 push ，将一个元素入队；输入 pop，将一个元素弹出。另外，你也可以使用这个程序启动多个实例，用来模拟分布式环境。

```
package main

import (
    "bufio"
    "flag"
    "fmt"
    "log"
    "os"
    "strings"

    clientv3 "go.etcd.io/etcd/client/v3"
    recipe "go.etcd.io/etcd/client/v3/experimental/recipes"
)

var (
    addr      = flag.String("addr", "http://127.0.0.1:2379", "etcd addresses")
    queueName = flag.String("name", "my-test-queue", "queue name")
)

func main() {
    flag.Parse()

    //解析 etcd 地址
    endpoints := strings.Split(*addr, ",")

    // 创建 etcd 的 client
    cli, err := clientv3.New(clientv3.Config{Endpoints: endpoints})
    if err != nil {
        log.Fatal(err)
    }
    defer cli.Close()
```

```
    // 创建 / 获取队列
    q := recipe.NewQueue(cli, *queueName)

    // 从命令行读取命令
    consolescanner := bufio.NewScanner(os.Stdin)
    for consolescanner.Scan() {
        action := consolescanner.Text()
        items := strings.Split(action, " ")
        switch items[0] {
        case "push": // 加入队列
            if len(items) != 2 {
                fmt.Println("must set value to push")
                continue
            }
            q.Enqueue(items[1]) // 入队
        case "pop": // 从队列中弹出
            v, err := q.Dequeue() // 出队
            if err != nil {
                log.Fatal(err)
            }
            fmt.Println(v) // 输出出队的元素
        case "quit", "exit": //退出
            return
        default:
            fmt.Println("unknown action")
        }
    }
}
```

我们可以打开两个终端，分别执行这个程序。如图 19.4 所示，在第一个终端执行入队操作，在第二个终端执行出队操作，并且观察入队、出队是否正常。

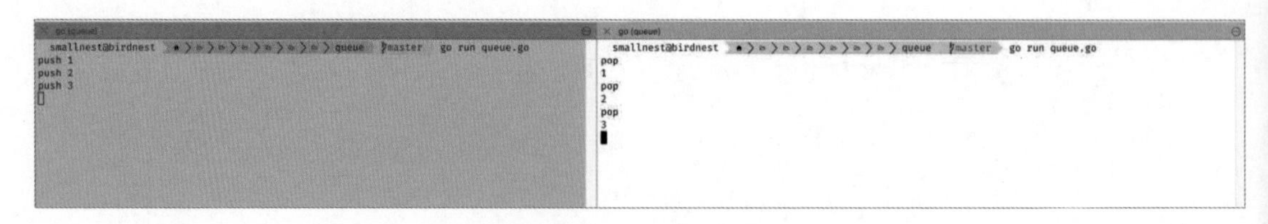

图 19.4　分布式队列的例子

除了分布式队列，etcd 还提供了优先级队列（PriorityQueue）。它的用法和分布式队列类似，也提供了入队和出队的操作，只不过在入队时，除了需要把一个值加入队列中，还需要提供一个 uint16 类型的整数作为此值的优先级，优先级高的元素会优先出队。优先级队列的测试程序如下所示。你可以在一个节点上输入一些优先级不同的元素，在另一个节点上读取出来，看看它们是不是按照优先级的高低弹出的。

```
......
    // 创建/获取队列
    q := recipe.NewPriorityQueue(cli, *queueName)

    // 从命令行读取命令
    consolescanner := bufio.NewScanner(os.Stdin)
    for consolescanner.Scan() {
        action := consolescanner.Text()
        items := strings.Split(action, " ")
        switch items[0] {
        case "push": // 加入队列
            if len(items) != 3 {
                fmt.Println("must set value and priority to push")
                continue
            }
            pr, err := strconv.Atoi(items[2]) // 读取优先级
            if err != nil {
                fmt.Println("must set uint16 as priority")
                continue
            }
            q.Enqueue(items[1], uint16(pr)) // 入队
        case "pop": // 从队列中弹出
            v, err := q.Dequeue() // 出队
            if err != nil {
                log.Fatal(err)
            }
            fmt.Println(v) // 输出出队的元素
        case "quit", "exit": // 退出
            return
        default:
            fmt.Println("unknown action")
        }
    }
......
```

运行这个程序，我们在第一个节点上输入 a、b、c 三个元素，它们的优先级分别是 100、1、1000，在另一个节点上读取这三个元素，分别是 b、a、c。从图 19.5 中可以看到，优先级越高的元素，越先被弹出。

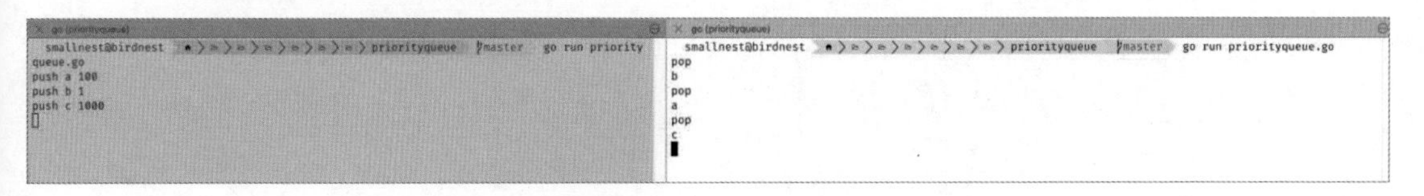

图 19.5　优先级队列：优先级越高的元素，越先被弹出

不过，在使用分布式同步原语时，除了需要考虑可用性和数据一致性，还需要考虑分布式设计所带来的性能损耗问题。所以，在实际项目中使用分布式队列之前，一定要做好性能评估。

19.6 分布式屏障

在第 16 章中，我们介绍了 CyclicBarrier（循环屏障），它和 Go 标准库中的 WaitGroup 本质上是同一类同步原语，都是等待一组 goroutine 同时执行，或者等待一组 goroutine 全部完成。在分布式环境中，我们也会遇到这样的场景：一组节点协同工作，共同等待一个信号，在信号出现前，这些节点会被阻塞，而一旦信号出现，这些被阻塞的节点就会同时开始继续执行下一步的任务。

etcd 也提供了相应的分布式同步原语 Barrier，即分布式屏障。如果持有 Barrier 的节点释放了它，那么所有等待这个 Barrier 的节点就不再被阻塞了，而是会继续执行。

分布式 Barrier 的创建很简单，使用 NewBarrier 方法，只需要提供 etcd 的 client 和 Barrier 的名字就可以了。这个方法的签名如下：

```
func NewBarrier(client *v3.Client, key string) *Barrier
```

Barrier 提供了三个方法，分别是 Hold、Release 和 Wait：

```
func (b *Barrier) Hold() error
func (b *Barrier) Release() error
func (b *Barrier) Wait() error
```

- Hold 方法用于创建一个 Barrier，实际上会创建一个 key。Barrier 已经创建好了，若有节点调用它的 Wait 方法，就会被阻塞。
- Release 方法用于释放这个 Barrier，也就是强制打开屏障，实际上是删除 key。如果调用了这个方法，那么所有发生阻塞的节点都会被放行，继续执行。
- Wait 方法用于阻塞当前的调用者，直到这个 Barrier 被释放。如果这个屏障不存在，则假定 Barrier 已经被释放了，调用者不会被阻塞，而是会继续执行。

创建和释放 Barrier 可以在不同的节点上进行。

学习同步原语最好的方式就是使用它。下面我们通过一个例子来学习 Barrier 的用法。

我们在一个终端运行这个程序，执行 hold 和 release 命令，模拟对 Barrier 的持有和释放。在另外两个终端运行这个程序，执行 wait 命令，看看是否发生了阻塞。在第四个终端执行 release 命令，看看被阻塞的节点是否可以继续执行了。

```
package main

import (
    "bufio"
    "flag"
    "fmt"
```

```
    "log"
    "os"
    "strings"

    clientv3 "go.etcd.io/etcd/client/v3"
    recipe "go.etcd.io/etcd/client/v3/experimental/recipes"
)

var (
    addr        = flag.String("addr", "http://127.0.0.1:2379", "etcd addresses")
    barrierName = flag.String("name", "my-test-queue", "barrier name")
)

func main() {
    flag.Parse()

    //解析 etcd 地址
    endpoints := strings.Split(*addr, ",")

    // 创建 etcd 的 client
    cli, err := clientv3.New(clientv3.Config{Endpoints: endpoints})
    if err != nil {
        log.Fatal(err)
    }
    defer cli.Close()

    // 创建 / 获取 Barrier
    b := recipe.NewBarrier(cli, *barrierName)

    // 从命令行读取命令
    consolescanner := bufio.NewScanner(os.Stdin)
    for consolescanner.Scan() {
        action := consolescanner.Text()
        items := strings.Split(action, " ")
        switch items[0] {
        case "hold": // 持有这个 Barrier
            b.Hold()
            fmt.Println("hold")
        case "release": // 释放这个 Barrier
            b.Release()
            fmt.Println("released")
        case "wait": // 等待 Barrier 被释放
            b.Wait()
            fmt.Println("after wait")
        case "quit", "exit": //退出
            return
        default:
            fmt.Println("unknown action")
        }
    }
}
```

如图 19.6 所示，在第一个窗口中创建了一个屏障，然后前三个窗口中的节点都在等待屏障打开，第四个窗口中的节点释放这个屏障后，前三个窗口中的节点都继续往下执行了。

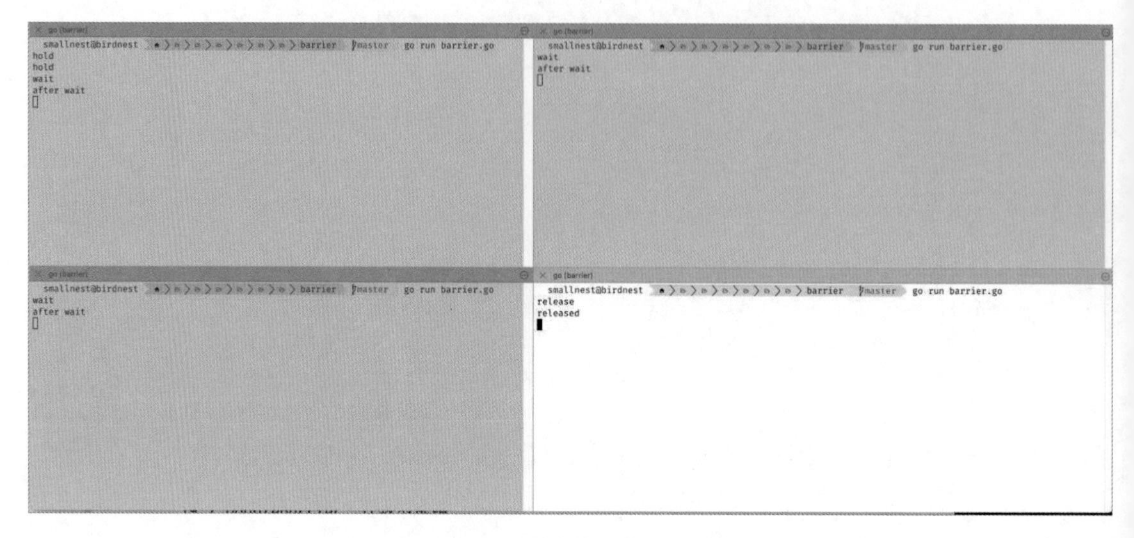

图 19.6　分布式屏障的例子

19.7　计数型屏障

etcd 还提供了另一种屏障，叫作 DoubleBarrier，这也是一种非常有用的屏障。DoubleBarrier 提供了两个屏障，就像一个羊圈一样，晚上一群羊在羊圈的门口屏障前等待进入（Enter），等羊齐了以后打开屏障，第二天早晨，这群羊又聚集在门口屏障前准备离开（Leave），等屏障打开后一起出去吃草，这就相当于这个同步原语提供了两阶段的屏障。DoubleBarrier 在初始化时需要提供一个参数 count，表示参与者数量，所以我们也称它为计数型屏障。创建一个 DoubleBarrier 的函数如下：

```
func NewDoubleBarrier(s *concurrency.Session, key string, count int) *DoubleBarrier
```

同时，DoubleBarrier 还提供了两个方法，分别是 Enter 和 Leave：

```
func (b *DoubleBarrier) Enter() error
func (b *DoubleBarrier) Leave() error
```

这两个方法的作用如下：

当调用者调用 Enter 方法时，会被阻塞，直到有 count（初始化 DoubleBarrier 时设置的值）个节点调用了 Enter 方法，这些被阻塞的节点才能继续执行。所以，我们可以利用 DoubleBarrier 编排一组节点，让这些节点在同一时刻开始执行任务。

同理，如果想让一组节点在同一时刻完成任务，就可以调用 Leave 方法。当一个节点调用 Leave 方法时，会被阻塞，直到有 count 个节点都调用了 Leave 方法，这些节点才能继续执行。

下面是一个使用 DoubleBarrier 的例子。我们可以启动两个节点，同时执行 Enter 方法，看看这两个节点是不是先被阻塞，然后又继续执行的。接下来，执行 Leave 方法，看看是否也如此。

```
package main

import (
    "bufio"
    "flag"
    "fmt"
    "log"
    "os"
    "strings"

    clientv3 "go.etcd.io/etcd/client/v3"
    "go.etcd.io/etcd/client/v3/concurrency"
    recipe "go.etcd.io/etcd/client/v3/experimental/recipes"
)

var (
    addr        = flag.String("addr", "http://127.0.0.1:2379", "etcd addresses")
    barrierName = flag.String("name", "my-test-doublebarrier", "barrier name")
    count       = flag.Int("c", 2, "")
)

func main() {
    flag.Parse()

    // 解析 etcd 地址
    endpoints := strings.Split(*addr, ",")

    // 创建 etcd 的 client
    cli, err := clientv3.New(clientv3.Config{Endpoints: endpoints})
    if err != nil {
        log.Fatal(err)
    }
    defer cli.Close()
    // 创建 session
    s1, err := concurrency.NewSession(cli)
    if err != nil {
        log.Fatal(err)
    }
    defer s1.Close()
```

```
    // 创建 / 获取 DoubleBarrier
    b := recipe.NewDoubleBarrier(s1, *barrierName, *count)

    // 从命令行读取命令
    consolescanner := bufio.NewScanner(os.Stdin)
    for consolescanner.Scan() {
        action := consolescanner.Text()
        items := strings.Split(action, " ")
        switch items[0] {
        case "enter": // 持有这个 DoubleBarrier
            b.Enter()
            fmt.Println("enter")
        case "leave": // 释放这个 DoubleBarrier
            b.Leave()
            fmt.Println("leave")
        case "quit", "exit": // 退出
            return
        default:
            fmt.Println("unknown action")
        }
    }
}
```

简单总结一下。第 16 章中介绍的 CyclicBarrier，控制的是同一个进程中不同 goroutine 的执行，而 Barrier 和 DoubleBarrier 控制的是不同节点、不同进程的执行。当需要协调一组分布式节点在某个时间点同时运行时，可以考虑 etcd 提供的这组同步原语。

19.8 软件事务内存

软件事务内存（Software Transactional Memory，STM）是一种并发编程模型，用于解决多线程访问共享内存时可能产生的数据竞争和并发性问题。提到事务，你肯定不陌生。在开发基于数据库的应用程序时，我们经常用到事务。事务就是要保证一组操作要么全部成功，要么全部失败。事务内存（TM）基于事务的概念，它允许程序员将一系列内存访问操作（读和写）封装成一个原子事务，类似于数据库中的事务。在一个事务中，所有的内存访问操作要么全部成功执行，要么全部失败回滚，就像一个原子操作一样。STM 还提供了对事务冲突的检测和解决机制，以确保事务的正确性和一致性。

在介绍 STM 之前，我们先要了解一下 etcd 的事务以及它的问题。

etcd 提供了在一个事务中对多个 key 更新的功能，这一组 key 的操作要么全部成功，要么全部失败。etcd 的事务实现方式是基于 CAS 方式的，融合了 Get、Put 和 Delete 操作。

etcd 的事务操作如下所示，分为条件块、成功块和失败块，其中条件块用来检测事务

是否成功，如果成功，则执行 Then(...)；否则，就执行 Else(...)。

```
Txn().If(cond1, cond2, ...).Then(op1, op2, ...,).Else(op1' , op2' , …)
```

我们来看一个利用 etcd 的事务实现转账的例子。我们从账户 from 向账户 to 转账 amount，代码如下：

```
func doTxnXfer(etcd *v3.Client, from, to string, amount uint) (bool, error) {
    // 一个查询事务
    getresp, err := etcd.Txn(ctx.TODO()).Then(OpGet(from), OpGet(to)).Commit()
    if err != nil {
         return false, err
    }
    // 获取转账账户的值
    fromKV := getresp.Responses[0].GetRangeResponse().Kvs[0]
    toKV := getresp.Responses[1].GetRangeResponse().Kvs[1]
    fromV, toV := toUInt64(fromKV.Value), toUint64(toKV.Value)
    if fromV < amount {
        return false, fmt.Errorf("insufficient value")
    }
    // 转账事务
    // 条件块
    txn := etcd.Txn(ctx.TODO()).If(
        v3.Compare(v3.ModRevision(from), "=", fromKV.ModRevision),
        v3.Compare(v3.ModRevision(to), "=", toKV.ModRevision))
    // 成功块
    txn = txn.Then(
        OpPut(from, fromUint64(fromV - amount)),
        OpPut(to, fromUint64(toV + amount))
    //提交事务
    putresp, err := txn.Commit()
    // 检查事务的执行结果
    if err != nil {
        return false, err
    }
    return putresp.Succeeded, nil
}
```

从这段代码中可以看到，虽然可以利用 etcd 实现事务操作，但逻辑还是比较复杂的。

因为事务使用起来非常麻烦，所以 etcd 又在这些基础的 API 上进行了封装，新增了一种叫作 STM 的操作，提供了更加便利的方法。下面我们来看一看 STM 怎么用。要使用 STM，需要先编写一个 apply 函数，这个函数是在一个事务之中执行的：

```
apply func(STM) error
```

这个函数包含一个 STM 类型的参数，它提供了对 key 值的读 / 写操作。STM 提供了 4 个方法，分别是 Get、Put、Rev 和 Del：

```
type STM interface {
```

```
    Get(key ...string) string
    Put(key, val string, opts ...v3.OpOption)
    Rev(key string) int64
    Del(key string)
}
```

使用 etcd STM 时，只需要定义一个 apply 函数，比如转账函数 exchange，然后通过 concurrency.NewSTM(cli, exchange) 就可以进行转账事务的执行了。

那 STM 怎么用呢？

我们还是通过例子来讲解。下面的例子创建了 5 个银行账号，然后随机选择一些账号两两转账。在转账时，要把源账号一半的钱转给目的账号。这个例子启动了 10 个 goroutine 来执行这些事务，每个 goroutine 要完成 100 个事务。

为了确认事务是否出错，最后要校验每个账号的钱数和总钱数。总钱数不变，就代表事务执行成功了。程序如下：

```
package main

import (
    "context"
    "flag"
    "fmt"
    "log"
    "math/rand"
    "strings"
    "sync"

    clientv3 "go.etcd.io/etcd/client/v3"
    "go.etcd.io/etcd/client/v3/concurrency"
)

var (
    addr = flag.String("addr", "http://127.0.0.1:2379", "etcd addresses")
)

func main() {
    flag.Parse()

    // 解析 etcd 地址
    endpoints := strings.Split(*addr, ",")

    cli, err := clientv3.New(clientv3.Config{Endpoints: endpoints})
    if err != nil {
        log.Fatal(err)
    }
    defer cli.Close()
```

```
// 设置 5 个账户，每个账号都有 100 元，总共 500 元
totalAccounts := 5
for i := 0; i < totalAccounts; i++ {
    k := fmt.Sprintf("accts/%d", i)
    if _, err = cli.Put(context.TODO(), k, "100"); err != nil {
        log.Fatal(err)
    }
}

// STM 的应用函数，主要的事务逻辑
exchange := func(stm concurrency.STM) error {
    // 随机得到两个转账账号
    from, to := rand.Intn(totalAccounts), rand.Intn(totalAccounts)
    if from == to {
        // 自己不和自己转账
        return nil
    }
    // 读取账号的值
    fromK, toK := fmt.Sprintf("accts/%d", from), fmt.Sprintf("accts/%d", to)
    fromV, toV := stm.Get(fromK), stm.Get(toK)
    fromInt, toInt := 0, 0
    fmt.Sscanf(fromV, "%d", &fromInt)
    fmt.Sscanf(toV, "%d", &toInt)

    // 把源账号一半的钱转给目的账号
    xfer := fromInt / 2
    fromInt, toInt = fromInt-xfer, toInt+xfer

    // 把转账后的值写回
    stm.Put(fromK, fmt.Sprintf("%d", fromInt))
    stm.Put(toK, fmt.Sprintf("%d", toInt))
    return nil
}

// 启动 10 个 goroutine 进行转账操作
var wg sync.WaitGroup
wg.Add(10)
for i := 0; i < 10; i++ {
    go func() {
        defer wg.Done()
        for j := 0; j < 100; j++ {
            if _, serr := concurrency.NewSTM(cli, exchange); serr != nil {
                log.Fatal(serr)
            }
        }
    }()
}
wg.Wait()
```

```
        // 检查账号最后的钱数
        sum := 0
        accts, err := cli.Get(context.TODO(), "accts/", clientv3.WithPrefix())
        // 得到所有账号
        if err != nil {
            log.Fatal(err)
        }
        for _, kv := range accts.Kvs { // 遍历账号的值
            v := 0
            fmt.Sscanf(string(kv.Value), "%d", &v)
            sum += v
            log.Printf("account %s: %d", kv.Key, v)
        }

        log.Println("account sum is", sum) // 总钱数
    }
```

总结：当利用 etcd 做存储时，是可以利用 STM 实现事务操作的，一个事务可以包含多个账号的数据更改操作，事务能够保证这些更改要么全部成功，要么全部失败。

第20章　并发模式

本章内容包括：

- 并发模式概述
- 半异步/半同步模式
- 活动对象模式
- 断路器模式
- 截止时间和超时模式
- 回避模式
- 双重检查模式
- 保护式挂起模式
- 核反应模式
- 调度器模式
- 反应器模式
- Proactor模式
- percpu 模式
- 多进程模式

Go 的同步原语使实现高效的并发程序成为可能，并且选择合适的同步原语和并发模式可以更加容易地实现并发的可能，减少错误的发生。通俗地讲，这里谈论的并发模式是只在 Go 语言中常见的并发的“套路”，一种可解决某一类通用场景和问题的惯用法，并没有严格遵循 23 种设计模式的定义方法，况且 Go 语言的大佬对设计模式也不感兴趣。

Go 官方的工程师曾经做过两个关于 Go 并发模式的演讲。

- “Go Concurrency Patterns”：Robe Pike 的演讲，介绍了 channel 的一些应用模式，比如 generator、FanIn、chan in chan、Select、quit（Or-Done）模式等。
- “Advanced Go Concurrency Patterns”：Sameer Ajmani 的演讲，以实现 feed reader 的例子讲解了 Go 语言的同步原语，主要是 channel、select 等。

“Go Concurrency Patterns：Pipelines and cancellation”则是 Sameer Ajmani 所写的 blog，主要介绍使用 channel 实现管道模式和取消模式。

还有一些通用的并发模式，我们也会在本章中进行介绍。

20.1 并发模式概述

我们先来回顾一下前面所介绍的各种同步原语以及它们所解决的问题。

- Mutex：解决共享变量或者临界区的并发访问问题。
- RWMutex：解决在多读写少的场景下互斥锁的并发性能问题。
- WaitGroup：解决等待一组子任务完成的问题。
- Cond：解决条件满足后通知的问题，单个通知或者全部通知。
- Once：解决单次初始化的问题。
- sync.Map：实现线程安全（goroutine 并发访问安全）的 map 对象。
- Pool：池化对象，重用对象，如果对象的创建和销毁太消耗资源，那么使用池化技术可以很好地解决问题。
- Context：提供上下文传递、撤销以及超时的功能，控制子 goroutine。
- atomic：对象的原子操作。
- channel：包括多种模式——信息交流、数据传递、信号通知（或者广播）、任务编排和互斥锁，其中任务编排具体包括 Or-Done 模式、扇入模式、扇出模式、Stream 模式、管道模式、map-reduce 模式等。

- 信号量：对 n 个资源的同步保护。
- SingleFlight：对统一资源并发访问的控制，通常用于解决缓存击穿等问题。
- CyclicBarrier：在循环屏障的使用场景中，参与者需要相互等待。单个屏障可以使用 WaitGroup 或者 channel 实现。
- 分组操作：解决处理一组任务时的同步问题。
- 限流：解决单个进程或者分布式调用的限流问题，一般采用漏桶或者令牌桶实现限流。
- 分布式同步原语：主要介绍基于 etcd 实现的同步原语，包括选举、锁、队列、屏障、STM 等。

另外，在其他编程语言如 JavaScript 中，会有 Future 和 Promise 同步原语，但是在 Go 语言中它们并不流行，因为在 Go 语言中实现它们太简单了，使用 channel 就行，不用再创造新的概念了。所以，本书中不会对 Future 和 Promise 进行介绍。

从学习的角度来理解这些同步原语，已知它们的应用场景没有问题，但是反过来想，当遇到一个并发场景时，该如何选择同步原语，或者说使用哪种同步原语更合适？有时候，使用单个同步原语并不能解决问题，还需要使用同步原语的组合。第 21 章将通过实际的例子，介绍使用同步原语的组合来解决问题。本章将介绍几种更复杂的并发模式。

20.2　半异步 / 半同步模式

半异步 / 半同步（Half-Async/Half-Sync）模式是一种用于处理异步和同步操作的并发模式，它结合了两种并发模型的优点，以便在异步操作和同步操作之间平衡。这种模式通常被用来开发网络应用程序，以及其他需要同时处理异步和同步操作的程序。

在半异步 / 半同步模式中，程序会分成两个部分，其中一部分用于处理异步事件，另一部分则用于处理同步事件。异步事件通常在单独的线程池中处理，以确保异步操作不会阻塞主线程；同步事件则由主线程或独立线程池中的线程处理。

这种模式的优点在于，程序员可以利用异步操作的高性能和高吞吐量能力，同时也可以利用同步操作的简单性和易用性。假设有一个网络应用程序，需要处理大量的传入和传出的数据，同时还需要响应用户的同步请求，例如，用户在客户端界面上点击某个按钮。在这种情况下，可以使用半异步 / 半同步模式来平衡异步操作和同步操作的处理。

在这个例子中，程序可以创建一个异步线程池，用于处理所有的传入和传出的数据。当传入数据时，程序会将其放入异步队列中，然后异步线程池会从队列中取出数据并进行异步操作，如解析数据、执行计算或将其存储到数据库中。在这个过程中，主线程可以继续响应其他的同步请求。

同时，程序还可以在主线程中创建一个同步事件处理程序，用于响应用户的同步请求。例如，当用户在客户端界面上点击某个按钮时，程序会将该事件放入同步队列中，然后同步事件处理程序会从队列中取出事件并执行相关操作，如更新界面、执行计算或发送请求。

通过这种方式，程序可以同时利用异步操作和同步操作的优点，以获得更高的性能和更好的用户体验。

但是，半异步 / 半同步模式也有一些缺点。例如，它需要更复杂的编程模型和更多的线程管理，容易导致竞态条件和死锁等并发问题。因此，开发人员需要仔细考虑并发模型和线程管理，以确保程序的正确性和性能。

Go 标准库中的 RPC（Remote Procedure Call）客户端实现就采用了半异步 / 半同步并发模式。

在 Go 的 RPC 客户端中，程序将请求封装成 Call 对象，并调用 client.send 发送给服务端，Call 对象也会被放入等待队列中。

RPC 客户端有两种处理方式。在调用 Go 方法时，调用者不会被阻塞，它可以做其他事情。要想获得 RPC 调用是否完成的信息，只需要抽空检查 Call 对象就行了。这是异步调用的方式。

```
func (client *Client) Go(serviceMethod string, args any, reply any, done chan
*Call) *Call {
    call := new(Call)
    call.ServiceMethod = serviceMethod
    call.Args = args
    call.Reply = reply
    if done == nil {
        done = make(chan *Call, 10) // 如果 done 为空，则创建 10 个 buffer 的 channel
    } else {
        // 必须保证 done 有充足的 buffer，否则将导致 panic
        if cap(done) == 0 {
            log.Panic("rpc: done channel is unbuffered")
        }
    }
    call.Done = done
    client.send(call)
    return call
}
```

当然，RPC 客户端还提供了一个 Call 方法，实现调用端的同步，也就实现了半异步 / 半同步并发模式。

```
func (client *Client) Call(serviceMethod string, args any, reply any) error {
    call := <-client.Go(serviceMethod, args, reply, make(chan *Call, 1)).Done
    return call.Error
}
```

一个 goroutine 负责一直读取服务端的响应并解码成对应的响应，找到对应的请求，唤醒等待的调用者 goroutine。

```
func NewClientWithCodec(codec ClientCodec) *Client {
    client := &Client{
        codec:   codec,
        pending: make(map[uint64]*Call),
    }
    go client.input()
    return client
}
```

Go 中的网络库就是通过这种模式实现的。

我们知道，Go 大大简化了并发编程的复杂性，通过我们所熟悉的传统的同步编程方式来实现同步处理方式，底层实现了基于 epoll 的异步编程方式。

为了高效地处理底层的网络 I/O，Go 采用多路复用的方式（Linux epoll、Windows IOCP、FreeBSD/darwin kqueue、Solaris Event Port）处理网络 I/O 事件。

Go 的网络编程也提供了同步接口，如 net.Conn 和 net.Listener 等，这些同步接口提供了同步的方式来处理网络连接和数据传输。程序可以使用这些同步接口来实现同步操作，如读取或写入数据、等待连接请求等。

因此，Go 的网络编程采用了半异步 / 半同步并发模式，平衡了异步 I/O 和同步 I/O 的处理，兼顾高性能的网络处理和更好的用户体验。同时，Go 的网络编程也实现了线程安全和并发控制，以确保程序的正确性和可靠性。

20.3　活动对象模式

活动对象（Active Object）模式解耦了方法的调用和执行，使它们在不同的线程（或者纤程、goroutine，后面不再注明）之中。它引入了异步方法调用，允许应用程序并发地处理多个客户端的请求，通过调度器调用并发方法的执行，提供了并发执行方法的能力。

有时候，活动对象模式也被称作并发对象（Concurrency Object）、Actor 设计模式。

很多程序会使用并发对象来提高它们的性能，例如，并发处理客户端的请求，方法的调用和执行都在每个客户端的线程之中，并发对象也就存在于各个客户端的线程之中。因为并发对象需要在各个线程之间共享，免不了使用锁等同步方式来控制对并发对象的访问，所以为了保证服务的质量，要求我们在设计程序时需要满足：

- 对并发对象的方法调用不应该阻塞完整的处理流程。
- 同步访问并发对象应该设计简单。
- 应用程序应该透明地使用软硬件的并发能力。

虽然活动对象模式解耦了方法的调用和执行，但是客户端线程还像调用普通方法一样，方法调用被自动转换成方法请求，交给另一个处理线程，然后这个方法请求会在该线程中被调用。

活动对象模式包含 6 个组件。

- proxy：定义了客户端要调用的活动对象接口。当客户端调用它的方法时，方法调用被转换成方法请求，放入 scheduler 的 activation queue 之中。
- method request：用来封装方法调用的上下文。
- activation queue：待处理的方法请求队列。
- scheduler：一个独立的线程，管理 activation queue，调度方法的执行。
- servant：活动对象的方法执行的具体实现。
- future：当客户端调用方法时，一个 future 对象会立即返回，允许客户端获取返回结果。

一些正式的实现，比如 Java 程序的实现，可以严格地按照这些组件实现对应的类，而对于 Go 语言来说，可能在实现形式上略有不同。因为 Go 并不是严格意义上的面向对象的编程语言，而且 Go 语言的设计目标很简单，所以在实现活动对象这种并发模式时，有时候不必使用面向对象的设计，使用函数、方法的形式更简洁。而且这种并发模式也有一些变种，比如使用 callback 代替 future，或者在不需要返回值的情况下省略 future。

下面通过一个例子来介绍这种并发模式的实现。

我们先来看一个简单的例子，然后详细分析一个 Go 标准库中使用活动对象的例子。

```go
type Service struct {
    v int
}
func (s *Service) Incr() {
    s.v++
}
func (s *Service) Decr() {
    s.v--
}
```

上面例子中的 Service 对象并不是线程安全的，当多个 goroutine 并发调用该对象时会存在数据竞争。当然，你可以通过增加 sync.Mutex 的方式来保证同步。对于这个例子来说，使用 Mutex 保护比较简单；但是对于复杂的业务来说，并发控制将变得很难，并且对性能的影响也会非常大。我们可以使用活动对象模式来实现。

```
type MethodRequest int
const (
    Incr MethodRequest = iota
    Decr
)
type Service struct {
    queue chan MethodRequest
    v     int
}
func New(buffer int) *Service {
    s := &Service{
        queue: make(chan MethodRequest, buffer),
    }
    go s.schedule()
    return s
}
func (s *Service) schedule() {
    for r := range s.queue {
        if r == Incr {
            s.v++
        } else {
            s.v--
        }
    }
}
func (s *Service) Incr() {
    s.queue <- Incr
}
func (s *Service) Decr() {
    s.queue <- Decr
}
```

在这个例子中，你可以大致找到活动对象对应的组件。MethodRequest 对应 method request，Service 对应 proxy，schedule 对应 scheduler，s.queue 对应 activation queue，因为不需要返回值，所以没有实现 future。这里的 Service 也对应 servant。不像有些语言，为了保证面向对象的设计，以及接口和实现的分离，会定义很多的接口和对象。Go 语言不一样，它以简单为主，一个 Service 类型实现了多种角色，这也简化了活动对象模式的实现。

20.4　断路器模式

断路器（Circuit-Breaker）是一种在分布式系统中常用的故障保护机制。它是一种设计模式，用于防止在服务调用过程中出现故障，从而保护系统的稳定性和可靠性。

断路器的工作原理类似于电路断路器。当服务出现故障时，断路器会自动打开，阻止对该服务的进一步调用，并直接返回一个预先设定的错误响应。这样可以快速地发现和处理故障，防止故障扩散，并保护系统的其他部分不受影响。

同时，断路器还可以实现自我修复。在故障发生后一段时间内，断路器会尝试重新连接服务，并检查服务是否已经恢复正常。如果服务已经恢复正常，断路器将自动关闭，并恢复对该服务的调用。

在微服务架构中，如果服务端的某个节点出现了负载过大的问题，则可能会导致响应很慢，请求大量堆积在处理队列中，服务器的压力很大。这时如果没有断路器的保护，后续请求还是被源源不断地发给这个节点，可以想象服务器的压力多么大，服务器都有可能崩溃。

同时，客户端并不知道服务器的压力大，并且有可能崩溃，依然在发送请求。客户端发送给服务端的请求，长时间得不到响应，则可能造成业务堆积，处理变慢。然后，整个系统的上下游很多节点的处理都可能慢下来。

这一切都是因为缺少断路器。如果有断路器对这个节点进行保护，出问题后暂时不允许将新的请求发送给它，让它有喘息的机会，问题就可能被控制住，避免扩大。

在分布式系统中，断路器得到广泛应用，它可以保护系统的稳定性和可靠性，并防止故障扩散。在微服务架构中，断路器是一个必不可少的组件，可以帮助应用程序有效地处理故障和异常情况，并提高系统的稳定性和可靠性。

程序中的断路器有三种状态，状态转换如图 20.1 所示。断路器处于闭合（Closed）状态时，所有的请求都会执行，但是一旦请求失败，且失败次数或者比例达到阈值，断路器就进入断开（Open）状态。在断开状态下，所有的请求都不会被处理，立即返回 error。因为断路器不能一直处于断开状态，所以会有一个过期时间，等时间到了，断路器就会进入半开（Half-Open）状态，尝试处理请求。如果处理的请求成功次数或者比例达到阈值，则认为状态已经恢复，断路器进入闭合状态。但是，如果成功次数太少，则认为当前还是有问题的，就又进入了断开状态。

我们可以把断路器想象成家里的空气开关，空气开关平常都是处于闭合状态的，用电很顺畅。如果家里的电器短路或者用电负荷太大，那么空气开关就会断开，也就是我们所说的跳闸了。但总不能不用电吧，我们会尝试把它闭合，并且观察一小段时间，在这段时间内空气开关处于半开状态。这时如果用电负荷降下来了，空气开关就会处于闭合状态；如果某个电器还是短路，空气开关就又进入了断开状态，又跳闸了。

微软网站上有一篇文章，很好地介绍了这种模式：Circuit Breaker Pattern | Microsoft Learn。

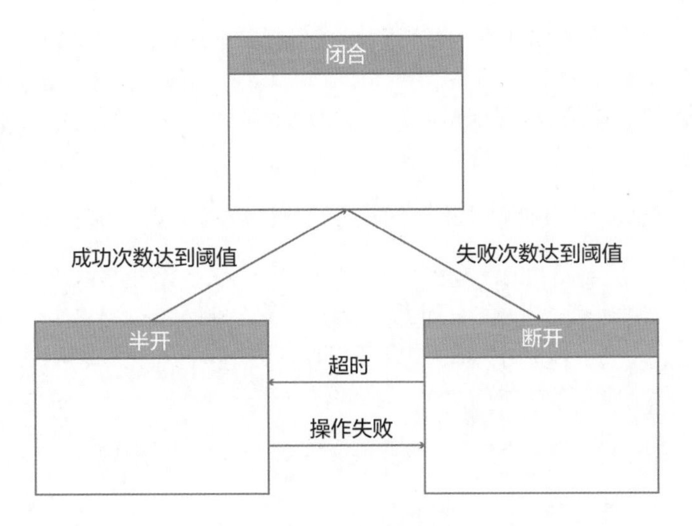

图 20.1　断路器的状态转换

而索尼的工程师根据这个原理实现了一个对应的库：sony/gobreaker。

创建断路器使用下面的方法，需要传入断路器的参数：

```
func NewCircuitBreaker(st Settings) *CircuitBreaker
```

参数的定义如下：

```
type Settings struct {
    Name          string
    MaxRequests   uint32
    Interval      time.Duration
    Timeout       time.Duration
    ReadyToTrip   func(counts Counts) bool
    OnStateChange func(name string, from State, to State)
    IsSuccessful  func(err error) bool
}
```

对各项解释如下。

- Name：断路器的名字。
- MaxRequests：在半开状态下允许通过的最大请求数。如果其值为 0，则最多允许一个请求尝试通过。
- Interval：断路器在闭合状态下清除它的计数 Counts 的周期。如果 Interval 的值为 0，则表示不清除 Counts。
- Timeout：断路器处于断开状态下的时间，之后就会进入半开状态。如果 Timeout 的值为 0，则表示断路器的过期时间为 1 分钟。

- ReadyToTrip：断路器在闭合状态下，一个请求失败后，这个方法就会被调用，并传入 Counts 的副本。如果 ReadyToTrip 返回 true，那么断路器进入断开状态。如果返回的值为 nil，断路器会使用默认的 ReadyToTrip 方法——当请求连续失败超过 5 次后，就返回 true。
- OnStateChange：当断路器的状态发生改变时，这个方法会被调用。
- IsSuccessful：当用户的请求返回 error 时，这个方法就会被调用，其参数是请求返回的 error 结果（可能为 nil）。如果 IsSuccessful 返回 true，那么这个 error 实际被标记为成功，否则被标记为失败。如果没有设置这一项，则使用默认的 IsSuccessful 方法——对于任意的非 nil 的 error，都返回 false。

Counts 数据结构用来计数请求，以及请求的成功次数和失败次数：

```
type Counts struct {
    Requests             uint32 // 请求数
    TotalSuccesses       uint32 // 总成功次数
    TotalFailures        uint32 // 总失败次数
    ConsecutiveSuccesses uint32 // 连续成功次数
    ConsecutiveFailures  uint32 // 连续失败次数
}
```

当断路器的状态发生改变或者断路器处于闭合状态时，清除这个计数，就像电影《黑衣人》中的记忆清除棒一样，清除后 Counts 就不记得之前的计数了。

断路器使用 Execute 方法包装请求的执行，请求依照自己的状态，可能真的执行，也可能不执行，立即返回 error。

```
func (cb *CircuitBreaker) Execute(req func() (interface{}, error)) (interface{}, error)
```

下面是一个使用断路器的例子。首先初始化一个断路器，在一个周期内，如果请求数大于或等于 3，并且失败比例大于或等于 60%，断路器就会进入断开状态。

```
var cb *gobreaker.CircuitBreaker

// 初始化函数
func init() {
    var st gobreaker.Settings // 创建一个设置变量
    st.Name = "HTTP GET" // 断路器的名字
    // 判断是否要断开断路器
    st.ReadyToTrip = func(counts gobreaker.Counts) bool {
        // 计算失败比例
        failureRatio := float64(counts.TotalFailures) / float64(counts.Requests)
        // 如果请求数大于或等于3，并且失败比例大于或等于60%，则断开断路器
        return counts.Requests >= 3 && failureRatio >= 0.6
    }

    cb = gobreaker.NewCircuitBreaker(st)
}
```

使用断路器时调用 Execute 方法，这样代码逻辑就受到断路器的保护了。

```
// 请求 URL 时使用断路器
func Get(url string) ([]byte, error) {
    // 使用断路器
    body, err := cb.Execute(func() (interface{}, error) {
        // 这个函数是标准的 HTTP GET 请求处理方式
        resp, err := http.Get(url)
        if err != nil {
            return nil, err
        }
        // 读取响应
        defer resp.Body.Close()
        body, err := ioutil.ReadAll(resp.Body)
        if err != nil {
            return nil, err
        }

        return body, nil
    })
    if err != nil {
        return nil, err
    }

    return body.([]byte), nil
}
```

sony/gobreaker 这个库还是很清爽的，或许是因为有微软网站上那篇文章的加持，理解这个库很容易。

mercari/go-circuitbreaker 是另一个断路器库，其功能设计参考了微软网站上的那篇文章。这个库我以前也使用过，后来改成 sony/gobreaker 库了。我个人感觉 mercari/go-circuitbreaker 库的 API 设计有些别扭。首先，在创建这个库时使用了函数可选参数模式（Optional Function Parameter Pattern），这种模式在很多库中被滥用了，反而没有 sony/gobreaker 库的设置清爽。其次，整个处理和微软网站上的那篇文章或者说断路器的状态流转很好地结合起来，功能都有，但是用起来多多少少有些别扭。当然，如果你对这个库很熟悉，感觉这个库很好用，那也没有问题，毕竟每个人的喜好不一样。

20.5　截止时间和超时模式

通常，我们在处理业务时需要有一个时间限制，不允许无限制长时间地等待业务的处理，比如与一个 TCP 服务器建立连接、从一个连接中读数据或者写数据、在数据库中执行一个查询、在进行 I/O 操作时设置一个截止时间等。Go 标准库中有很多这方面的应用，在第 9 章中也提到了一些，比如 database/sql 包中 Conn 和 DB 的很多方法，下面只列举几个，其实很多方法都由 Context 控制。

```
func (c *Conn) BeginTx(ctx context.Context, opts *TxOptions) (*Tx, error)
func (c *Conn) ExecContext(ctx context.Context, query string, args ...any)
(Result, error)
func (c *Conn) PingContext(ctx context.Context) error
func (c *Conn) PrepareContext(ctx context.Context, query string) (*Stmt, error)
func (c *Conn) QueryContext(ctx context.Context, query string, args ...any)
(*Rows, error)
func (c *Conn) QueryRowContext(ctx context.Context, query string, args ...any)
*Row
func (db *DB) BeginTx(ctx context.Context, opts *TxOptions) (*Tx, error)
func (db *DB) PrepareContext(ctx context.Context, query string) (*Stmt, error)
func (db *DB) QueryContext(ctx context.Context, query string, args ...any)
(*Rows, error)
func (db *DB) QueryRowContext(ctx context.Context, query string, args ...any)
*Row
```

net 包中也有一些使用 Context 的方法，例如：

```
func (d *Dialer) DialContext(ctx context.Context, network, address string) (Conn, error)
func (lc *ListenConfig) Listen(ctx context.Context, network, address string)
(Listener, error)
func (lc *ListenConfig) ListenPacket(ctx context.Context, network, address string)
(PacketConn, error)
func (r *Resolver) LookupAddr(ctx context.Context, addr string) ([]string, error)
func (r *Resolver) LookupCNAME(ctx context.Context, host string) (string, error)
func (r *Resolver) LookupHost(ctx context.Context, host string) (addrs []
string, err error)
```

在第 9 章中我们了解到，Context 支持超时和截止时间的设置——设置一个截止时间，超过截止时间，这个 Context 就会被完成（撤销）。所以，我们可以设置一个最长的等待期限，传给这些方法。

有读者可能会提出疑问：传入一个带截止时间的 Context 就能控制方法调用的完成时间吗？如果方法不吃这一套，直接忽略传入的 Context，那么不管设置的期限有多长都不会起作用。上面列出的方法肯定是在业务中使用了 Context.Done，才能实现超时控制。

一般来说，我们会使用 Context.Done +Select 的方式，把业务处理的 channel 黏合在一起，一旦超时，就不再进行业务处理了。

还有一个设置超时的方法是使用 time.Timer，例如：

```
func handleTimeout(readCh chan int, maxTime time.Duration) {
    timer := time.NewTimer(maxTime)
    defer timer.Stop()

    for {
```

```
        select {
        case <-timer.C: // 超时
            println("timeout")
            return
        case count := <-readCh:
            if count == 100 {
                println("done")
            }
        }
    }
}
```

也有人在一些场景中使用 time.After，例如：

```
func handleTimeAfter(readCh chan int, maxTime time.Duration) {
    for {
        select {
        case <-time.After(maxTime): // 超时
            println("timeout")
            return
        case count := <-readCh:
            if count == 100 {
                println("done")
            }
        }
    }
}
```

这是有问题的，风险很大。因为 time.After 每次迭代时都会创建一个 Timer，这个 Timer 在过期之前不会被释放。如果业务处理得很快，则可能会创建非常多的 Timer，但又不能及时进行垃圾回收，就会导致内存泄漏。

在网络编程中还有一个设置截止时间的地方，比如 TCPConn、UDPConn，还有 UnicConn 等：

```
func (c *TCPConn) SetDeadline(t time.Time) error
func (c *TCPConn) SetReadDeadline(t time.Time) error
func (c *TCPConn) SetWriteDeadline(t time.Time) error
func (c *UDPConn) SetDeadline(t time.Time) error
func (c *UDPConn) SetReadDeadline(t time.Time) error
func (c *UDPConn) SetWriteDeadline(t time.Time) error
```

它们可以分别对读 / 写设置截止时间，也可以对读 / 写设置同一个截止时间（使用 SetDeadline 方法）。

或者建立连接时超时，或者设置 HTTP Client 超时：

```
conn, err := net.DialTimeout("tcp", "127.0.0.1", time.Second)

httpClient := &http.Client{
    Timeout: time.Second,
}
```

20.6 回避模式

回避（Balking）模式是一种设计模式，用于处理在某些条件下，对象应该停止执行某些操作的情况。具体来说，当一个对象尝试执行某个操作时，如果发现当前的状态不适合执行该操作，它会停止执行，而不是继续执行下去。

回避模式可被应用在许多场景中，例如：

- 在多线程编程中，如果某个线程发现共享变量的状态已经发生改变，那么它可能需要停止执行某个操作，以避免出现竞态条件。
- 在编写网络应用程序时，如果客户端向服务器发送请求时发现网络连接已经中断，那么它可以立即停止发送请求，而不是等待网络连接重新建立后再尝试发送请求。

回避模式通常用于解决并发编程中的一些常见问题，如死锁、竞态条件等。该模式可以确保多个线程之间的同步操作，从而提高程序的可靠性和性能。

在下面的例子中，我们使用 flag 标志来指示当前是否有 goroutine 在执行某个特定的任务，使用一个 atomic.Bool 值就够了。当然，你也可以使用 Mutex 的 TryLock 来实现。

goroutine 在执行业务逻辑之前，首先通过 CAS 检查 flag 标志是否为 false，如果不是，则说明有 goroutine 捷足先登了，回避，不去执行业务逻辑了。这种通过 flag 标志进行检查的回避模式经常会被用到。

```
package main

import (
    "sync"
    "sync/atomic"
    "time"
)

func main() {
    var flag atomic.Bool

    var wg sync.WaitGroup
    wg.Add(10)
```

```
    for i := 0; i < 10; i++ {
        go func() {
            defer wg.Done()

            for j := 0; j < 100; j++ {
                if !flag.CompareAndSwap(false, true) { // 已经有goroutine在执行了，回避
                    time.Sleep(time.Second)
                    continue
                }

                // 这里执行一些业务逻辑，只有一个 goroutine 能进来执行

                flag.Store(false)
            }
        }()
    }

    wg.Wait()
}
```

20.7 双重检查模式

在前面的章节中，至少有两个地方提到了双重检查机制：一是在 Once 的实现中，二是在 sync.Map 的实现中。

对于双重检查机制，如果你平时使用的编程语言是 Java，则一定很清楚，它几乎是面试必考题；如果你使用的是 Go 语言，不清楚，则可以看看下面的 Once 的代码。

```
func (o *Once) Do(f func()) {
    if atomic.LoadUint32(&o.done) == 0 { // ①
        o.doSlow(f)
    }
}

func (o *Once) doSlow(f func()) {
    o.m.Lock()
    defer o.m.Unlock()
    if o.done == 0 { // ②
        defer atomic.StoreUint32(&o.done, 1)
        f()
    }
}
```

对于零值的 Once，如果同时有两个 goroutine 运行到了①，那么它们会依次进入②，所以应该在②处再做一次检查，避免两次执行函数 f。

20.8 保护式挂起模式

保护式挂起（Guarded Suspension）是一种在并发编程中使用的同步技术，确保一个线程在继续执行前等待某个特定的条件变为真。

在保护式挂起中，一个线程在继续执行任务之前，会检查一个特定条件是否为真。如果条件为假，那么线程会被挂起或被阻塞，直到条件变为真。在通常情况下，条件在一个循环中，以便线程反复检查条件，直到它变为真为止。

这种技术在一个线程需要等待另一个线程完成任务或更新共享资源后才能继续执行的情况下非常有用。如果没有使用保护式挂起技术，等待线程可能会浪费 CPU 周期，反复检查条件则会浪费系统资源。保护式挂起可以让线程在条件变为真之前进入休眠状态，以避免浪费系统资源。

Go 标准库中 rpc 的 client 实现的就是保护式挂起。client 发送请求后，会得到一个 Call 对象，从 Call 对象的 Done 这个 channel 中读取最终的结果。在结果返回前，这个调用会被阻塞。

另一个 goroutine 处理结果，在结果返回后，就可以通过 Call.Done 通知调用者，在通知之前，调用者一直处于保护式挂起的状态。

```
func (client *Client) Call(serviceMethod string, args any, reply any) error {
    call := <-client.Go(serviceMethod, args, reply, make(chan *Call, 1)).Done
    return call.Error
}
```

在下面的例子中，Guard 方法提供了对函数 fn 的保护，保护功能是通过锁 sync.Locker 实现的。如果没有获取到锁，调用者就会被阻塞挂起，一旦条件成熟，调用者获取到锁，它就可以安全地执行函数 fn 了。

```
func Guard(lock sync.Locker, fn func()) {
    lock.Lock() // 使用锁保护函数 fn 的执行
    defer lock.Unlock()
    fn()
}
```

下面的方法提供了一种 recover 保护机制，你可以在可能发生 panic 的函数中加上一句：defer Guard(&err)，就可以捕获到 panic，并设置 err：

```
func Guard(err *error) {
    if r := recover(); r != nil { // 使用 recover 方法捕获函数 panic
        if re, ok := r.(error); ok {
            *err = re
```

```
        } else {
            *err = fmt.Errorf("panic: %v", r)
        }
    }
}
```

更通用的是，我们可以使用 Guard 方法保护任意可能发生 panic 的函数：

```
func Guard(fn func()) { // 避免函数 fn 发生 panic，导致程序崩溃
    defer func() {
        recover()
    }()

    fn()
}

func TestGuard(t *testing.T) {
    Guard(func() {
        panic("panic in guard")
    })
}
```

我们知道 channel 是一个很好的工具，但是也容易出错，channel 的类型以及是否初始化、从 channel 中接收数据、向 channel 中发送数据、关闭 channel，都可能有不同的行为。在第 11 章中介绍 channel 时提到，有三种情况会导致 channel 的操作发生 panic：向一个已经关闭的 channel 中发送数据、关闭一个值为 nil 的 channel，以及关闭一个已经关闭的 channel。关键是，我们没有办法查询一个 channel 是否已经关闭。向已经关闭的 channel 中发送数据，或者关闭已经关闭的 channel，都有可能导致程序崩溃，怎么办呢？我们需要增加一层保护，一种方法就是使用 Once，保证只关闭一次。但是，这种方法没有办法保护向一个已经关闭的 channel 中发送数据，因为我们会尝试多次发送数据。另一种方法就是使用 Guard，它提供了保护 channel 操作时避免发生 panic 的方法。

```
func GuardClose[T any](ch chan T) { // 避免关闭已经关闭的 channel
    defer func() {
        recover()
    }()

    close(ch)
}

func GuardSend[T any](ch chan T, v T) { // 避免向已经关闭的 channel 中发送数据
    defer func() {
        recover()
    }()
```

```
        ch <- v
    }

    func TestGuardClose(t *testing.T) {
        ch := make(chan int) // 测试安全关闭 channel
        close(ch)
        GuardClose(ch)

        ch = nil
        GuardClose(ch) // 测试安全关闭 channel

        ch = make(chan int, 1)
        close(ch)
        GuardSend(ch, 100) // 测试向已经关闭的 channel 中发送数据
    }
```

20.9 核反应模式

核反应（Nuclear Reaction）模式是一种并发模式，用于实现数据的多路合并（Multiway Merge）和排序。这种模式得名于核反应中的核聚变现象，因为它涉及将多个数据流合并成一个更大的流，或者核反应中的核裂变现象，将一个大的流分解成多个小的数据流。

在并发编程中，核反应模式通常用于将多个有序的输入流（例如，已排序的文件或数据库表）合并成一个有序的输出流。

该模式的核心思想是将输入数据分成多个小块，然后将这些小块分配给多个线程并行处理，以减少总体处理时间。每个线程都会对分配给它的数据块进行排序，然后将其与其他线程排序后的数据块进行合并操作。这个过程会不断重复，直到所有的输入数据被完全合并成一个有序的输出流。

与其他并发模式类似，核反应模式的实现需要解决一些并发编程的问题，如线程同步和数据一致性。但是，一旦实现完成，该模式在处理大量数据时就可以显著提高程序的性能和响应速度。

在本书 1.4 节中，我们介绍了一种并发的快速排序算法，那就是核反应模式，它能够充分利用计算机的多核能力，提升排序的速度。

例如，我们想实现一个爬取网站的功能，从首页开始爬取，获取首页的链接，然后启动 *n* 个 goroutine 爬取这些链接，得到二级链接，再启动 *m* 个 goroutine 爬取三级链接。当然，我们要实现可控的“核聚变”和“核裂变”，所以总体的 goroutine 数量要控制住，否则程序就被撑爆了。

20.10　调度器模式

调度器（Scheduler）模式是一种常见的并发模式，用于管理和调度多个并发任务。在计算机系统中，调度器负责将多个任务分配给不同的处理器和线程，并按照一定的优先级和算法来确定任务的执行顺序与时间片。

该模式的核心思想是将调度器作为一个独立的组件，负责管理任务的执行和资源的分配。调度器可以接收来自不同任务的请求，并根据任务的优先级和执行状态来进行决策。它还可以监控任务的执行时间和资源使用情况，并根据需要进行调整。

调度器模式通常用于并发编程中，尤其是在多线程和分布式系统中。通过使用该模式，可以更有效地利用计算机资源，提高系统的响应速度和性能。

实现调度器模式需要考虑许多问题，如任务的调度算法、线程同步、任务队列管理等。同时，调度器还需要具备一定的容错性和可伸缩性，以应对不同的系统负载和任务需求。

总之，调度器模式是一种非常有用的并发模式，可以帮助开发人员更好地管理和调度多个并发任务，提高系统的并发性能和稳定性。

调度器模式最经典的例子就是 Go 运行时对 goroutine 的调度。这是一个非常复杂的调度算法，涉及单个 P 的处理、盗取算法、Timer、被系统调用阻塞的 goroutine、被 I/O 阻塞的 goroutine 等。

最简单的调度器就是 dispatcher，它负责接收用户的请求，然后把请求发送给后端的 worker，可以随机选择，也可以根据各种负载均衡算法更好地分配任务。说它简单，是因为它基本不负责调度 worker 的运行，退化成分发任务。

20.11　反应器模式

反应器（Reactor）模式允许事件驱动应用程序解复用并同步分发请求。当请求抵达后，服务处理程序使用解多路分配策略，然后同步地派发这些请求至相关的请求处理程序。它常常用于处理大量的并发 I/O 操作，并通过事件通知机制来提高系统的响应速度和并发性能。

该模式的核心思想是将 I/O 操作封装成事件，然后将事件和处理器注册到反应器中。反应器负责监听所有事件，并根据事件类型调用相应的事件处理器（Event Handler）。事件处理器可以是一个回调函数，用于处理特定的 I/O 事件，例如读取数据、写入数据、关闭连接等。当事件发生时，反应器会调用相应的事件处理器，并将事件传递给它进行处理。

反应器模式的优点在于，它能够高效地处理大量的并发 I/O 操作，同时减小线程的开销和系统资源的占用。它也可以提供更好的可扩展性和容错性，因为它将 I/O 操作和事件处理分离开来，使得系统可以根据需求动态地调整处理器和事件。

实现反应器模式需要考虑许多问题，例如事件的注册和处理、反应器的设计和实现、处理器的调用和回调函数等。同时，反应器还需要具备一定的容错性和可伸缩性，以应对不同的系统负载和 I/O 需求。

我们还可以实现多级的反应器，比如主反应器负责处理连接的接受和关闭，子反应器实现数据的读取、处理和写回。

图 20.2 展示了一个反应器，它负责处理连接的接受，以及数据的读取、处理和写回等。

反应器模式经常被应用在网络处理中，比如 Java 中的 netty、字节跳动团队实现的 Netpoll 等。一般来说，我们实现的都是两级的反应器：主反应器（Main Reactor）和工作线程反应器（Worker Thread Reactor）。

主反应器主要负责监听连接事件，并将连接请求分配给工作线程反应器。它使用轮询机制（poll 或 epoll）来监听连接请求，并根据请求的类型将其分发给不同的工作线程反应器。

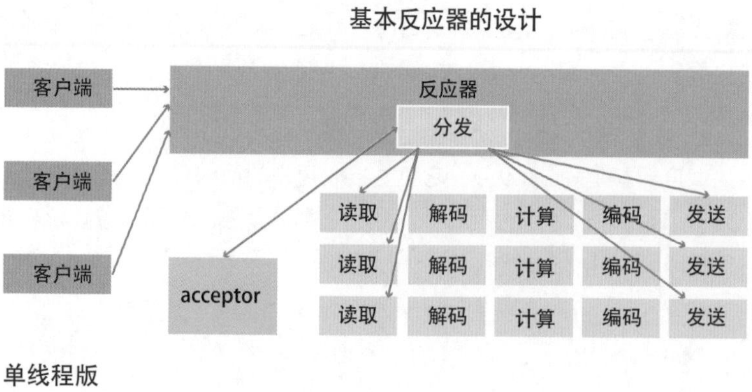

图 20.2　事件处理场景：反应器模式

工作线程反应器则负责处理具体的 I/O 事件，例如读 / 写数据、关闭连接等。每个工作线程反应器都有一个独立的事件循环，用于监听和处理 I/O 事件。它使用轮询机制来监听文件描述符上的 I/O 事件，并根据事件类型调用相应的处理器进行处理。

Go 的 net 包中提供的网络库可以被看成一种轻量级的反应器模式，用来处理并发的 I/O 操作。它通过 epoll 的方式处理网络事件（连接、有数据可读、有数据要写、关闭），然后把事件交给对应的 goroutine 来处理（在 Java 中是交给一个线程池来处理）。

20.12　Proactor 模式

Proactor 模式是一种用于处理异步 I/O 操作的设计模式，允许事件驱动应用程序解复用并异步分发请求。它的目的是提供一种高效的 I/O 操作处理方式，同时避免 I/O 操作对应用程序的阻塞。

Proactor 模式的核心思想是使用一组异步操作（如异步读取、写入等），当操作完成时会触发一个事件通知，应用程序可以在事件通知中处理完成的 I/O 操作结果。Proactor 模式的关键在于对 I/O 操作的处理是在异步操作完成后进行的，这样就可以避免 I/O 操作对应用程序的阻塞。

Proactor 模式通常由以下几个组件构成。

- 异步操作：Proactor 模式中的核心组件，用于处理异步 I/O 操作，例如异步读取、写入等。异步操作通常会向操作系统发送 I/O 请求，并立即返回，而不会阻塞应用程序的执行。
- 事件处理器：用于处理异步操作完成后的事件通知。当异步操作完成时，操作系统会通知应用程序并调用对应的事件处理器进行事件处理。事件处理器通常会对完成的 I/O 操作结果进行处理，例如读取数据、写入数据等。
- 事件驱动器（Event Demultiplexer）：用于监听多个异步操作的完成事件，并将事件通知传递给相应的事件处理器。事件驱动器通常使用事件轮询机制来监听异步操作完成事件，并根据事件类型将事件通知传递给相应的事件处理器。

Proactor 模式的优点在于，它可以高效地处理大量的并发 I/O 操作，并且避免了 I/O 操作对应用程序的阻塞。它适用于需要高性能、高并发的应用程序场景，例如网络通信、数据库访问等。

需要注意的是，Proactor 模式和反应器模式类似，但是它们的核心思想有所不同。反应器模式使用一组同步 I/O 操作来处理并发的 I/O 请求，而 Proactor 模式使用一组异步 I/O 操作来处理并发的 I/O 请求。

因为异步 I/O 的方式使用得比较少，所以 Proactor 模式的应用也不是很广泛。

xtaci/gaio 这个项目的文档中提到了 Proactor 模式，如果你对这种模式感兴趣，则可以关注一下。在它的代码中，将 I/O 事件剥离，只需要实现业务代码（事件处理器）即可：

```
func echoServer(w *gaio.Watcher) {
    for {
```

```
            // 循环等待I/O事件
            results, err := w.WaitIO()
            if err != nil {
                log.Println(err)
                return
            }

            for _, res := range results {
                switch res.Operation {
                    case gaio.OpRead: // 读完成事件
                    if res.Error == nil {
                        w.Write(nil, res.Conn, res.Buffer[:res.Size])
                    }
                    case gaio.OpWrite: // 写完成事件
                    if res.Error == nil {
                        // 写已经完成，开始读
                        w.Read(nil, res.Conn, res.Buffer[:cap(res.Buffer)])
                    }
                }
            }
        }
    }
```

20.13 percpu 模式

Go 语言中还有一种高性能的并发模式，就是 percpu 模式。那什么是 percpu 模式呢？

Go 语言中的 percpu 模式是一种将工作负载分配到不同 CPU 核上的设计方法。

具体来说，Go 语言的 percpu 模式包含以下几个方面。

- 多个 P（processor）：Go 运行时会创建多个 P，每个 P 都代表一个处理器，可以分配 goroutine 运行。在默认情况下，Go 语言会创建与 CPU 核数量相等的 P。
- G（goroutine）：goroutine 是 Go 语言中的轻量级线程，可以并发执行。在 percpu 模式下，Go 运行时会将多个 goroutine 分配到不同的 P 上运行，从而实现并发执行。同一个 P 上的 goroutine 不存在数据竞争的问题。
- M（machine）：M 代表 Go 语言中的线程，它可以在 P 和 G 之间进行协调。每个 P 都关联着一个 M。

通过使用 percpu 模式，Go 语言可以将多个 goroutine 分配到不同的 CPU 核上运行，从而实现高效的并发执行。该模式通过分片到每一个 P，保证了 P 之间的 goroutine 没有数据竞争；又因为同一个 P 上只能运行一个 goroutine，所以通过霸占线程的方式（runtime.

LockOSThread），避免同一个 P 上的 goroutine 存在数据竞争的问题，实现了性能的优化。实际上，实现并发的终极优化就是无数据竞争，Go 标准库中的 sync.Pool 以及后来的 Timer 也是这种设计。

能不能把 Go 标准库的这个设计暴露为一个并发原语供大家使用？这个需求讨论了将近 10 年，但是 Go 并不支持实现，或者说并不想把这个实现暴露出来。不过没关系，cespare/percpu 提供了这个功能，我们可以通过一个 counter 程序测试，和 atomic、Mutex 并发原语相比，percpu 库的性能好得简直不能再好了，如图 20.3 所示。

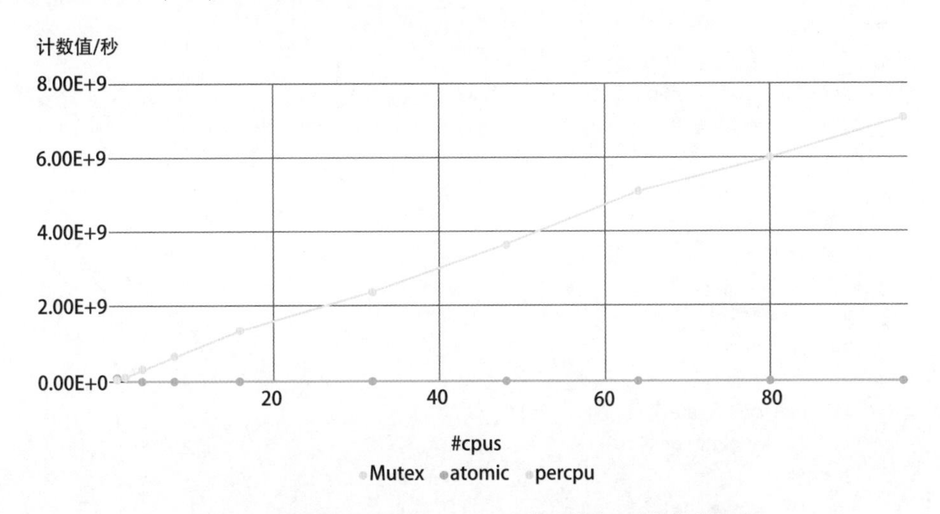

图 20.3　在高并发场景中，percpu 模式带来巨大的性能提升

20.14　多进程模式

虽然一个进程中有多个线程可以充分利用 CPU 多核的能力，但是线程可能在不同的 CPU 间调度，不能充分利用 CPU 的亲和性（Affinity），又因为要避免数据竞争，所以线程之间还得使用同步原语，进一步降低了程序的性能。

有时候，我们实现一个没有数据竞争的程序，在单 CPU 上运行反而不是低级设计。程序没有数据竞争，减少了同步的性能损耗；通过每个进程绑定一个 CPU 核，又能利用 CPU 的亲和性，就像 Redis 设计那样高效。

当然，你可以使用脚本等方式在一台机器上启动一个程序的多个进程，也可以通过一个程序启动后，再启动指定数量的子进程这种方式，其好处就是管理起来方便。下面的程序在主进程中启动了 10 个子进程，然后大家都在监听 8972 端口。注意，这里并没有使用 SO_REUSEPORT 这种共享端口的技术，而是和子进程共享所监听的 Socket（文件）。

```
package main
```

```
import (
    "flag"
    "io"
    "log"
    "net"
    "os"
    "os/exec"
)

var (
    c       = flag.Int("c", 10, "concurrency")
    prefork = flag.Bool("prefork", false, "use prefork")
    child   = flag.Bool("child", false, "is child proc")
)

func main() {
    flag.Parse()

    var ln net.Listener
    var err error

    if *prefork { // 如果要启动子进程模式
        ln = doPrefork(*c)
    } else { // 单进程模式，简单启动一个 TCP Server 即可
        ln, err = net.Listen("tcp", ":8972")
        if err != nil {
            panic(err)
        }
    }

    start(ln) // 处理 net.Listener
}

func start(ln net.Listener) {
    log.Println("started")
    for {
        conn, e := ln.Accept()
        if e != nil {
            if ne, ok := e.(net.Error); ok && ne.Temporary() {
                log.Printf("accept temp err: %v", ne)
                continue
            }

            log.Printf("accept err: %v", e)
            return
```

```
        }

        go io.Copy(conn, conn) // 实现 echo 协议，将收到的东西原样返回
    }
}

// 多进程模式
func doPrefork(c int) net.Listener {
    var listener net.Listener
    if !*child { // 主进程
        // 先启动一个 TCP Server
        addr, err := net.ResolveTCPAddr("tcp", ":8972")
        if err != nil {
            log.Fatal(err)
        }
        tcplistener, err := net.ListenTCP("tcp", addr)
        if err != nil {
            log.Fatal(err)
        }
        // 得到这个句柄
        fl, err := tcplistener.File()
        if err != nil {
            log.Fatal(err)
        }

        // 启动指定数量的子进程
        children := make([]*exec.Cmd, c)
        for i := range children {
            children[i] = exec.Command(os.Args[0], "-prefork", "-child")
            //传入参数
            children[i].Stdout = os.Stdout
            children[i].Stderr = os.Stderr
            children[i].ExtraFiles = []*os.File{fl} // 把主进程监听的 Socket 传给
        子进程，它们共享同一个 Socket
            err = children[i].Start()
            if err != nil {
                log.Fatalf("failed to start child: %v", err)
            }
        }
        for _, ch := range children {
            if err := ch.Wait(); err != nil {
                log.Printf("failed to wait child's starting: %v", err)
            }
        }
        os.Exit(0)
    } else { // 如果是子进程，则恢复主进程传入的 Socket
```

```
        var err error
        listener, err = net.FileListener(os.NewFile(3, ""))
        if err != nil {
            log.Fatal(err)
        }
    }
    return listener
}
```

当主进程退出时，子进程也会退出。运行这个程序，结果如图 20.4 所示。可以看到，上面的终端窗口显示启动了 10 个子进程；下面的终端窗口显示了主进程和子进程，而且使用 nc 工具连接服务器发送一个“hello”字符串，也能正常返回这个字符串。这个返回结果可能来自主进程，也可能来自子进程。

```
./prefork_test (prefork_test)
  smallnest@birdnest  prefork  master  go build -o prefork_test .
  smallnest@birdnest  prefork  master  ./prefork_test -prefork
2023/02/25 16:48:44 started
2023/02/25 16:48:44 started
2023/02/25 16:48:44 started
2023/02/25 16:48:44 started
2023/02/25 16:48:44 started
2023/02/25 16:48:44 started
2023/02/25 16:48:44 started
2023/02/25 16:48:44 started
2023/02/25 16:48:44 started
2023/02/25 16:48:44 started

nc (nc)
  smallnest@birdnest  prefork  master  ps aux|grep prefork_test
smallnest        30197   0.0  0.0 409208768   3856 s000  S+     4:48下午   0:00.00 ./prefork_test -prefork -child
smallnest        30196   0.0  0.0 409209792   3904 s000  S+     4:48下午   0:00.00 ./prefork_test -prefork -child
smallnest        30195   0.0  0.0 409209024   3680 s000  S+     4:48下午   0:00.01 ./prefork_test -prefork
smallnest        30210   0.0  0.0 408495808   1040 s001  R+     4:48下午   0:00.00 grep --color=auto --exclude-dir=.bzr --exclude-dir=CVS
dir=.idea --exclude-dir=.tox prefork_test
smallnest        30205   0.0  0.0 409209024   3776 s000  S+     4:48下午   0:00.00 ./prefork_test -prefork -child
smallnest        30204   0.0  0.0 409209024   3760 s000  S+     4:48下午   0:00.00 ./prefork_test -prefork -child
smallnest        30203   0.0  0.0 409209792   4048 s000  S+     4:48下午   0:00.00 ./prefork_test -prefork -child
smallnest        30202   0.0  0.0 409209024   3840 s000  S+     4:48下午   0:00.00 ./prefork_test -prefork -child
smallnest        30201   0.0  0.0 409210048   3856 s000  S+     4:48下午   0:00.00 ./prefork_test -prefork -child
smallnest        30200   0.0  0.0 409209024   3760 s000  S+     4:48下午   0:00.00 ./prefork_test -prefork -child
smallnest        30199   0.0  0.0 409209024   3760 s000  S+     4:48下午   0:00.00 ./prefork_test -prefork -child
smallnest        30198   0.0  0.0 409209024   3920 s000  S+     4:48下午   0:00.00 ./prefork_test -prefork -child
  smallnest@birdnest  prefork  master  nc 127.0.0.1 8972
hello
hello
```

图 20.4　主进程和子进程的列表

当然，也可以在主进程中去掉对 net.Listener 的监听和处理，只让子进程来监听和处理。这些子进程也被称作 worker。这里的 worker 是独立的子进程，而不像先前讲的 worker 池，它的并发单元是 goroutine。

第21章　经典并发问题解析

本章内容包括：

- 哲学家就餐问题
- 理发师问题
- 水工厂问题
- fizz buzz问题

前面讲了那么多，又是各种同步原语，又是各种并发模式，知识储备没有任何问题，是时候面对真实的问题了，使用我们所学的知识来解决复杂的并发问题。

本章将介绍几十年来大家总结的几个经典问题，这些问题可以很好地验证我们处理并发的能力。

21.1 哲学家就餐问题

哲学家就餐问题是一个非常经典的问题，也是一个非常通用的研究并发编程中死锁现象的问题。

1971 年，著名的计算机科学家 Edsger Dijkstra 提出了一个同步问题，即假设有五台计算机都试图访问五份共享的磁带驱动器。随后，这个问题被 Tony Hoare 重新表述为哲学家就餐问题。这个问题可以用来解释死锁和资源耗尽的情况。

哲学家就餐问题可以这样表述：假设有五位哲学家围坐在一张圆形餐桌旁，餐桌上有无尽的可口的饭菜，但是只有五根筷子，每根筷子都位于两位哲学家之间。哲学家吃饭时，必须拿起自己左右两边的两根筷子，吃完饭后再放回筷子，这样其他哲学家也可以拿起筷子吃饭了。

这些哲学家不断地冥想或者吃饭。饿了就开始尝试拿起筷子吃饭，吃完饭后就放下筷子开始冥想。冥想一段时间又饿了，就又开始吃饭。所以，他们总是处于冥想—饿了—吃饭—冥想这样的状态中。

哲学家就餐问题很好地模拟了计算机并发编程中一定数量的资源和一定数量的持有者的并发问题，也就是常见的死锁问题。

如果五位哲学家同时饿了，同时拿起左手边的那根筷子，你就会发现，当他们去拿右手边的筷子时，都没有办法拿到，因为右手边的那根筷子被旁边的哲学家拿走了，所有的哲学家都处于等待状态而没有办法吃饭。对于程序来说，就是程序发生阻塞了，没有办法继续处理。

> 如果这五位哲学家同时发现没有右手边的筷子可用，于是他们同时放下左手边的筷子，冥想 5 分钟后再同时吃饭，你就会发现，程序貌似还在运行，但是哲学家依然没有办法吃饭。这种现象叫作活锁。在分布式一致性算法中，在选主的时候也会有类似的现象，有些算法是通过随机休眠一定的时间，避免各个节点同时请求来实现选主的。

如果系统中只有一个线程，则不会发生死锁。如果每个线程仅需要一种并发资源，当然也不会发生死锁。不过，这只是理想状态，在现实中是可遇不可求的。如果你搜索 Go 官方项目中的 issue，则可以看到几百个关于死锁的 issue，这足以表明死锁是一个常见且并不容易处理的 bug。形成死锁的四个条件如下。

- 禁止抢占（No Preemption）：系统资源不能被强制地从一个线程中退出。如果哲学家可以抢夺，那么大家都去抢别人的筷子，也会打破死锁的局面。但这是有风险的，因为可能一位哲学家还没吃饭就被另一位哲学家抢走了筷子。如果系统资源不是主动释放的，而是被抢夺了，则有可能出现意想不到的情况。
- 持有和等待（Hold and Wait）：一个线程在等待时持有并发资源。持有并发资源的线程还在等待其他资源，也就是吃着碗里的望着锅里的。
- 互斥（Mutual Exclusion）：资源在同一时刻只能被分配给一个线程，无法实现多个线程共享。资源具有排他性，也就是不允许两位哲学家一起拿着一根筷子同时吃饭。
- 循环等待（Circular Waiting）：一系列线程相互持有其他线程所需要的资源。线程之间必须有一个循环依赖的关系。

只有上述四个条件同时满足时才会发生死锁，防止死锁必须至少破坏其中一个条件。

21.1.1　模拟哲学家就餐问题

本节我们通过程序模拟哲学家就餐问题，看看程序在运行时是不是会产生死锁问题。

首先定义筷子对象和哲学家对象。其中，筷子是并发资源，具有排他性，所以它包含一个锁，用来实现互斥，并且禁止抢占（不持有这根筷子的哲学家不能调用 Unlock 方法，只有持有这根筷子的哲学家才能调用 Unlock 方法）。

每位哲学家都需要左手边的筷子和右手边的筷子，status 代表哲学家的状态（冥想、饿了、吃饭）。哲学家还有一种状态，就是持有一根筷子并请求另一根筷子。

```
// Chopstick 代表筷子
type Chopstick struct{ sync.Mutex }
// Philosopher 代表哲学家
type Philosopher struct {
    // 哲学家的名字
    name string
    // 左手边一根筷子和右手边一根筷子
    leftChopstick, rightChopstick *Chopstick
    status                        string
}
```

哲学家就是不断地冥想、吃饭、冥想、吃饭……

```
// 无休止地吃饭和冥想
// 吃完饭冥想，冥想完吃饭
// 可以通过调整吃饭和冥想的时间来增加或者减少抢夺筷子的机会
func (p *Philosopher) dine() {
    for {
```

```
        mark(p, " 冥想 ")
        randomPause(10)
        mark(p, " 饿了 ")
        p.leftChopstick.Lock() // 先尝试拿起左手边的筷子
        mark(p, " 拿起左手边的筷子 ")
        randomPause(100)
        p.rightChopstick.Lock() // 再尝试拿起右手边的筷子
        mark(p, " 吃饭 ")
        randomPause(10)
        p.rightChopstick.Unlock() // 先尝试放下右手边的筷子
        p.leftChopstick.Unlock()  // 再尝试放下左手边的筷子
    }
}
// 随机暂停一段时间
func randomPause(max int) {
    time.Sleep(time.Millisecond * time.Duration(rand.Intn(max)))
}
// 显示此哲学家的状态
func mark(p *Philosopher, action string) {
    fmt.Printf("%s 开始 %s\n", p.name, action)
    p.status = fmt.Sprintf("%s 开始 %s\n", p.name, action)
}
```

这里的 mark 用来在控制台输出此哲学家的状态，便于我们观察。

最后一步就是实现 main 函数，分配五根筷子和五位哲学家，让程序运行起来。

```
func main() {
    go http.ListenAndServe("localhost:8972", nil)
    // 哲学家的数量
    count := 5
    // 创建五根筷子
    chopsticks := make([]*Chopstick, count)
    for i := 0; i < count; i++ {
        chopsticks[i] = new(Chopstick)
    }

    names := []string{color.RedString(" 哲学家 1"), color.MagentaString(" 哲学家 2"),
    color.CyanString(" 哲学家 3"), color.GreenString(" 哲学家 4"), color.WhiteString
    (" 哲学家 5")}
    // 创建哲学家，给他们分配左右两边的筷子
    philosophers := make([]*Philosopher, count)
    for i := 0; i < count; i++ {
        philosophers[i] = &Philosopher{
            name: names[i], leftChopstick: chopsticks[i], rightChopstick:
            chopsticks[(i+1)%count],
        }
        go philosophers[i].dine()
    }
    sigs := make(chan os.Signal, 1)
    signal.Notify(sigs, syscall.SIGINT, syscall.SIGTERM)
```

```
    <-sigs
    fmt.Println("退出中…每位哲学家的状态：")
    for _, p := range philosophers {
        fmt.Print(p.status)
    }
}
```

运行程序，你很快就会发现这个程序发生了阻塞，每位哲学家都处于拿起左手边的筷子并等待右手边的筷子的状态（这里为了便于观察死锁现象，故意在拿起左手边的筷子后暂停了一段时间，如图 21.1 所示）。

```
smallnest@birdnest  dining_philosophers_problem0  master  go run main.go
哲学家2开始冥想
哲学家5开始冥想
哲学家1开始冥想
哲学家3开始冥想
哲学家4开始冥想
哲学家1开始饿了
哲学家1开始拿起左手边的筷子
哲学家5开始饿了
哲学家5开始拿起左手边的筷子
哲学家4开始饿了
哲学家4开始拿起左手边的筷子
哲学家3开始饿了
哲学家3开始拿起左手边的筷子
哲学家1开始用膳
哲学家2开始饿了
哲学家2开始拿起左手边的筷子
哲学家1开始冥想
哲学家1开始饿了
哲学家1开始拿起左手边的筷子
```

图 21.1 哲学家就餐问题导致死锁

在实际应用中，死锁问题并不是这么容易就被发现的，很可能在一些非常特定的场景（也称为极端情况）中才会被触发和发现。

运行程序，你可能会发现，五位哲学家都拿起了左手边的筷子，餐桌上已经没有筷子了，可是他们又不愿意放下自己手中的筷子，导致相互等待而发生死锁，谁也没有办法吃饭。

21.1.2 解法一：限制就餐人数

我们知道，解决死锁问题，破坏形成死锁的四个条件之一就行。一般来说，禁止抢占和互斥是必需的条件，所以其他两个条件是我们重点突破的点。

针对哲学家就餐问题，如果限制最多允许四位哲学家同时就餐，就可以破坏循环依赖这个条件。因为按照抽屉原理，总会有一位哲学家可以拿到两根筷子，所以程序可以运行下去。

假定最后一位哲学家因为需要处理其他事情，没有办法和其他四位哲学家一起就餐，所以餐桌旁就剩下四位哲学家了，这个时候就不会出现死锁问题(但有可能出现饥饿问题)。将上面的代码改动如下，把这位哲学家排除在就餐的哲学家之外：

```
// 创建哲学家，给他们分配左右两边的筷子
philosophers := make([]*Philosopher, count)
for i := 0; i < count; i++ {
    philosophers[i] = &Philosopher{
        name: names[i], leftChopstick: chopsticks[i], rightChopstick:
        chopsticks[(i+1)%count],
    }
    if i < count-1 { // 最后一位哲学家不参与就餐
        go philosophers[i].dine()
    }
}
```

还有一种解法，就是使用容量为 4 的信号量，五位哲学家都可以参与就餐，但是只有四个资源（就餐券）可以同时使用，所以同时就餐的哲学家也就被限制为最多四位。这也可以解决死锁问题。

21.1.3 解法二：奇偶处理方法

我们给每一位哲学家编号，从 1 到 5，如果规定奇数号的哲学家先拿起左手边的筷子，再拿起右手边的筷子，偶数号的哲学家先拿起右手边的筷子，再拿起左手边的筷子，放下筷子时按照相反的顺序，则可以避免出现循环依赖的情况。

```
// 无休止地吃饭和冥想
// 吃完饭冥想，冥想完吃饭
// 可以通过调整吃饭和冥想的时间来增加或者减少抢夺筷子的机会
func (p *Philosopher) dine() {
    for {
        mark(p, "冥想")
        randomPause(10)
        mark(p, "饿了")
        if p.ID%2 == 1 { // 奇数
            p.leftChopstick.Lock() // 先尝试拿起左手边的筷子
            mark(p, "拿起左手边的筷子")
            p.rightChopstick.Lock() // 再尝试拿起右手边的筷子
            mark(p, "吃饭")
            randomPause(10)
            p.rightChopstick.Unlock() // 先尝试放下右手边的筷子
            p.leftChopstick.Unlock()  // 再尝试放下左手边的筷子
        } else {
            p.rightChopstick.Lock() // 先尝试拿起右手边的筷子
            mark(p, "拿起右手边的筷子")
            p.leftChopstick.Lock() // 再尝试拿起左手边的筷子
            mark(p, "吃饭")
            randomPause(10)
            p.leftChopstick.Unlock()  // 先尝试放下左手边的筷子
```

```
            p.rightChopstick.Unlock() // 再尝试放下右手边的筷子
        }
    }
}
```

奇数号的哲学家先拿起左手边的筷子，偶数号的哲学家先拿起右手边的筷子，这样就避免了循环依赖的问题。运行程序，你可以看到各位哲学家就餐正常，没有出现死锁现象。

21.1.4　解法三：资源分级

这种解法是为资源（这里是筷子）建立一个偏序或者分级的关系，并约定所有资源都按照这种顺序被获取，按照相反顺序被释放，而且保证不会有两个无关资源同时被同一项工作所需要的情况。在哲学家就餐问题中，筷子按照某种规则被编号为 1 ~ 5，每一个工作单元（哲学家）总是先拿起左右两边编号较低的筷子，再拿起编号较高的筷子。用完筷子后，他们总是先放下编号较高的筷子，再放下编号较低的筷子。在这种情况下，当四位哲学家同时拿起他们手边编号较低的筷子时，只有编号最高的筷子留在桌子上，从而使得第五位哲学家就不能使用任何一根筷子了。而且，只有一位哲学家能使用编号最高的筷子，所以他能使用两根筷子吃饭。吃完饭后，他会先放下编号最高的筷子，再放下编号较低的筷子，从而让另一位哲学家拿起后放下的这根筷子开始吃饭。

将代码修改如下：

```
// 无休止地吃饭和冥想
// 吃完饭冥想，冥想完吃饭
// 可以通过调整吃饭和冥想的时间来增加或者减少抢夺筷子的机会
func (p *Philosopher) dine() {
    for {
        mark(p, "冥想")
        randomPause(10)
        mark(p, "饿了")
        if p.ID == 5 { //
            p.rightChopstick.Lock() // 先尝试拿起第 1 根筷子
            mark(p, "拿起左手边的筷子")
            p.leftChopstick.Lock() // 再尝试拿起第 5 根筷子
            mark(p, "吃饭")
            randomPause(10)
            p.leftChopstick.Unlock()  // 先尝试放下第 5 根筷子
            p.rightChopstick.Unlock() // 再尝试放下第 1 根筷子
        } else {
            p.leftChopstick.Lock() // 先尝试拿起左手边的筷子（第 n 根）
            mark(p, "拿起右手边的筷子")
            p.rightChopstick.Lock() // 再尝试拿起右手边的筷子（第 n+1 根）
            mark(p, "吃饭")
            randomPause(10)
            p.rightChopstick.Unlock() // 先尝试放下右手边的筷子
```

```
            p.leftChopstick.Unlock()  // 再尝试放下左手边的筷子
        }
    }
}
```

如果将筷子标注好等级，第一位哲学家左手边的筷子等级是 1，第二位哲学家左手边的筷子等级是 2……最后一位哲学家左手边的筷子等级是 5，但是右手边筷子的等级是 1。这样除了最后一位哲学家是先拿起右手边的筷子（等级低），再拿起左手边的筷子，其他哲学家都是先拿起左手边的筷子，再拿起右手边的筷子。

这样就解决了循环依赖的问题，运行程序也不会出现死锁。

21.1.5 解法四：引入服务生

如果引入一个服务生来负责分配筷子，那么就可以将拿左手边的筷子和右手边的筷子看成一个原子操作，要么拿到筷子，要么等待，这就破坏了形成死锁的持有和等待条件。

```
type Philosopher struct {
    // 哲学家的名字
    name string
    // 左手边的一根筷子和右手边的一根筷子
    leftChopstick, rightChopstick *Chopstick
    status                        string
    mu *sync.Mutex
}
// 无休止地吃饭和冥想
// 吃完饭冥想，冥想完吃饭
// 可以通过调整吃饭和冥想的时间来增加或者减少抢夺筷子的机会
func (p *Philosopher) dine() {
    for {
        mark(p, "冥想")
        randomPause(10)
        mark(p, "饿了")
        p.mu.Lock() //服务生控制
        p.leftChopstick.Lock() // 先尝试拿起左手边的筷子
        mark(p, "拿起左手边的筷子")
        p.rightChopstick.Lock() // 再尝试拿起右手边的筷子
        p.mu.Unlock()
        mark(p, "吃饭")
        randomPause(10)
        p.rightChopstick.Unlock() // 先尝试放下右手边的筷子
        p.leftChopstick.Unlock()  // 再尝试放下左手边的筷子
    }
}
```

21.2 理发师问题

理发师问题是一个经典的 goroutine 交互和并发控制的问题，可以很好地用来演示多写多读的并发问题。

理发师问题最早是由计算机科学先驱 Edsger Dijkstra 在 1965 年提出的，在 Silberschatz、Galvin 和 Gagne 的 *Operating System Concepts* 一书中有此问题的变种。

这个问题是这样的：有一个理发店，店中有一个理发师和几个座位。

- 如果没有顾客，这个理发师就躺在理发椅上睡觉。
- 顾客必须唤醒理发师，让他开始理发。
- 如果有一位顾客到来，理发师正在理发：
  - 如果还有空闲的座位，则此顾客坐下。
  - 如果座位都坐满了，则此顾客离开。
- 理发师理完发后，需要检查是否有等待的顾客。
  - 如果有，则请一位顾客起来开始理发。
  - 如果没有，理发师则去睡觉。

虽然条件有很多，但是我们可以把它想象成一个并发队列。在当前的问题下，有多个并发写（Multiple Writer，顾客）和一个并发读（Single Reader，理发师）。

21.2.1　使用 sync.Cond 解决理发师问题

一般情况下，处理并发队列使用 sync.Cond 同步原语（在 Java 语言中，一般使用 wait/notify）。

首先定义一个 Locker 和一个 Cond，并定义座位数。

如果有一位顾客到来，则座位数加 1；如果理发师叫起一位等待的顾客开始理发，则座位数减 1。

```
var (
    seatsLock sync.Mutex
    seats     int
    cond = sync.NewCond(&seatsLock)
)
```

理发师不断地检查是否有顾客等待，如果有，就叫起一位顾客开始理发。理发耗时是随机的，理完发后再叫起下一位顾客。如果没有顾客，理发师就会被阻塞（开始睡觉）。

逐一整理 Cond 的使用方法，在 Wait 方法之后需要使用 for 循环检查条件是否满足，并且在 Wait 方法调用的前后都会有对 Locker 的使用。

```
// 理发师
func barber() {
    for {
        // 等待一位顾客
        log.Println("Tony 老师尝试请求一位顾客 ")
        seatsLock.Lock()
        for seats == 0 {
            cond.Wait()
        }
        seats--
        seatsLock.Unlock()
        log.Println("Tony 老师叫起一位顾客，开始理发 ")
        randomPause(2000)
    }
}
```

customers 模拟顾客陆续到来：

```
func customers() {
    for {
        randomPause(1000)
        go customer()
    }
}
```

顾客到来之后，先请求 seatsLock，避免多位顾客同时到来发生并发竞争。然后检查是否有空闲的座位，如果有，则顾客坐下并通知理发师。此时，如果理发师正在睡觉，则会被唤醒；如果正在理发，则会忽略。

如果没有空闲的座位，则顾客离开。

```
func customer() {
    seatsLock.Lock()
    defer seatsLock.Unlock()
    if seats == 3 {
        log.Println(" 没有空闲的座位，一位顾客离开了 ")
        return
    }
    seats++
    cond.Broadcast()
    log.Println(" 一位顾客开始坐下排队理发 ")
}
```

这里的 seats 代表空闲的座位。实际上，在处理这样的场景时，可能会使用一个 slice 作为队列。

这个实现本身还是很简单的，但是 Cond+Locker 的方式还是让人有点不放心，因为 Cond 这个同步原语我们用得很少，缺乏经验。事实上，很多这样的场景都可以使用 channel 来实现。

21.2.2 使用 channel 实现信号量

本节使用 channel 来实现一个信号量，还要实现一个 TryAcquire 方法。

```
type Semaphore chan struct{}
func (s Semaphore) Acquire() {
    s <- struct{}{}
}
func (s Semaphore) TryAcquire() bool {
    select {
    case s <- struct{}{}: // 还有空闲的座位
        return true
    default: // 没有空闲的座位了，顾客离开
        return false
    }
}
func (s Semaphore) Release() {
    <-s
}
```

有了信号量这个同步原语，我们就容易解决理发师问题了。注意，这里实现了 TryAcquire 方法，就是为了在顾客到来时检查有没有空闲的座位。

这里为什么不使用 Go 官方扩展的 semaphore.Weighted 同步原语呢？因为 semaphore.Weighted 有一个问题，就是在 Acquire 之前调用 Release 方法会发生 panic。

我们定义了有三个空闲座位的信号量。理发师先调用 Release 方法，也就是想叫起一位顾客过来理发，以便空出一个座位。如果没有顾客，理发师就会等待和睡觉。

```
var seats = make(Semaphore, 3)
// 理发师
func barber() {
    for {
        // 等待一位顾客
        log.Println("Tony 老师尝试请求一位顾客 ")
        seats.Release()
        log.Println("Tony 老师叫起一位顾客，开始理发 ")
        randomPause(2000)
    }
}
```

对顾客的检查也很简单：

```
// 模拟顾客陆续到来
func customers() {
    for {
        randomPause(1000)
        go customer()
    }
}
```

```
// 顾客
func customer() {
    if ok := seats.TryAcquire(); ok {
        log.Println(" 一位顾客开始坐下排队理发 ")
    } else {
        log.Println(" 没有空闲的座位，一位顾客离开了 ")
    }
}
```

可以看到，如果使用自定义的信号量，则代码变得更加简单。

那么，使用 channel 实现的信号量有什么缺陷吗？如果队列太长，channel 的容量就会很大。不过，如果将顾客类型设置为 struct{}，就会节省很多内存，所以一般不会有什么问题。虽然这比使用 Go 官方扩展的 semaphore.Weighted 多占用一些空间，但是所占用的空间还是有限的。

21.2.3 有多个理发师的情况

更进一步，我们考虑有多个理发师的情况。

有多个理发师的问题其实就演变成了多写多读的场景。

假设有三个理发师并发理发，同时理发店的规模也扩大了，有 10 个座位。

在有多个理发师和只有一个理发师的场景中，基于 channel 实现的信号量的解决方案是一样的。

```
func main() {
    // 三个理发师
    go barber("Tony")
    go barber("Kevin")
    go barber("Allen")
    go customers()
    sigs := make(chan os.Signal, 1)
    signal.Notify(sigs, syscall.SIGINT, syscall.SIGTERM)
    <-sigs
}
func randomPause(max int) {
    time.Sleep(time.Millisecond * time.Duration(rand.Intn(max)))
}
// 理发师
func barber(name string) {
    for {
        // 等待一位顾客
        log.Println(name + " 老师尝试请求一位顾客 ")
        seats.Release()
```

```
        log.Println(name + " 老师叫起一位顾客，开始理发 ")
        randomPause(2000)
    }
}
// 模拟顾客陆续到来
func customers() {
    for {
        randomPause(1000)
        go customer()
    }
}
// 顾客
func customer() {
    if ok := seats.TryAcquire(); ok {
        log.Println(" 一位顾客开始坐下排队理发 ")
    } else {
        log.Println(" 没有空闲的座位，一位顾客离开了 ")
    }
}
```

21.3　水工厂问题

一氧化二氢这种化学物质充斥在江河湖海中，甚至空气中也大量含有，它是酸雨的重要成分，腐蚀着铁质物品，但是谁又能离开它呢？毕竟水是万物之源。

一氧化二氢（水）分子是由一个氧原子和两个氢原子化合而成的，那么问题描述如下：

> 利用两个氢原子和一个氧原子生成一氧化二氢。
>
> 有 oxygen（氧）和 hydrogen（氢）两个线程，我们的目标是把它们分组生成水分子。当然，这里有一个闸门线程，在水分子生成之前不得不等待。oxygen 和 hydrogen 线程每三个会被分为一组，包括两个 hydrogen 线程和一个 oxygen 线程，它们每一个都会产生一个对应的原子组合成水分子。我们必须保证当前组内的各个线程提供的原子组合成一个水分子之后，这些线程才能参与产生下一个水分子。

换句话说：

- 假如一个 oxygen 线程到达了闸门，而 hydrogen 线程还没来，那么这个 oxygen 线程会一直等待那两个 hydrogen 线程。
- 假如一个 hydrogen 线程到达了闸门，而其他的线程还没来，那么它会等待 oxygen 线程和另一个 hydrogen 线程。

所以，一个水分子总是由两个 hydrogen 线程和一个 oxygen 线程提供。

我们需要编写同步代码，保证线程能够按照上面的要求有序地生成水分子。

举几个例子。

输入：HOH

输出：HHO

解释：HOH 和 OHH 也是合法的答案。

输入：OOHHHH

输出：HHOHHO

解释：HOHHHO、OHHHHO、HHOHOH、HOHHOH、OHHHOH、HHOOHH、HOHOHH 和 OHHOHH 也是合法的答案。

这也是一个经典的并发问题，大概二十年前是加州大学伯克利分校的操作系统课上的内容，力扣上也有这个问题，解答中有很多类似于正确但还是有些问题的答案。

这个问题非常妙，因为它看起来很简单，但是做起来并不那么容易。

首先，它需要三个线程的协同，三个线程同时等待，一个水分子不能由一个 hydrogen 线程提供两个氢原子，必须是两个 hydrogen 线程分别提供。

其次，三个线程生成水分子后，又去准备自己的事情了，周而复始，使用 channel、WaitGroup 等不太容易处理循环的情况。

相互等待不就是 Barrier（屏障）要解决的问题吗？循环问题不正好可以使用 CyclicBarrier（循环屏障）来解决吗？下面我们就尝试使用它来解决问题。

首先利用信号量控制要编排的 goroutine 的数量和种类，保证是三个 goroutine，其中两个是氢原子的，一个是氧原子的。因为 CyclicBarrier 是不区分 goroutine 的种类的，所以我们使用了信号量这个同步原语。

氢原子的信号量是 2，氧原子的信号量是 1。

然后使用 CyclicBarrier 来保证三个 goroutine 同时准备好了各自的原子。一旦三个 goroutine 都准备好了，就可以合成一个水分子，最后释放信号量来准备下一次的水分子合成。

```
package water
import (
```

```
    "context"
    "github.com/marusama/cyclicbarrier"
    "golang.org/x/sync/semaphore"
)
type H2O struct {
    semaH *semaphore.Weighted
    semaO *semaphore.Weighted
    b     cyclicbarrier.CyclicBarrier
}
func New() *H2O {
    return &H2O{
        semaH: semaphore.NewWeighted(2),
        semaO: semaphore.NewWeighted(1),
        b:     cyclicbarrier.New(3),
    }
}
func (h2o *H2O) hydrogen(releaseHydrogen func()) {
    h2o.semaH.Acquire(context.Background(), 1)
    // releaseHydrogen() 输出一个 H
    releaseHydrogen()
    h2o.b.Await(context.Background())
    h2o.semaH.Release(1)
}
func (h2o *H2O) oxygen(releaseOxygen func()) {
    h2o.semaO.Acquire(context.Background(), 1)
    // releaseOxygen() 输出一个 O
    releaseOxygen()
    h2o.b.Await(context.Background())
    h2o.semaO.Release(1)
}
```

编写一个程序测试这个实现有没有问题：

```
func TestWaterFactory(t *testing.T) {
    var ch chan string

    releaseHydrogen1 := func() { // 两个不同的氢 goroutine，一个输出大写的 H，
一个输出小写的 h
        ch <- "H"
    }

    releaseHydrogen2 := func() {
        ch <- "h"
    }

    releaseOxygen := func() {
        ch <- "O"
```

```
}

var N = 100 // 目标：100 个水分子
ch = make(chan string, N*3) // 收集输出的字符，最后检查

h2o := New()
var wg sync.WaitGroup
wg.Add(N * 3)
// h1
go func() {
    for i := 0; i < N; i++ {
        time.Sleep(time.Duration(rand.Intn(100)) * time.Millisecond)
        h2o.hydrogen(releaseHydrogen1) // 生产一个氢原子
        wg.Done()
    }
}()

// h2
go func() {
    for i := 0; i < N; i++ {
        time.Sleep(time.Duration(rand.Intn(100)) * time.Millisecond)
        h2o.hydrogen(releaseHydrogen2) // 生产一个氢原子
        wg.Done()
    }
}()

// o
go func() {
    for i := 0; i < N; i++ {
        time.Sleep(time.Duration(rand.Intn(100)) * time.Millisecond)
        h2o.oxygen(releaseOxygen) // 生产一个氧原子
        wg.Done()
    }
}()

wg.Wait()

if len(ch) != N*3 { // 原子的数量必须是分子数量的 3 倍
    t.Fatalf("expect %d atom but got %d", N*3, len(ch))
}

var s = make([]string, 3)
for i := 0; i < N; i++ {
    s[0] = <-ch // 取出三个字符
    s[1] = <-ch
    s[2] = <-ch
```

```
        sort.Strings(s) // 排序方便检查，否则就会有两种合法的情况

        water := s[0] + s[1] + s[2]
        if water != "HOh" { //连续三个字符，必须是一个H、一个O和一个h
            t.Fatalf("expect a water molecule but got %s", water)
        }
    }
}
```

这个问题使用 CyclicBarrier 和信号量还是比较容易解决的。所以，如果问题中将制造水分子改成制造三氧化二铁，那么你也知道该怎么编写代码了。

将问题变通一下，如果不要求氢原子必须由两个线程提供，比如一个线程可以提供两个氢原子，该怎么实现呢？

其实这个实现起来更简单，甚至不需要使用 CyclicBarrier，基本上变成了 hydrogen 线程和 oxygen 线程之间的同步。代码如下：

```
type H2O struct {
    semaH *semaphore.Weighted
    semaO *semaphore.Weighted
}

func New() *H2O {
    semaO := semaphore.NewWeighted(2)
    semaO.Acquire(context.Background(), 2)

    return &H2O{
        semaH: semaphore.NewWeighted(2),
        semaO: semaO,
    }
}

func (h2o *H2O) hydrogen(releaseHydrogen func()) {
    h2o.semaH.Acquire(context.Background(), 1)

    // 输出一个H
    releaseHydrogen()

    h2o.semaO.Release(1)
}

func (h2o *H2O) oxygen(releaseOxygen func()) {
    h2o.semaO.Acquire(context.Background(), 2)

    // 输出一个O
```

```
        releaseOxygen()

        h2o.semaH.Release(2)
    }
```

使用两个信号量：semaH 和 semaO，它们都有两个令牌，但 semaO 在初始化时两个令牌都被取走了。氢 goroutine 的原子准备好后，首先请求 semaH 的一个令牌，然后释放给 semaO 一个令牌。氧 goroutine 的原子准备好后，先请求 semaO 的两个令牌，获取到后再释放给 semaH 两个令牌。

氢 goroutine 输出 H 后会释放氧原子信号量的一个许可，其实就是告诉氧 goroutine 一个氢原子准备好了。这个时候这个氢 goroutine 可以再次请求，也可能是其他的氢 goroutine 请求。

氧 goroutine 先请求氧原子信号量的两个许可，如果成功获取，则意味着两个氢原子已经准备好了，它输出 O，并释放氢原子信号量的两个许可。

21.4 fizz buzz 问题

fizz buzz 问题也是一个经典的并发问题。

问题描述如下。

输入数字 1 到 n，满足下面的条件：

- 如果这个数字可以被 3 整除，则输出“fizz”。
- 如果这个数字可以被 5 整除，则输出“buzz”。
- 如果这个数字可以同时被 3 和 5 整除，则输出“fizzbuzz”。

例如，当 $n = 20$ 时，输出：1, 2, fizz, 4, buzz, fizz, 7, 8, fizz, buzz, 11, fizz, 13, 14, fizzbuzz, 16, 17, fizz, 19, buzz。

我们来实现一个有四个 goroutine 的并发版 FizzBuzz，同一个 FizzBuzz 实例会被如下四个 goroutine 使用。

- goorutine A 将调用 fizz() 方法来判断数字是否能被 3 整除，如果是，则输出“fizz”。
- goroutine B 将调用 buzz() 方法来判断数字是否能被 5 整除，如果是，则输出“buzz”。
- goroutine C 将调用 fizzbuzz() 方法来判断数字是否能同时被 3 和 5 整除，如果是，则输出“fizzbuzz”。
- goroutine D 将调用 number() 方法来实现输出既不能被 3 整除又不能被 5 整除的数字。

21.4.1 将并发转为串行

每一个数字都被交给一个 goroutine 来处理，如果这个数字不应该由该 goroutine 负责处理，那么它就被交给下一个 goroutine。

这个问题的妙处就在于，这四种情况是没有交叉的，一个数字只能由一个 goroutine 处理，并且肯定会有一个 goroutine 来处理。在四个 goroutine 传递的过程中，肯定有一个 goroutine 会输出内容，如果该 goroutine 输出了内容，它就将数字加 1，交给下一个 goroutine 来检查和处理，这就开启了新一轮的数字检查和处理。

当处理的数字大于指定的数字时，该 goroutine 将数字交给下一个 goroutine，然后返回。下一个 goroutine 做同样的处理，然后返回。最后四个 goroutine 都返回了。

在下面的程序中，使用 WaitGroup 等待四个 goroutine 都返回，然后程序退出。

```
package main
import (
    "fmt"
    "sync"
)
// 定义问题对象
type FizzBuzz struct {
    n int
    chs []chan int
    wg  sync.WaitGroup
}
// 指定最后的数字
func New(n int) *FizzBuzz {
    chs := make([]chan int, 4)
    for i := 0; i < 4; i++ {
        chs[i] = make(chan int, 1)
    }
    return &FizzBuzz{
        n:   n,
        chs: chs,
    }
}
// 程序开始。四个 goroutine 都完成后，此程序退出
func (fb *FizzBuzz) start() {
    fb.wg.Add(4)
    go fb.fizz()
    go fb.buzz()
    go fb.fizzbuzz()
    go fb.number()
    fb.chs[0] <- 1
    fb.wg.Wait()
```

```
}
// 只处理能被 3 整除的数字，next <- v 表示交给下一个 goroutine 处理
func (fb *FizzBuzz) fizz() {
    defer fb.wg.Done()
    next := fb.chs[1]
    for v := range fb.chs[0] {
        if v > fb.n { // 超过最大的数字，退出。依次交给其他的 goroutine，让它们也退出
            next <- v
            return
        }
        if v%3 == 0 {
            if v%5 == 0 {
                next <- v
                continue
            }
            if v == fb.n {
                fmt.Print(" fizz。")
            } else {
                fmt.Print(" fizz,")
            }
            next <- v + 1 // 如果数字被处理了，则处理下一个数字
            continue
        }
        next <- v
    }
}
// 只处理能被 5 整除的数字，next <- v 表示交给下一个 goroutine 处理
func (fb *FizzBuzz) buzz() {
    defer fb.wg.Done()
    next := fb.chs[2]
    for v := range fb.chs[1] {
        if v > fb.n {
            next <- v
            return
        }
        if v%5 == 0 {
            if v%3 == 0 {
                next <- v
                continue
            }
            if v == fb.n {
                fmt.Print(" buzz。")
            } else {
                fmt.Print(" buzz,")
            }
            next <- v + 1
```

```
            continue
        }
        next <- v
    }
}
// 只处理既能被3整除又能被5整除的数字，next <- v表示交给下一个goroutine处理
func (fb *FizzBuzz) fizzbuzz() {
    defer fb.wg.Done()
    next := fb.chs[3]
    for v := range fb.chs[2] {
        if v > fb.n {
            next <- v
            return
        }
        if v%5 == 0 && v%3 == 0 {
            if v == fb.n {
                fmt.Print(" fizzbuzz。")
            } else {
                fmt.Print(" fizzbuzz,")
            }
            next <- v + 1
            continue
        }
        next <- v
    }
}
// 处理其他的数字，next <- v表示交给下一个goroutine处理
func (fb *FizzBuzz) number() {
    defer fb.wg.Done()
    next := fb.chs[0]
    for v := range fb.chs[3] {
        if v > fb.n {
            next <- v
            return
        }
        if v%5 != 0 && v%3 != 0 {
            if v == fb.n {
                fmt.Printf(" %d。", v)
            } else {
                fmt.Printf(" %d,", v)
            }
            next <- v + 1
            continue
        }
        next <- v
    }
```

```
}
func main() {
    fb := New(15)
    fb.start()
}
```

21.4.2 使用同一个 channel

我们可以转换一下思路，让四个 goroutine 使用同一个 channel。 如果某个 goroutine 非常幸运，从这个 channel 中取出一个数字，那么它会进行检查。无非两种情况：

- 正好是自己要处理的数字：输出相应的文本，并且把数字加 1，再放入 channel 中。
- 不是自己要处理的数字：把这个数字再放回 channel 中。

对于每一个数字，总会有 goroutine 取出来并进行处理。

当取出来的数字大于指定的数字时，就把此数字再放回 channel 中，并返回。

这种解法和上面的类似，只不过将四个 channel 替换成了一个 channel。程序如下：

```
package main
import (
    "fmt"
    "sync"
)
// 为这个问题的解定义一个对象
type FizzBuzz struct {
    n int // 要求解的数字
    ch chan int // 存放当前数字的 channel
    wg sync.WaitGroup // 用来等待四个 goroutine 完成
}
// 新建一个对象
func New(n int) *FizzBuzz {
    return &FizzBuzz{
        n:  n,
        ch: make(chan int, 1),
    }
}
// 启动四个 goroutine，并初始化第一个数字 1
func (fb *FizzBuzz) start() {
    fb.wg.Add(4)
    go fb.fizz()
    go fb.buzz()
    go fb.fizzbuzz()
    go fb.number()
```

```
    fb.ch <- 1 // 初始化第一个数字 1
    fb.wg.Wait() // 等待四个 goroutine 完成
}
// 如果只能被 3 整除
func (fb *FizzBuzz) fizz() {
    defer fb.wg.Done()
    for v := range fb.ch {
        if v > fb.n { // 已经处理完最后一个数字 n 了，返回即可
            fb.ch <- v // 一定要放回，以便通知到其他 goroutine
            return
        }
        if v%3 == 0 { // 能被 3 整除
            if v%5 == 0 { // 且能被 5 整除，不属于这个 goroutine 的职责，把数字放回
                fb.ch <- v
                continue
            }
            if v == fb.n { // 最后一个数字
                fmt.Print(" fizz。")
            } else {// 输出 fizz
                fmt.Print(" fizz,")
            }
            fb.ch <- v + 1 // 开始处理下一个数字
            continue
        }
        fb.ch <- v // 不能被 3 整除，放回
    }
}
// 如果只能被 5 整除
func (fb *FizzBuzz) buzz() {
    defer fb.wg.Done()
    for v := range fb.ch { // 已经处理完最后一个数字 n 了，返回即可
        if v > fb.n {
            fb.ch <- v
            return
        }
        if v%5 == 0 { // 能被 5 整除
            if v%3 == 0 { // 且能被 3 整除，不属于这个 goroutine 的职责
                fb.ch <- v
                continue
            }
            if v == fb.n { // 只能被 5 整除，打印 buzz
                fmt.Print(" buzz。")
            } else {
                fmt.Print(" buzz,")
            }
            fb.ch <- v + 1 // 处理下一个数字
```

```
            continue
        }
        fb.ch <- v // 不是本 goroutine 要处理的情况，放回
    }
}
// 处理能被 3 和 5 整除的情况
func (fb *FizzBuzz) fizzbuzz() {
    defer fb.wg.Done()
    for v := range fb.ch {
        if v > fb.n { // 已经处理完最后一个数字 n 了，返回即可
            fb.ch <- v
            return
        }
        if v%5 == 0 && v%3 == 0 { // 既能被 3 整除又能被 5 整除，打印 fizzbuzz
            if v == fb.n {
                fmt.Print(" fizzbuzz。")
            } else {
                fmt.Print(" fizzbuzz,")
            }
            fb.ch <- v + 1 // 处理下一个数字
            continue
        }
        fb.ch <- v // 不是本 goroutine 要处理的情况，放回
    }
}
// 处理既不能被 3 整除又不能被 5 整除的情况
func (fb *FizzBuzz) number() {
    defer fb.wg.Done()
    for v := range fb.ch {
        if v > fb.n { // 已经处理完最后一个数字 n 了，返回即可
            fb.ch <- v
            return
        }
        if v%5 != 0 && v%3 != 0 { // 既不能被 3 整除又不能被 5 整除，直接打印这个数字
            if v == fb.n {
                fmt.Printf(" %d。", v)
            } else {
                fmt.Printf(" %d,", v)
            }
            fb.ch <- v + 1 // 处理下一个数字
            continue
        }
        fb.ch <- v // 放回
    }
}
func main() {
```

```
    fb := New(15)
    fb.start()
}
```

这里有一个知识点：会不会只有一个 goroutine 把数字取出来放回去，再取出来再放回去，其他的 goroutine 没有机会读取到这个数字呢？

不会的，根据 channel 的实现，waiter 还是有先来后到之说的，一个 goroutine 总是有机会能读取到自己要处理的数字的。

21.4.3　使用 CyclicBarrier

对于这个场景，其实还可以使用 CyclicBarrier，代码简洁，逻辑清晰明了。在上面的程序中，一个数字同一时刻只有一个 goroutine 来处理，比较低效。其实四个 goroutine 可以同时进行检查，肯定有一个 goroutine 可以处理。处理完一个数字，就再取出来一个数字，四个 goroutine 都等到了下一个数字，并发度比较高。

而且，CyclicBarrier 更适合这个场景，因为我们要重复使用屏障。

```
package main
import (
    "context"
    "fmt"
    "sync"
    "github.com/marusama/cyclicbarrier"
)

// 这个实现采用 CyclicBarrier
type FizzBuzz struct {
    n int
    barrier cyclicbarrier.CyclicBarrier // 使用这个屏障处理每一轮的数字
    wg      sync.WaitGroup
}
// 初始化
func New(n int) *FizzBuzz {
    return &FizzBuzz{
        n:       n,
        barrier: cyclicbarrier.New(4),
    }
}
// 依然是启动四个 goroutine
func (fb *FizzBuzz) start() {
    fb.wg.Add(4)
    go fb.fizz()
```

```
    go fb.buzz()
    go fb.fizzbuzz()
    go fb.number()
    fb.wg.Wait() // 用来等待四个 goroutine 完成
}
// 处理只能被 3 整除的情况
func (fb *FizzBuzz) fizz() {
    defer fb.wg.Done()
    ctx := context.Background()
    v := 0
    for {
        fb.barrier.Await(ctx) // 等待四个 goroutine 都准备好
        v++ // 新一轮的数字，每一轮四个 goroutine 都处理相同的数字
        if v > fb.n { // 如果超过 n，则完成，返回
            return
        }
        if v%3 == 0 { // 能被 3 整除
            if v%5 == 0 { // 且能被 5 整除，非此 goroutine 要处理的情况
                continue
            }
            if v == fb.n { // 只能被 3 整除，打印 fizz
                fmt.Print(" fizz。")
            } else {
                fmt.Print(" fizz,")
            }
        }
    }
}
// 处理只能被 5 整除的情况
func (fb *FizzBuzz) buzz() {
    defer fb.wg.Done()
    ctx := context.Background()
    v := 0
    for {
        fb.barrier.Await(ctx) // 等待四个 goroutine 都准备好
        v++ // 新一轮的数字
        if v > fb.n { // 如果超过 n，则完成，返回
            return
        }
        if v%5 == 0 { // 能被 5 整除
            if v%3 == 0 { // 且能被 3 整除，非此 goroutine 处理的情况
                continue
            }
            if v == fb.n { // 打印 buzz
                fmt.Print(" buzz。")
            } else {
```

```
                fmt.Print(" buzz,")
            }
        }
    }
}
// 处理既能被 3 整除又能被 5 整除的情况
func (fb *FizzBuzz) fizzbuzz() {
    defer fb.wg.Done()
    ctx := context.Background()
    v := 0
    for {
        fb.barrier.Await(ctx) // 等待四个 goroutine 都准备好
        v++ // 新一轮的数字
        if v > fb.n { // 如果超过 n，则完成，返回
            return
        }
        if v%5 == 0 && v%3 == 0 { // 既能被 3 整除又能被 5 整除，打印 fizzbuzz
            if v == fb.n {
                fmt.Print(" fizzbuzz。")
            } else {
                fmt.Print(" fizzbuzz,")
            }
        }
    }
}
// 处理既不能被 3 整除又不能被 5 整除的情况
func (fb *FizzBuzz) number() {
    defer fb.wg.Done()
    ctx := context.Background()
    v := 0
    for {
        fb.barrier.Await(ctx) // 等待四个 goroutine 都准备好
        v++ // 新一轮的数字
        if v > fb.n { // 如果超过 n，则完成，返回
            return
        }
        if v%5 != 0 && v%3 != 0 { // 既不能被 3 整除又不能被 5 整除，直接打印这个数字
            if v == fb.n {
                fmt.Printf(" %d。", v)
            } else {
                fmt.Printf(" %d,", v)
            }
        }
    }
}
func main() {
```

```
    fb := New(15)
    fb.start()
}
```

在这个实现中，使用 CyclicBarrier，让四个 goroutine 处理每一轮的数字，处理完之后，它们又进入了下一个屏障。四个 goroutine 的处理安排得妥妥当当，一轮又一轮，一个数字又一个数字，任务编排符合预期。

通过本章四个经典问题的介绍，相信你对 Go 并发编程的理解又深入了一步。